Read Today
Lead Tomorrow

급속충전 에이급수학 중등 1-1

발행일	2024년 10월 1일
펴낸이	김은희
펴낸곳	에이급출판사
등록번호	제20-449호

책임편집	김선희, 손지영, 이윤지, 장정숙
마케팅총괄	이재호
표지디자인	공정준
내지디자인	공정준
조판	보문씨앤씨

주소	서울시 강남구 봉은사로 37길 13, 동우빌딩 5층
전화	02) 514-2422~3, 02) 517-5277~8
팩스	02) 516-6285
홈페이지	www.aclassmath.com

수학 꽉 잡는

급속충전 에이급수학

중등 **①**-1

최상위권 수학의 대명사 **에이급수학**

그 에이급수학의 실력으로

가장 빠르게 올라갈 사다리는 **급속충전 에이급수학**입니다.

시간은 누구에게나 한정되어 있기에

가장 효율적인 방법으로 최선의 결과를 내야 합니다.

급속충전 에이급수학으로

남다른 수학의 촉을 충전해 봅시다.

구성과 특징

● **상위권으로 빠르게 진입하기**
개념을 바로 적용하는 문제에서부터 최고난도
문제까지 단계적으로 빠르게 실력을 키웁니다.

● **학교 시험 만점에 도전하기**
최신기출 문제를 철저히 분석하고 신유형 문제를
더욱 강화하여 내신 만점에 도전합니다.

● **사고력 · 응용력 · 문제해결력 완성하기**
수준 높은 문제도 자신 있게 풀 수 있도록 사고력과
문제해결력을 철저히 연마합니다.

스피드 개념 정리

반드시 알아야 하는 개념만을 꼼꼼하게 정리하여
빠르게 이해하고 습득할 수 있도록 하였습니다.

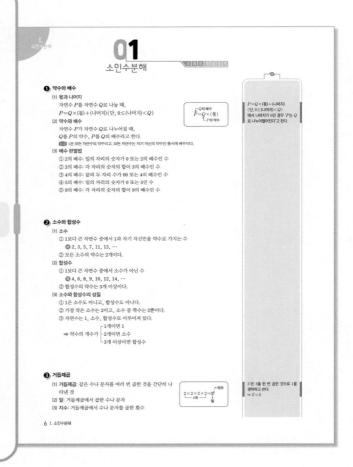

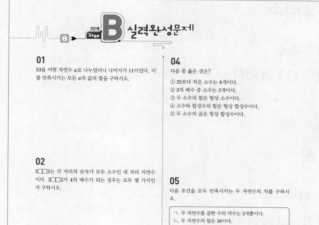

주제별필수문제

시험에 자주 출제되는 문제를 주제별로 분류하여
개념을 빠르게 이해하고 적용할 수 있게 하였습니다.

1단계 Step C 주제별필수문제

Theme 01 약수와 배수

(1) $a=b \times c$ (b, c는 자연수)일 때,
　b, c는 a의 약수이고, a는 b, c의 배수이다.
(2) 1은 모든 자연수의 약수이다.
(3) 모든 자연수는 자기 자신의 약수이면서 배수이다.

01
다음 중 옳지 않은 것을 모두 고르면? (정답 2개)

① 7은 91의 약수이다.
② 24의 약수는 8개이다.
③ 682는 6의 배수이다.
④ 53은 53의 약수이면서 53의 배수이다.
⑤ 60 미만의 자연수 중 4의 배수이지만 6의 배수가 아닌
　수는 5개이다.

02
48을 어떤 자연수로 나누면 나누어떨어진다고 한다. 어떤
자연수가 될 수 있는 것 중 두 번째로 큰 수를 구하시오.

Theme 02 배수 판별법

(1) 2의 배수: 일의 자리의 숫자가 0 또는 2의 배수인 수
(2) 3의 배수: 각 자리의 숫자의 합이 3의 배수인 수
(3) 4의 배수: 끝의 두 자리 수가 00 또는 4의 배수인 수
(4) 5의 배수: 일의 자리의 숫자가 0 또는 5인 수
(5) 9의 배수: 각 자리의 숫자의 합이 9의 배수인 수
참고 11의 배수: 주어진 수의 각 자리수를 따로 생각할 때, 홀수 번째의 각
　　자리의 숫자의 합과 짝수 번째의 각 자리의 숫자의 합의 차가 0 또는
　　11의 배수인 수

04
네 자리 자연수 85□4가 4의 배수일 때, □ 안에 알맞은
수를 모두 구하시오.

05
다섯 자리 자연수 2□708이 9의 배수일 때, □ 안에 알맞
은 수는?

① 1　　　　② 2　　　　③ 3
④ 4　　　　⑤ 5

실력완성문제

종합적인 응용력을 키울 수 있는
상위권 수준의 문제로 학교 시험
만점에 대비하도록 하였습니다.

2단계 Step B 실력완성문제

01
53을 어떤 자연수 a로 나누었더니 나머지가 11이었다. 이
를 만족시키는 모든 a의 값의 합을 구하시오.

02
3□□2는 각 자리의 숫자가 모두 소수인 네 자리 자연수
이다. 3□□2가 4의 배수가 되는 경우는 모두 몇 가지인
지 구하시오.

04
다음 중 옳은 것은?

① 25보다 작은 소수는 8개이다.
② 2의 배수 중 소수는 2개이다.
③ 두 소수의 합은 항상 소수이다.
④ 소수와 합성수의 합은 항상 합성수이다.
⑤ 두 소수의 곱은 항상 합성수이다.

05
다음 조건을 모두 만족시키는 두 자연수의 차를 구하시
오.

ㄱ. 두 자연수를 곱한 수의 약수는 2개뿐이다.
ㄴ. 두 자연수의 합은 30이다.

최고난도문제

변별력을 결정하는 고난도 문제를 통해 최고 수준의
실력을 완성하도록 하였습니다.

3단계 Step A 최고난도문제

01
자연수 a를 소인수분해했을 때, 모든 소인수를 그 지수만큼 더한 값을 $S(a)$라 하자. 예를 들어 $20=2^2 \times 5$이
므로 $S(20)=2+2+5=9$이다. 이때 $S(x)=10$을 만족시키는 모든 자연수 x의 값의 합을 구하시오.

02
두 자리 자연수 X를 소인수분해하였을 때 나오는 소인수 중에서 가장 큰 소인수가 5이다. 이때 가능한 X의
값은 모두 몇 개인지 구하시오.

차례

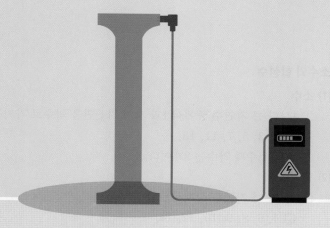

소인수분해

01
소인수분해

❶ 약수와 배수

(1) 몫과 나머지

자연수 P를 자연수 Q로 나눌 때,

$P=Q \times (몫)+(나머지)$ (단, $0 \leq (나머지) < Q$)

> Q의 배수
> $P=Q \times (몫)$
> P의 약수

(2) 약수와 배수

자연수 P가 자연수 Q로 나누어질 때,

Q를 P의 약수, P를 Q의 배수라고 한다.

> 참고 1은 모든 자연수의 약수이고, 모든 자연수는 자기 자신의 약수인 동시에 배수이다.

(3) 배수 판별법

① 2의 배수: 일의 자리의 숫자가 0 또는 2의 배수인 수

② 3의 배수: 각 자리의 숫자의 합이 3의 배수인 수

③ 4의 배수: 끝의 두 자리 수가 00 또는 4의 배수인 수

④ 5의 배수: 일의 자리의 숫자가 0 또는 5인 수

⑤ 9의 배수: 각 자리의 숫자의 합이 9의 배수인 수

$P=Q \times (몫)+(나머지)$
(단, $0 \leq (나머지) < Q$)
에서 나머지가 0인 경우 'P는 Q
로 나누어떨어진다'고 한다.

❷ 소수와 합성수

(1) 소수

① 1보다 큰 자연수 중에서 1과 자기 자신만을 약수로 가지는 수

예 2, 3, 5, 7, 11, 13, …

② 모든 소수의 약수는 2개이다.

(2) 합성수

① 1보다 큰 자연수 중에서 소수가 아닌 수

예 4, 6, 8, 9, 10, 12, 14, …

② 합성수의 약수는 3개 이상이다.

(3) 소수와 합성수의 성질

① 1은 소수도 아니고, 합성수도 아니다.

② 가장 작은 소수는 2이고, 소수 중 짝수는 2뿐이다.

③ 자연수는 1, 소수, 합성수로 이루어져 있다.

> ➡ 약수의 개수가 ┌ 1개이면 1
> ├ 2개이면 소수
> └ 3개 이상이면 합성수

❸ 거듭제곱

(1) 거듭제곱: 같은 수나 문자를 여러 번 곱한 것을 간단히 나타낸 것

(2) 밑: 거듭제곱에서 곱한 수나 문자

(3) 지수: 거듭제곱에서 수나 문자를 곱한 횟수

> 지수
> $2 \times 2 \times 2 \times 2 = 2^4$
> 4개
> 밑

3^1은 3을 한 번 곱한 것으로 1을
생략하고 쓴다.
➡ $3^1=3$

❹ 소인수분해

(1) 소인수분해

① 인수: 자연수 a, b, c에 대하여 $a=b\times c$일 때 a의 약수 b, c를 a의 인수라 한다.

② 소인수: 인수들 중에서 소수인 것

③ 소인수분해: 1보다 큰 자연수를 그 수의 소인수만의 곱으로만 나타내는 것

(2) 소인수분해하는 방법

① 나누어떨어지는 소수로 나눈다. 이때 몫이 소수가 될 때까지 나눈다.

② 나눈 소수들과 마지막 몫을 곱셈 기호 $\times$로 연결한다. 이때 소인수분해한 결과는 보통 크기가 작은 소인수부터 순서대로 쓰고, 같은 소인수의 곱은 거듭제곱으로 나타낸다.

[방법 1]
$$24=2\times12$$
$$=2\times2\times6$$
$$=2\times2\times2\times3$$
$$=2^3\times3$$
$$\Rightarrow 24=2^3\times3$$

[방법 2]

$$\begin{array}{r} 2\,)\,\underline{24} \\ 2\,)\,\underline{12} \\ 2\,)\,\underline{6} \\ 3 \end{array}$$

$$\Rightarrow 24=2^3\times3$$

소인수분해한 결과는 반드시 소인수들의 곱으로만 나타내야 한다.
$$\begin{bmatrix} 40=4\times10\,(\times) \\ 40=2^3\times5\,(\bigcirc) \end{bmatrix}$$

❺ 소인수분해를 이용하여 약수 구하기

자연수 P가 $P=a^m\times b^n$(a, b는 서로 다른 소수, m, n은 자연수)으로 소인수분해될 때

(1) P의 약수: (a^m의 약수)$\times$(b^n의 약수)

(2) P의 약수의 개수: $(m+1)\times(n+1)$개

(3) P의 약수의 총합: (a^m의 약수의 총합)$\times$(b^n의 약수의 총합)
$$=(1+a+a^2+\cdots+a^m)\times(1+b+b^2+\cdots+b^n)$$

예 $20=2^2\times5$이므로 오른쪽 표에서

20의 약수: 1, 2, 4, 5, 10, 20

20의 약수의 개수: $(2+1)\times(1+1)=6$(개)

20의 약수의 총합: $(1+2+2^2)\times(1+5)=42$

$\times$	1	2	2^2
1	1	2	4
5	5	10	20

약수의 개수나 총합과 관련된 문제는 소인수분해를 먼저 생각한다.

❻ 소인수분해를 이용하여 제곱인 수 구하기

(1) 제곱인 수의 성질

① 소인수분해하였을 때 모든 소인수의 지수가 짝수이다.

예 $9=3^2$, $36=6^2=2^2\times3^2$

② 약수의 개수가 홀수 개이다.

(2) 제곱인 수 만들기

① 주어진 수를 소인수분해한다.

② 모든 소인수의 지수가 짝수가 되도록 적당한 수를 곱하거나 적당한 수로 나눈다.

Theme 01 — 약수와 배수

(1) $a = b \times c$ (a, b, c는 자연수)일 때,
b, c는 a의 약수이고, a는 b, c의 배수이다.

(2) 1은 모든 자연수의 약수이다.

(3) 모든 자연수는 자기 자신의 약수이면서 배수이다.

01

다음 중 옳지 <u>않은</u> 것을 모두 고르면? (정답 2개)

① 7은 91의 약수이다.

② 24의 약수는 8개이다.

③ 682는 6의 배수이다.

④ 53은 53의 약수이면서 53의 배수이다.

⑤ 60 미만의 자연수 중 4의 배수이지만 6의 배수가 아닌 수는 5개이다.

02

48을 어떤 자연수로 나누면 나누어떨어진다고 한다. 어떤 자연수가 될 수 있는 것 중 두 번째로 큰 수를 구하시오.

03

넓이가 60이고 가로의 길이와 세로의 길이가 각각 자연수인 직사각형을 그리려고 한다. 그릴 수 있는 직사각형은 모두 몇 개인지 구하시오.

(단, 가로의 길이는 세로의 길이보다 짧다.)

Theme 02 — 배수 판별법

(1) **2의 배수**: 일의 자리의 숫자가 0 또는 2의 배수인 수

(2) **3의 배수**: 각 자리의 숫자의 합이 3의 배수인 수

(3) **4의 배수**: 끝의 두 자리 수가 00 또는 4의 배수인 수

(4) **5의 배수**: 일의 자리의 숫자가 0 또는 5인 수

(5) **9의 배수**: 각 자리의 숫자의 합이 9의 배수인 수

참고 11의 배수: 주어진 수의 각 자릿수를 따로 생각할 때, 홀수 번째의 각 자리의 숫자의 합과 짝수 번째의 각 자리의 숫자의 합의 차가 0 또는 11의 배수인 수

04

네 자리 자연수 85□4는 4의 배수일 때, □ 안에 알맞은 수를 모두 구하시오.

05

다섯 자리 자연수 2□708이 9의 배수일 때, □ 안에 알맞은 수는?

① 1   ② 2   ③ 3

④ 4   ⑤ 5

06 서술형

네 자리 자연수 63□0이 12의 배수일 때, □ 안에 알맞은 수를 모두 구하시오.

Theme 03 ◀ 소수와 합성수

(1) 소수

① 소수: 1보다 큰 자연수 중에서 1과 자기 자신만을 약수로 가지는 수

② 모든 소수는 약수가 2개이다.

(2) 합성수

① 합성수: 1보다 큰 자연수 중에서 소수가 아닌 수

② 합성수는 약수가 3개 이상이다.

07

다음 수 중 소수는 모두 몇 개인가?

> 2, 5, 7, 11, 15, 23, 31, 55, 61

① 3개   ② 4개   ③ 5개
④ 6개   ⑤ 7개

08

다음 수 중에서 두 소수의 합으로 나타낼 수 <u>없는</u> 것은?

① 10   ② 17   ③ 25
④ 36   ⑤ 42

09

다음 중 옳은 것을 모두 고르면? (정답 2개)

① 합성수는 모두 짝수이다.

② 소수는 약수가 2개이다.

③ 소수는 모두 홀수이다.

④ 1은 소수도 아니고 합성수도 아니다.

⑤ 5의 배수 중 소수는 없다.

Theme 04 ◀ 소인수분해

(1) 거듭제곱: 같은 수를 여러 번 곱한 것을 2^2, 2^3, …과 같이 나타낸 것

① 밑: 거듭제곱에서 곱하는 수

② 지수: 거듭제곱에서 밑이 곱해진 개수

(2) 소인수분해

① 소인수: 인수들 중에서 소수인 것

② 소인수분해: 1보다 큰 자연수를 그 수의 소인수만의 곱으로 나타내는 것

10

다음 중 옳은 것은?

① $16 = 2^5$

② $3 \times 3 \times 3 \times 3 \times 3 = 5^3$

③ $2 \times 2 \times 7 \times 7 \times 7 = 2^2 \times 3^7$

④ $2 \times 3 \times 3 \times 7 \times 7 = 2 \times 3^2 \times 7^2$

⑤ $\dfrac{1}{5} \times \dfrac{1}{5} \times \dfrac{1}{5} = \dfrac{3}{5}$

11

다음 중 소인수가 나머지 넷과 <u>다른</u> 하나는?

① 48   ② 64   ③ 72
④ 108   ⑤ 162

12

20×70을 소인수분해하면 $2^a \times 5^b \times c$일 때, 자연수 a, b, c에 대하여 $a+b+c$의 값을 구하시오.

Theme 05 소인수분해를 이용하여 약수 구하기

(1) 자연수 N이 $N=a^m \times b^n$(a, b는 서로 다른 소수, m, n은 자연수)으로 소인수분해될 때
$\Rightarrow$ N의 약수: (a^m의 약수)$\times$(b^n의 약수)

(2) p, q, r는 서로 다른 소수이고, l, m, n은 자연수일 때
① p^l의 약수의 개수: $(l+1)$개
② $p^l \times q^m$의 약수의 개수: $(l+1)\times(m+1)$개
③ $p^l \times q^m \times r^n$의 약수의 개수:
$(l+1)\times(m+1)\times(n+1)$개

13

다음 중 360의 약수가 <u>아닌</u> 것은?

① $2^2 \times 3$ ② 3×5 ③ $2 \times 3 \times 5$
④ $2^3 \times 5$ ⑤ $2^2 \times 3 \times 5^2$

14

126의 약수의 개수는?

① 6개 ② 9개 ③ 12개
④ 15개 ⑤ 18개

15

다음 중 약수의 개수가 가장 많은 것은?

① 54 ② 108 ③ $2^5 \times 11$
④ $3^2 \times 5 \times 7^2$ ⑤ $5^3 \times 7^3$

16

$2^2 \times 5^2 \times 13^\square$의 약수의 개수가 18개일 때, $\square$ 안에 알맞은 수를 구하시오.

17 서술형

280의 약수의 개수와 $2^3 \times 3 \times 7^a$의 약수의 개수가 같을 때, 자연수 a의 값을 구하시오.

18

600의 약수 중 3의 배수는 모두 몇 개인지 구하시오.

Theme 06 ┌ 제곱인 수

(1) 어떤 자연수의 제곱인 수를 소인수분해하면 소인수의 지수가 모두 짝수이다.

(2) 제곱인 수는 다음과 같은 방법으로 만든다.

① 주어진 수를 소인수분해한다.

② 소인수의 지수가 모두 짝수가 되도록 적당한 수를 곱하거나 적당한 수로 나눈다.

19

240에 자연수 a를 곱하여 어떤 자연수의 제곱이 되도록 할 때, 가장 작은 수 a의 값은?

① 3   ② 10   ③ 15

④ 18   ⑤ 20

20 『서술형』

504를 자연수 a로 나누어 어떤 자연수 b의 제곱이 되도록 할 때, 가장 작은 a의 값과 그때의 b의 값의 합을 구하시오.

21

$150 \times x = y^2$을 만족시키는 가장 작은 자연수 x, y에 대하여 $x+y$의 값을 구하시오.

22

250 이하의 자연수 중에서 약수의 개수가 홀수 개인 자연수의 개수를 구하시오.

23

90에 자연수를 곱하여 어떤 자연수의 제곱이 되도록 할 때, 곱할 수 있는 가장 큰 두 자리 자연수를 구하시오.

24

4000의 약수 중에서 어떤 자연수의 제곱이 되는 수는 모두 몇 개인지 구하시오.

01

53을 어떤 자연수 a로 나누었더니 나머지가 11이었다. 이를 만족시키는 모든 a의 값의 합을 구하시오.

02

3□□2는 각 자리의 숫자가 모두 소수인 네 자리 자연수이다. 3□□2가 4의 배수가 되는 경우는 모두 몇 가지인지 구하시오.

03

10 이상 50 이하의 자연수 중에서 합성수의 개수는?

① 15개 ② 20개 ③ 25개
④ 30개 ⑤ 35개

04

다음 중 옳은 것은?

① 25보다 작은 소수는 8개이다.
② 2의 배수 중 소수는 2개이다.
③ 두 소수의 합은 항상 소수이다.
④ 소수와 합성수의 합은 항상 합성수이다.
⑤ 두 소수의 곱은 항상 합성수이다.

05

다음 조건을 모두 만족시키는 두 자연수의 차를 구하시오.

ㄱ. 두 자연수를 곱한 수의 약수는 2개뿐이다.
ㄴ. 두 자연수의 합은 30이다.

06

네 자연수 1, 2, 3, 5 중 서로 다른 세 수를 뽑아 각각 한 번씩 이용하여 만든 세 자리 자연수 중 가장 큰 3의 배수와 가장 작은 3의 배수의 합을 구하시오.

07

어떤 미생물을 배양하면 매일 분열하여 개체 수가 전날의 2배가 된다고 한다. 이 미생물 2마리를 동시에 배양할 때, 512마리의 미생물을 만들려면 며칠이 지나야 하는지 구하시오.

08 *서술형*

자연수 n의 소인수 중 가장 큰 수를 $\langle n \rangle$이라 할 때, $\langle 52 \rangle + \langle 120 \rangle + \langle 216 \rangle$의 값을 구하시오.

09

자연수 a에 대하여 기호 $[a]$는 a를 소인수분해하였을 때, 소인수 2의 지수를 나타낸다. 예를 들어 $36 = 2^2 \times 3^2$이므로 $[36] = 2$이다. 이때 $[x] = 5$를 만족시키는 200 이하의 자연수 x의 값을 모두 구하시오.

10

n이 소수일 때, $\dfrac{117}{n-6}$이 자연수가 되도록 하는 모든 n의 값의 합을 구하시오.

11

$A = 2^2 \times 3^2 \times 7$일 때, A의 약수 중 홀수의 개수는?

① 2개   ② 4개   ③ 6개

④ 8개   ⑤ 10개

12

세 각의 크기가 $x°$, $y°$, $z°$인 삼각형이 있다. x, y, z는 모두 소수일 때, x, y, z 중 반드시 포함되어야 하는 수는?

① 1   ② 2   ③ 3

④ 7   ⑤ 11

13

$1 \times 2 \times 3 \times \cdots \times 11 \times 12$를 소인수분해하면
$2^a \times 3^b \times 5^c \times 7^d \times 11$이다. 이때 자연수 a, b, c, d에 대하여 $a+b+c+d$의 값은?

① 15 ② 16 ③ 17

④ 18 ⑤ 19

14

상자 안에 1이 적힌 공이 1개, 2가 적힌 공이 3개, 5가 적힌 공이 2개 들어 있다. 다음 중 이 상자에서 뽑은 공에 적힌 수들의 곱으로 만들 수 없는 수는?

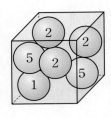

① 8 ② 10 ③ 20

④ 40 ⑤ 60

15

108과 $2 \times 14 \times 5^a$의 약수의 개수가 같을 때, 자연수 a의 값을 구하시오.

16 〔서술형〕

840의 약수 중 짝수는 모두 몇 개인지 구하시오.

17

$540 \times a$의 약수의 개수가 홀수 개일 때, 가장 작은 자연수 a의 값을 구하시오.

18

360을 자연수 a로 나누어 어떤 자연수의 제곱이 되도록 할 때, a가 될 수 있는 모든 자연수의 개수를 구하시오.

19

자연수 m에 대하여 $\langle m \rangle$은 m의 모든 약수의 총합을 나타내고 $\{m\}$은 m의 약수의 개수를 나타낸다. $\langle 60 \rangle = a$, $\{a\} = b$일 때, $\langle a \rangle + \{b\}$의 값을 구하시오.

20 서술형

$20 \times a = 150 \times b = c^2$을 만족시키는 가장 작은 자연수 a, b, c에 대하여 $a + b + c$의 값을 구하시오.

21

1440을 어떤 자연수 a의 제곱으로 나누었더니 자연수 b가 되었고, 560을 어떤 자연수 c로 나누었더니 자연수 d의 제곱이 되었다. a의 최댓값을 M, c의 최솟값을 m이라 할 때, $M + m$의 값을 구하시오.

22

다음은 자연수 A를 소인수분해하는 과정이다. B, D, E는 20보다 작은 소수이고, $B + D = E$일 때, 이를 만족시키는 모든 자연수 A의 값을 구하시오.

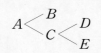

23 서술형

자연수 k는 40 이하의 수이고 약수의 개수가 6개이다. 이때 k가 될 수 있는 수는 모두 몇 개인지 구하시오.

24

다음 조건을 모두 만족시키는 두 자리 자연수를 구하시오.

> ㄱ. 소인수분해하였을 때, 서로 다른 소인수가 3개이고 이 소인수들의 합은 12이다.
> ㄴ. 약수가 12개이다.

01 자연수 a를 소인수분해했을 때, 모든 소인수를 그 지수만큼 더한 값을 $S(a)$라 하자. 예를 들어 $20=2^2\times5$이 므로 $S(20)=2+2+5=9$이다. 이때 $S(x)=10$을 만족시키는 모든 자연수 x의 값의 합을 구하시오.

02 두 자리 자연수 X를 소인수분해하였을 때 나오는 소인수 중에서 가장 큰 소인수가 5이다. 이때 가능한 X의 값은 모두 몇 개인지 구하시오.

03 자연수 a에 대하여 $2^a+3^a+5^a+7^a$의 일의 자리의 숫자를 $f(a)$라 할 때, $f(2503)$의 값을 구하시오.

04 서로 다른 세 개의 주사위를 동시에 던져서 나오는 눈의 수를 각각 a, b, c라 하자. $\dfrac{60 \times a \times b}{c}$가 어떤 자연수의 제곱일 때, $a \times b \times c$의 값을 모두 구하시오.

05 자연수 n은 서로 다른 두 소수 x, y의 곱으로 나타낼 수 있다. 자연수 n의 모든 약수의 합이 $n+31$일 때, x와 y의 값의 차가 될 수 있는 수를 모두 구하시오.

06 1부터 150까지 번호가 각각 하나씩 붙어 있는 문이 있고, 150명의 사람들이 차례대로 다음과 같이 하였다.

> 첫 번째 사람은 모든 문을 연다.
> 두 번째 사람은 번호가 2의 배수인 문을 닫는다.
> 세 번째 사람은 번호가 3의 배수인 문이 닫혀 있으면 열고, 열려 있으면 닫는다.
> 이와 같이 자연수 n에 대하여 n번째 사람은 번호가 n의 배수인 문이 닫혀 있으면 열고, 열려 있으면 닫는다.

위와 같은 방법으로 하였을 때, 열려 있는 문의 개수를 구하시오.

02

최대공약수와 최소공배수

❶ 최대공약수

(1) **공약수**: 두 개 이상의 자연수의 공통인 약수

(2) **최대공약수**: 공약수 중에서 가장 큰 수

(3) **최대공약수의 성질**: 두 개 이상의 자연수의 공약수는 그 수들의 최대공약수의 약수이다.

예 6의 약수: $\underline{1}, 2, \underline{3}, 6$
9의 약수: $\underline{1}, \underline{3}, 9$ ⟶ 공약수: 1, 3 ← 최대공약수
6과 9의 공약수 1, 3은 최대공약수인 3의 약수이다.

(4) **서로소**: 최대공약수가 1인 두 자연수

예 5와 7, 8과 11, 6과 25, …

(5) **최대공약수 구하는 방법**

[방법 1]
$$24 = 2^3 \times 3$$
$$42 = 2 \times 3 \times 7$$
$$(최대공약수) = 2 \times 3 = 6$$
← 공통인 소인수 중 지수가 같거나 작은 것을 택한다.

[방법 2]
몫이 서로소가 될 때까지 1이 아닌 공약수로 나눈다.
```
2) 24  42
3) 12  21
    4   7 ← 서로소
```
최대공약수: $2 \times 3 = 6$

❷ 최소공배수

(1) **공배수**: 두 개 이상의 자연수의 공통인 배수

(2) **최소공배수**: 공배수 중에서 가장 작은 수

참고 서로소인 두 자연수의 최소공배수는 두 수의 곱과 같다.

(3) **최소공배수의 성질**: 두 개 이상의 자연수의 공배수는 그 수들의 최소공배수의 배수이다.

예 6의 배수: 6, 12, $\underline{18}$, 24, 30, $\underline{36}$, 42, 48, $\underline{54}$, … ⟶ 공배수: $\underline{18}$, 36, 54, …
9의 배수: 9, $\underline{18}$, 27, $\underline{36}$, 45, $\underline{54}$, … ← 최소공배수
6과 9의 공배수 18, 36, 54, …는 최소공배수인 18의 배수이다.

(4) **최소공배수 구하는 방법**

[방법 1]
$$12 = 2^2 \times 3$$
$$40 = 2^3 \times 5$$
$$(최소공배수) = 2^3 \times 3 \times 5 = 120$$
공통인 소인수는 지수가 ↙ ↘ 공통이 아닌 소인수도
같거나 큰 것을 택한다. 모두 곱한다.

[방법 2]
몫이 서로소가 될 때까지 1이 아닌 공약수로 나눈다.
```
2) 12  40
2)  6  20
    3  10 ← 서로소
```
최소공배수: $2 \times 2 \times 3 \times 10 = 120$

공약수 중에서 가장 작은 수는 항상 1이므로 최소공약수는 생각하지 않는다.

공배수는 끝없이 구할 수 있으므로 최대공배수는 생각하지 않는다.

세 수 이상의 최소공배수를 구할 때는 어떤 두 수를 택해도 공약수가 1이 될 때까지 나눈다.

❸ **최대공약수의 활용**

(1) '가장 큰', '최대의', '가능한 한 많은' 등의 표현이 들어 있는 문제는 대부분 최대공약수를 이용한다.

(2) **최대공약수의 활용 문제 유형**

① 똑같이 나누어 주는 문제

② 빈틈없이 채우는 문제

③ 가장 큰 도형 문제

④ (수)÷(어떤 자연수)의 문제

참고 최대공약수의 활용 문제를 해결한 후 구한 답이 문제의 뜻에 맞는지 확인한다.

❹ **최소공배수의 활용**

(1) '가장 작은', '최소의', '가능한 한 적은' 등의 표현이 들어 있는 문제는 대부분 최소공배수를 이용한다.

(2) **최소공배수의 활용 문제 유형**

① 동시에 출발하는 문제

② 가장 작은 도형 문제

③ 톱니의 회전 수를 구하는 문제

④ (어떤 자연수)÷(수)의 문제

참고 최소공배수의 활용 문제를 해결한 후 구한 답이 문제의 뜻에 맞는지 확인한다.

최대공약수와 최소공배수의 활용	
최대공약수	최소공배수
가장 큰	가장 작은
가장 긴	다시 만나는
최대한	최소한
가능한 한 많은	가능한 한 적은
⋮	⋮

❺ **최대공약수와 최소공배수의 관계**

두 자연수 A, B의 최대공약수가 G, 최소공배수가 L일 때,

$A = a \times G$, $B = b \times G$(단, a, b는 서로소)라 하면

(1) $L = a \times b \times G$

(2) $A \times B = (a \times G) \times (b \times G)$

$\qquad\qquad = G \times (a \times b \times G)$

$\qquad\qquad = G \times L$

➡ (두 수의 곱) = (최대공약수) × (최소공배수)

참고 최대공약수와 최소공배수의 관계에 의하여 두 수의 곱, 최대공약수, 최소공배수 중 두 가지가 주어지면 나머지 하나를 구할 수 있다.

$$G)\underline{A \quad B}$$
$$\quad a \quad b$$
$$\text{서로소}$$

$L = a \times b \times G$이므로 최소공배수는 최대공약수의 배수이고, 최대공약수는 최소공배수의 약수이다.

Theme 01 **최대공약수**

(1) **공약수**: 두 개 이상의 자연수의 공통인 약수
(2) **최대공약수**: 공약수 중에서 가장 큰 수
(3) **최대공약수의 성질**: 두 개 이상의 자연수의 공약수는 그 수들의 최대공약수의 약수이다.
(4) **서로소**: 최대공약수가 1인 두 자연수
(5) **소인수분해를 이용하여 최대공약수 구하는 방법**
  ① 각각의 자연수를 소인수분해한다.
  ② 공통인 소인수 중 지수가 같으면 그대로, 다르면 작은 것을 택하여 곱한다.

01

세 수 $2^2 \times 3^3 \times 7$, $2^3 \times 5^2 \times 7^2$, $2^3 \times 3 \times 5^2$의 최대공약수는?

① 2^2 ② $2^2 \times 7$ ③ $2^2 \times 7^2$
④ $2 \times 3^3 \times 7$ ⑤ $2^3 \times 3^3 \times 5^2 \times 7^2$

02

다음 보기 중 옳은 것을 고르시오.

보기
㉠ 65와 91은 서로소이다.
㉡ 서로 다른 두 소수는 항상 서로소이다.
㉢ 서로소인 두 자연수의 공약수는 없다.
㉣ 서로 다른 두 홀수는 항상 서로소이다.

03

343보다 작은 자연수 중에서 343과 서로소인 자연수의 개수를 구하시오.

04

24와 x의 공약수가 12의 약수와 같을 때, 다음 중 x의 값이 될 수 없는 것은?

① 36 ② 40 ③ 60
④ 84 ⑤ 108

05

두 수 $2^2 \times 3^x \times 5^3 \times 7^3$, $2^3 \times 3^3 \times 5^y \times 7^z$의 최대공약수가 $2^2 \times 3^2 \times 5 \times 7^2$일 때, $x+y+z$의 값을 구하시오.
(단, x, y, z는 자연수)

06 서술형

세 수 480, $2^2 \times 3 \times 5^2$, $2^3 \times 3 \times 5^2 \times 7$의 공약수의 개수를 구하시오.

Theme 02 ─ 최소공배수

(1) **공배수**: 두 개 이상의 자연수의 공통인 배수

(2) **최소공배수**: 공배수 중에서 가장 작은 수

(3) **최소공배수의 성질**: 두 개 이상의 자연수의 공배수는 그 수들의 최소공배수의 배수이다.

(4) **소인수분해를 이용하여 최소공배수 구하는 방법**

① 각각의 자연수를 소인수분해한다.

② 공통인 소인수 중 지수가 같으면 그대로, 다르면 큰 것을 택하여 곱한다.

③ 공통이 아닌 소인수도 모두 곱한다.

참고 두 자연수 A, B의 최대공약수가 G이고, 최소공배수가 L일 때, $A=a\times G$, $B=b\times G$(a, b는 서로소)라 하면

① $L=a\times b\times G$　　② $A\times B=L\times G$

07

다음 중 세 수 $2^2\times3^2\times5$, $2\times3^3\times7$, $3^2\times5\times7^2$의 공배수가 아닌 것은?

① $2^2\times3^3\times5\times7^2$　　② $2^3\times3^3\times5\times7^2$

③ $2^2\times3^5\times5\times7^2\times11$　　④ $2^2\times3^2\times5\times7^3\times11$

⑤ $2^3\times3^4\times5\times7^2\times13$

08

1000 이하의 자연수 중 세 수 2^2, $2^2\times3$, 54의 공배수의 개수는?

① 9개　　② 10개　　③ 11개

④ 12개　　⑤ 13개

09

세 자연수 $3\times x$, $10\times x$, $18\times x$의 최소공배수가 360일 때, x의 값을 구하시오.

10

다음 중 옳지 않은 것은?

① 모든 자연수의 약수는 2개 이상이다.

② 두 수가 서로소이면 두 수의 최대공약수는 1이다.

③ 두 수의 공약수는 모두 최대공약수의 약수이다.

④ 두 수의 공배수는 모두 최소공배수의 배수이다.

⑤ 서로 다른 두 소수의 최소공배수는 두 수의 곱과 같다.

11

두 수 $2^a\times3^4$, $2^2\times3^b$의 최소공배수가 $2^3\times3^7$일 때, 자연수 a, b에 대하여 $a+b$의 값을 구하시오.

12

두 자연수 A와 144의 최소공배수가 $2^4\times3^2\times5^2$일 때, 다음 중 A의 값이 될 수 없는 것은?

① 25　　② 50　　③ 75

④ 90　　⑤ 150

주어진 수의 최대공약수, 최소공배수를 각각 소인수분해하여 소인수와 소인수의 지수를 비교한다.

최대공약수	최소공배수
공통인 소인수만 곱한다.	공통인 소인수와 공통이 아닌 소인수까지 곱한다.
공통인 소인수는 지수가 같거나 작은 것을 택한다.	공통인 소인수는 지수가 같거나 큰 것을 택한다.

13

세 수 $2^2 \times 3^2 \times 5$, $3^3 \times 5$, $3 \times 5^2 \times 7$의 최대공약수와 최소공배수를 차례로 구하면?

① 3×5, $3^2 \times 5^2 \times 7$
② 3×5, $3^3 \times 5^2 \times 7$
③ 3×5, $2^2 \times 3^3 \times 5^2 \times 7$
④ $3^2 \times 5$, $2^2 \times 3^3 \times 5^2 \times 7$
⑤ $3^2 \times 5^2$, $2 \times 3^3 \times 5^2 \times 7$

14

세 수 $2^a \times 3^3 \times 5^b$, $2^4 \times 5 \times 7$, $2^4 \times 3^c \times 5$의 최대공약수는 $2^3 \times 5$, 최소공배수는 $2^4 \times 3^4 \times 5^2 \times 7$일 때, $a+b-c$의 값을 구하시오. (단, a, b, c는 자연수)

15 서술형

두 수 $2^2 \times 3^a \times 5^2$, $3^4 \times 5^b \times 11$의 최대공약수는 135, 최소공배수는 $2^2 \times 3^c \times 5^d \times 11$일 때, $a+b+c+d$의 값을 구하시오. (단, a, b, c, d는 자연수)

다음과 같은 문제는 최대공약수를 이용한다.
(1) 일정한 양을 가능한 한 많이 나누어 주는 문제
(2) 직사각형을 가장 큰 정사각형 또는 최대한 적은 수의 정사각형으로 빈틈없이 채우는 문제
(3) 몇 개의 자연수를 모두 나누어떨어지게 하는 가장 큰 자연수를 구하는 문제
　① 어떤 자연수로 ■를 나누면 ●가 남는다.
　　⇨ 어떤 자연수로 ■－●를 나누면 나누어떨어진다.
　② 어떤 자연수로 ■를 나누면 ●가 부족하다.
　　⇨ 어떤 자연수로 ■＋●를 나누면 나누어떨어진다.

16

딸기 108개, 사과 90개, 복숭아 54개를 사람들에게 남김없이 똑같이 나누어 주려고 한다. 최대 몇 명에게 나누어 줄 수 있는가?

① 12명　　　② 14명　　　③ 16명
④ 18명　　　⑤ 20명

17

가로의 길이가 96 cm, 세로의 길이가 120 cm인 직사각형 모양의 판에 크기가 같은 정사각형 모양의 색종이를 빈틈없이 붙여서 채우려고 한다. 되도록 큰 색종이를 사용하려고 할 때, 필요한 색종이의 장수를 구하시오.

18

어떤 수로 20을 나누면 2가 남고, 56을 나누면 1이 부족하다. 어떤 수 중에서 가장 큰 수를 구하시오.

19

같은 크기의 정육면체 모양의 주사위를 빈틈없이 쌓아서 오른쪽 그림과 같이 가로, 세로의 길이가 각각 56 cm, 48 cm이고, 높이가 100 cm인 직육면체를 만들려고 한다. 주사위의 크기를 최대로 할 때, 필요한 주사위의 개수를 구하시오.

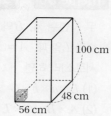

20

오른쪽 그림과 같이 세 변의 길이가 각각 36 cm, 60 cm, 72 cm인 삼각형 ABC의 세 변 위에 같은 간격으로 점을 찍으려고 한다.
세 꼭짓점에는 반드시 점을 찍는다고 할 때, 최소한 몇 개의 점을 찍어야 하는지 구하시오.

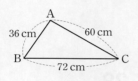

21 서술형

공책 80권, 볼펜 105자루, 형광펜 89자루를 최대한 많은 학생들에게 똑같이 나누어 주려고 했더니 공책은 2권이 남고, 볼펜은 3자루가 남고, 형광펜은 1자루가 부족하다. 이때 학생 수와 한 학생이 받을 수 있는 볼펜의 수를 차례대로 구하시오.

Theme 05 최소공배수의 활용

다음과 같은 문제는 최소공배수를 이용한다.

(1) 속력이 다른 두 물체가 동시에 출발하여 처음으로 다시 만나는 문제

(2) 일정한 크기의 직육면체를 쌓아서 가장 작은 정육면체를 만드는 문제

(3) 몇 개의 자연수로 나눌 때 모두 나누어떨어지는 가장 작은 자연수를 구하는 문제
➡ 어떤 자연수를 ■로 나누어 나머지가 r일 때,
(어떤 자연수)$-r$는 ■로 나누어떨어진다.

22

운동장 한 바퀴를 도는 데 태영이는 18분, 도연이는 30분이 걸린다. 이와 같은 속력으로 출발점을 동시에 출발하여 같은 방향으로 돌 때, 두 사람이 처음으로 다시 출발점에서 만나게 되는 것은 태영이가 운동장을 몇 바퀴 돌았을 때인지 구하시오.

23

가로의 길이가 6 cm, 세로의 길이가 12 cm, 높이가 10 cm인 직육면체 모양의 벽돌을 빈틈없이 쌓아 정육면체 모양을 만들려고 한다. 되도록 벽돌을 적게 사용하려고 할 때, 정육면체의 한 모서리의 길이는?

① 36 cm ② 48 cm ③ 60 cm
④ 72 cm ⑤ 90 cm

24

어떤 수를 3, 5, 7로 나누면 모두 1이 남는다고 한다. 어떤 수 중에서 가장 작은 세 자리 자연수를 구하시오.

25

오른쪽 그림과 같이 서로 맞물려 도는 두 톱니바퀴 A, B에 대하여 A의 톱니의 개수는 150개, B의 톱니의 개수는 120개이다. 두 톱니바퀴가 회전하기 시작하여 처음으로 다시 같은 톱니에서 맞물릴 때까지 돌아간 톱니바퀴 A의 톱니의 개수는?

① 440개 ② 480개 ③ 500개
④ 540개 ⑤ 600개

26

혜랑이는 5일을 일하고 하루를 쉬고, 준혁이는 7일을 일하고 하루를 쉬는 아르바이트를 하고 있다. 두 사람이 월요일에 함께 쉬었을 때, 그 다음에 처음으로 같이 쉬는 요일은?

① 수요일 ② 목요일 ③ 금요일
④ 토요일 ⑤ 일요일

27 서술형

두 수 $\frac{12}{25}$, $\frac{9}{40}$의 어느 것에 곱하여도 자연수가 되게 하는 가장 작은 기약분수를 구하시오.

Theme 06 최대공약수와 최소공배수의 관계

두 자연수 A, B의 최대공약수가 G, 최소공배수가 L일 때, $A=a\times G$, $B=b\times G$(단, a, b는 서로소)라 하면

(1) $L=a\times b\times G$
(2) $A\times B=G\times L$
⇨ (두 수의 곱)=(최대공약수)×(최소공배수)

$G)\underline{A\quad B}$
$\quad a\quad b$
서로소

28

두 자연수의 곱이 1280이고, 최소공배수가 160일 때, 이 두 수의 최대공약수를 구하시오.

29

두 자연수 A와 165의 최대공약수는 15이고, 최소공배수는 1320이다. 이때 자연수 A의 소인수들의 합을 구하시오.

30

$2^2\times3^4\times7$과 어떤 자연수의 최대공약수가 2×3^2이고 최소공배수가 $2^2\times3^4\times5\times7$일 때, 이 자연수를 구하시오.

▶▶▶ 정답과 풀이 13쪽

01

100 이하의 자연수 중에서 15와 서로소인 자연수의 개수를 구하시오.

04

두 자연수 A, B에 대하여 $A◎B$는 두 수의 최대공약수를, $A△B$는 두 수의 최소공배수를 나타낸다고 할 때, $40◎(72△68)$의 값을 구하시오.

02 〔서술형〕

36과 420의 공약수 중에서 어떤 자연수의 제곱이 되는 모든 수들의 합을 구하시오.

05

세 자연수의 비가 2 : 3 : 7이고 최소공배수가 504일 때, 세 자연수의 합을 구하시오.

03

어떤 두 자리 자연수와 78의 최대공약수가 13일 때, 이 두 자리 자연수 중에서 가장 큰 수를 구하시오.

06 〔서술형〕

세 수 108, 150, 360의 공약수의 개수를 a개, 최소공배수의 약수의 개수를 b개라 할 때, $b-a$의 값을 구하시오.

07

서로 다른 세 자연수 9, 49, a의 최소공배수가 $2 \times 3^3 \times 7^2$일 때, a의 값이 될 수 있는 자연수의 개수를 구하시오.

08

세 분수 $\dfrac{24}{n}$, $\dfrac{n}{3}$, $\dfrac{252}{n}$가 모두 자연수가 되도록 하는 자연수 n의 개수를 구하시오.

09

$\dfrac{4}{3} \times A$, $\dfrac{8}{7} \times A$, $\dfrac{20}{9} \times A$의 값이 모두 자연수가 되도록 하는 가장 작은 기약분수 A를 구하시오.

10

세 자연수 12, 48, A의 최대공약수는 12이고 최소공배수는 240일 때, 가능한 모든 A의 값의 합을 구하시오.

11

두 분수 $\dfrac{25}{18}$, $\dfrac{20}{27}$ 중 어느 것에 곱해도 그 결과가 자연수가 되는 분수 중에서 두 번째로 작은 분수와 세 번째로 작은 분수의 합을 구하시오.

12 서술형

남학생 156명과 여학생 120명을 태울 보트를 준비해서 모든 보트에 남학생을 a명씩, 여학생을 b명씩 각각 똑같이 나누어 태우려고 한다. 보트의 대수를 최대로 할 때, $a - b$의 값을 구하시오.

13

현장 학습을 위해 남학생 122명과 여학생 76명을 몇 개의 모둠으로 나눌 때, 각 모둠에 속하는 남학생 수와 여학생 수를 각각 같게 하려고 하였다. 그런데 착오로 1개의 모둠은 다른 모둠보다 남학생이 2명 더 많고, 4개의 모둠은 여학생이 1명씩 적게 배정되었다. 모둠을 가능한 한 많이 만들었을 때, 모둠의 개수를 구하시오.

14

가로와 세로의 길이가 각각 120 m, 84 m인 직사각형 모양의 땅이 있다. 이 땅의 가장자리에 일정한 간격으로 깃발을 꽂으려고 한다. 깃발의 개수는 최소로 하고 네 모퉁이에는 반드시 깃발을 꽂는다고 할 때, 필요한 깃발의 개수를 구하시오.

15 _서술형_

두 자연수 A, B에 대하여 $\dfrac{2A+7}{2B+10}=\dfrac{A}{B}$이다. A와 B의 최소공배수는 840일 때, A와 B의 값의 차를 구하시오.

16

한 개에 600원인 자두 120개, 한 개에 500원인 귤 105개, 한 개에 800원인 사과 45개를 바구니에 나누어 담으려고 한다. 한 바구니에 넣을 자두, 귤, 사과의 개수는 각각 같게 하고 바구니를 가능한 한 많이 만들려고 할 때, 한 바구니에 담을 과일들의 가격의 합을 구하시오.

17

세 자연수 A, B, C가 있다. A와 C의 최대공약수는 24, 최소공배수는 48이고, B와 C의 최대공약수는 12, 최소공배수는 144이다. $A<B<C$일 때, 세 자연수 A, B, C의 값의 합을 구하시오.

18

다음 조건을 모두 만족시키는 가장 작은 자연수 N을 구하시오.

> ㄱ. N과 36의 최대공약수는 18이다.
> ㄴ. N과 70의 최대공약수는 10이다.
> ㄷ. N은 세 자리 자연수이다.

19 서술형

다음 그림에서 ◯는 아래 연결된 두 수의 최대공약수를, ▢는 위에 연결된 두 수의 최소공배수를 구한 것이다. 이때 자연수 A, B, C에 대하여 A, B, C의 값을 각각 구하시오.

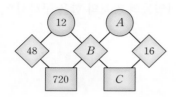

20

빨간색 장미 114송이, 보라색 장미 75송이, 노란색 장미 56송이가 있다. 몇 명의 학생들에게 빨간색 장미, 보라색 장미, 노란색 장미를 똑같이 나누어 주었더니 각각 6송이, 3송이, 2송이가 남았고 남은 11송이의 장미를 모든 학생들에게 1송이씩 나누어 주어도 아직 몇 송이의 장미가 남았다. 이때 학생 수를 구하시오.

21

오른쪽 그림과 같이 세 톱니바퀴 A, B, C가 서로 맞물려서 돌고 있다. A가 14번 회전하는 동안 B는 6번 회전하고, B가 24번 회전하는 동안 C는 8번 회전한다. 이때 C가 4번 회전하는 동안 A는 몇 번 회전하는지 구하시오.

22

두 자연수 A, B의 최대공약수는 15이고 최소공배수는 300이다. A, B가 모두 두 자리 자연수일 때, $A-B$의 값을 구하시오. (단, $A>B$)

23 서술형

두 자연수 A, B의 합은 144이고, 곱은 5040이다. 두 수의 최소공배수가 420일 때, 두 수 A, B를 구하시오.
(단, $A<B$)

24

어느 기차역에서 전주행 열차는 16분마다, 울산행 열차는 50분마다 출발한다고 한다. 이 역에서 두 열차가 오전 8시 정각에 동시에 출발한 후부터 같은 날 오후 10시까지 다시 동시에 출발하는 것은 몇 번인지 구하시오.

01 최대공약수가 6인 세 자연수 A, B, C에 대하여 두 수 A, B의 최대공약수는 30, 최소공배수는 300이고, 두 수 B, C의 최소공배수는 240이다. $A>B>C$일 때, A, B, C의 값을 각각 구하시오.

02 100원짜리와 500원짜리 동전이 섞여 있는 두 저금통 ①, ②에서 동전을 꺼내어 각각 금액을 세어 보았다. 두 저금통의 금액은 서로 같았고, 그 합은 각각 30000원 초과 35000원 이하였다. 저금통 ①은 두 동전의 개수가 같았고, 저금통 ②는 두 동전의 금액이 같았다고 할 때, 저금통 ①에 들어 있는 동전의 금액의 합은 얼마인지 구하시오.

03 두 셔틀버스 A, B는 같은 종점에서 출발하여 서로 다른 노선으로 운행하고 있다. 두 셔틀버스 A, B가 다시 종점으로 돌아올 때까지 각각 18분, 24분이 걸리고, 종점에 동시에 도착할 때마다 10분씩 쉰다고 한다. 두 셔틀버스 A, B가 종점에서 오전 8시에 동시에 출발할 때, 그 이후에 종점에서 세 번째로 다시 만나는 시각을 구하시오.

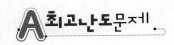

04 토론 대회를 개최하려고 하는데 참가자들이 5명씩 짝을 지으면 3명이 남고, 9명씩 짝을 지으면 7명이 남고, 11명씩 짝을 지으면 남거나 부족한 참가자가 없다고 한다. 토론 대회의 참가자 수는 최소 몇 명인지 구하시오.

05 원 모양의 호수의 둘레를 따라 동일한 간격으로 가로등을 세우려고 한다. 가로등을 12 m 간격으로 세울 때와 15 m 간격으로 세울 때, 필요한 가로등 수의 차가 14개라고 한다. 이 호수의 둘레의 길이를 구하시오.

06 네 수 2033, 1403, 1333, 955를 같은 자연수 Q로 나누었을 때, 그 나머지가 모두 같다. 이때 나누는 수 Q가 될 수 있는 수를 모두 구하시오. (단, 나머지는 0이 아니다.)

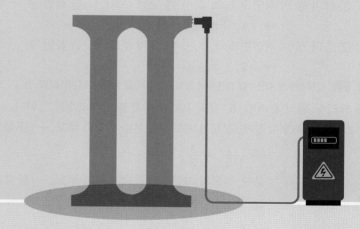

정수와 유리수

01
정수와 유리수

❶ 양수와 음수

(1) 양의 부호와 음의 부호

0을 기준으로 서로 반대되는 성질을 가지는 양을 나타낼 때, 한쪽에는 양의 부호(+)를, 다른 한쪽에는 음의 부호(−)를 사용하여 나타낼 수 있다.

(2) 양수와 음수

① 양수: 0보다 큰 수로 양의 부호(+)를 붙인 수

② 음수: 0보다 작은 수로 음의 부호(−)를 붙인 수

> 0은 양수도 아니고 음수도 아니다.

❷ 정수와 유리수

(1) 정수: 양의 정수, 0, 음의 정수를 통틀어 정수라고 한다.

① 양의 정수: 자연수 1, 2, 3, ⋯에 양의 부호(+)를 붙인 수

➡ $+1, +2, +3, \cdots$

② 음의 정수: 자연수 1, 2, 3, ⋯에 음의 부호(−)를 붙인 수

➡ $-1, -2, -3, \cdots$

참고 양의 정수는 자연수와 같은 수로 양의 부호(+)를 생략하여 나타내기도 한다.

(2) 유리수: 양의 유리수, 0, 음의 유리수를 통틀어 유리수라고 한다.

① 양의 유리수: 분자, 분모가 자연수인 분수에 양의 부호(+)를 붙인 수

➡ $+\dfrac{1}{5}, +\dfrac{4}{3}, +\dfrac{7}{8}, \cdots$

② 음의 유리수: 분자, 분모가 자연수인 분수에 음의 부호(−)를 붙인 수

➡ $-\dfrac{1}{5}, -\dfrac{4}{3}, -\dfrac{7}{8}, \cdots$

참고 • $+0.01 = +\dfrac{1}{100}$, $-0.25 = -\dfrac{1}{4}$ 이므로 $+0.01, -0.25$도 유리수이다.

• $+3 = +\dfrac{6}{2}$, $-4 = -\dfrac{4}{1}$, $0 = \dfrac{0}{3}$ 과 같이 나타낼 수 있으므로 정수는 모두 유리수이다.

> 유리수 $= \dfrac{(정수)}{(0이\ 아닌\ 정수)}$
>
> 양의 유리수도 양의 정수와 같이 양의 부호(+)를 생략하여 나타내기도 한다.

(3) 유리수의 분류

$$\text{유리수} \begin{cases} \text{정수} \begin{cases} \text{양의 정수(자연수): } +1, +2, +3, \cdots \\ 0 \\ \text{음의 정수: } -1, -2, -3, \cdots \end{cases} \\ \text{정수가 아닌 유리수: } \dfrac{1}{5}, +\dfrac{3}{2}, 1.5, -2.7, \cdots \end{cases}$$

❸ 수직선과 절댓값

(1) 수직선

① 직선 위에 기준이 되는 점을 정하여 그 점에 수 0을 대응시키고, 그 점의 오른쪽에 양수를, 왼쪽에 음수를 대응시킨 직선을 수직선이라 한다.

② 모든 유리수는 수직선 위의 점으로 나타낼 수 있다.

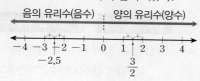

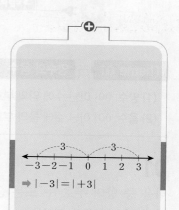

(2) **절댓값**: 수직선 위에서 0을 나타내는 점과 어떤 수를 나타내는 점 사이의 거리를 그 수의 절댓값이라 하고, 기호로는 | |로 나타낸다.

　　예 −1의 절댓값: |−1|＝1, ＋2의 절댓값: |＋2|＝2

(3) **절댓값의 성질**

① 양수와 음수의 절댓값은 그 수의 부호 ＋, −를 떼어낸 수이다.

② 0의 절댓값은 0이다. |0|＝0

③ 절댓값은 항상 0 또는 양수이다.

④ 절댓값이 $a(a>0)$인 수는 ＋a, −a의 2개이다.

⑤ 0을 나타내는 점에서 멀리 떨어질수록 절댓값이 크다.

❹ **수의 대소 관계**

(1) **수의 대소 관계**

수직선에서 오른쪽에 있는 수가 왼쪽에 있는 수보다 더 크다.

① 양수는 0보다 크고, 음수는 0보다 작다. 즉, (음수)＜0＜(양수)

② 양수는 음수보다 크다

③ 양수끼리는 절댓값이 큰 수가 더 크다.　예 ＋$\frac{1}{2}$＜＋$\frac{3}{2}$

④ 음수끼리는 절댓값이 큰 수가 더 작다.　예 −$\frac{1}{2}$＞−$\frac{3}{2}$

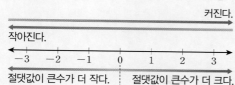

수를 수직선 위에 나타낼 때 오른쪽에 있는 수가 왼쪽에 있는 수보다 크다.

(2) **부등호의 사용**

$x>a$	$x<a$	$x≥a$	$x≤a$
x는 a보다 크다. x는 a 초과이다.	x는 a보다 작다. x는 a 미만이다.	x는 a보다 크거나 같다. x는 a보다 작지 않다. x는 a 이상이다.	x는 a보다 작거나 같다. x는 a보다 크지 않다. x는 a 이하이다.

❺ **절댓값의 범위**

(1) $|x|<a(a>0)$ ➡ $-a<x<a$　예 $|x|<3$ ➡ $-3<x<3$

(2) $|x|>a(a>0)$ ➡ $x>a$ 또는 $x<-a$　예 $|x|>3$ ➡ $x>3$ 또는 $x<-3$

(3) $|a|=|b|$ ➡ $a=b$ 또는 $a=-b$

(1) **양수**: 0이 아닌 수에 양의 부호(+)를 붙인 수
(2) **음수**: 0이 아닌 수에 음의 부호(−)를 붙인 수

01

다음 중 양의 부호 + 또는 음의 부호 −를 사용하여 나타낸 것으로 옳은 것은?

① 해발 200 m ⇨ −200 m
② 수입 12000원 ⇨ +12000원
③ 8 m 하강 ⇨ +8 m
④ 20점 향상 ⇨ −20점
⑤ 도착 4일 후 ⇨ −4일

02

다음 중 밑줄 친 부분을 양의 부호 + 또는 음의 부호 −를 사용하여 나타낸 것으로 옳지 <u>않은</u> 것은?

① 수근이는 지난달보다 몸무게가 <u>3 kg 늘었다.</u>
    ⇨ +3 kg
② 어제보다 오늘 기온이 <u>5 °C 상승했다.</u> ⇨ +5 °C
③ 민호가 학용품을 사려고 <u>8000원을 지출했다.</u>
    ⇨ −8000원
④ 영화 시작하기 <u>10분 전이다.</u> ⇨ −10분
⑤ 산의 높이가 <u>해발 800 m</u>이다. ⇨ −800 m

03

다음 글을 읽고 밑줄 친 부분을 양의 부호 + 또는 음의 부호 −를 사용하여 차례대로 나타내시오.

> 오늘 최고 기온이 어제보다 <u>4 °C 상승</u>하여 아이스크림 판매량이 <u>10일 전</u>보다 <u>20 % 늘었다</u>고 한다.

(1) **정수**: 양의 정수, 0, 음의 정수를 통틀어 정수라 한다.
   ① 양의 정수(자연수): 자연수에 양의 부호(+)를 붙인 수
   ② 음의 정수: 자연수에 음의 부호(−)를 붙인 수
(2) **유리수**: 양의 유리수, 0, 음의 유리수를 통틀어 유리수라 한다.
   ① 양의 유리수: 분모, 분자가 모두 자연수인 분수에 양의 부호(+)를 붙인 수
   ② 음의 유리수: 분모, 분자가 모두 자연수인 분수에 음의 부호(−)를 붙인 수

참고 정수는 분수로 나타낼 수 있으므로 모두 유리수이다.

04

다음 수 중에서 정수의 개수는?

$$-5, \quad \frac{1}{8}, \quad 3.4, \quad -\frac{7}{6}, \quad \frac{15}{3}, \quad -\frac{48}{8}$$

① 1개   ② 2개   ③ 3개
④ 4개   ⑤ 5개

05

다음 수 중에서 양의 유리수의 개수를 a개, 음의 유리수의 개수를 b개라 할 때, $a+b$의 값을 구하시오.

$$+\frac{1}{8}, \quad -2.5, \quad 3, \quad -\frac{1}{20}, \quad 0, \quad -12, \quad \frac{35}{7}$$

06

다음은 유리수를 분류하여 나타낸 것이다. ㈎에 해당하는 수로만 이루어진 것은?

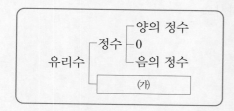

① -1, 2, -3.1

② $-\dfrac{1}{7}$, 0, $\dfrac{2}{3}$

③ $\dfrac{1}{5}$, $\dfrac{11}{3}$, $\dfrac{8}{21}$

④ $-\dfrac{3}{5}$, $\dfrac{1}{3}$, $\dfrac{8}{2}$

⑤ -13, -4, -1

07

다음 4명의 학생 중 옳은 설명을 한 사람을 모두 고르시오.

성민: 0은 정수가 아니다.

재현: 정수가 아닌 유리수도 있다.

규민: 유리수는 양의 유리수와 음의 유리수로 이루어져 있다.

래오: 서로 다른 두 유리수 사이에는 무수히 많은 유리수가 존재한다.

08

다음 중 옳지 <u>않은</u> 것은?

① 0은 양수도 음수도 아니다.

② 정수는 모두 유리수이다.

③ 0은 유리수이다.

④ 음이 아닌 정수는 모두 자연수이다.

⑤ 양의 유리수는 분모, 분자가 자연수인 분수에 양의 부호 $+$를 붙인 수이다.

Theme 03 · **수를 수직선 위에 나타내기**

직선 위에 기준이 되는 점을 정하여 0을 대응시키고, 그 점의 좌우에 일정한 간격을 잡아서 오른쪽에 양수를, 왼쪽에 음수를 대응시킨 것을 수직선이라 한다.

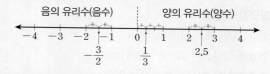

09

다음 수직선에서 네 점 A, B, C, D가 나타내는 수를 구하시오.

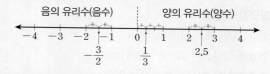

10

$-\dfrac{7}{2}$보다 작은 수 중에서 가장 큰 정수를 a, $\dfrac{9}{4}$보다 큰 수 중에서 가장 작은 정수를 b라 할 때, a, b의 값을 각각 구하시오.

11 〔서술형〕

수직선에서 두 수 a, b를 나타내는 두 점 사이의 거리가 10이고, 두 점으로부터 같은 거리에 있는 점이 나타내는 수가 -1일 때, a, b의 값을 각각 구하시오. (단, $a < 0$)

Theme 04 절댓값

(1) **절댓값**: 수직선에서 0을 나타내는 점과 어떤 수를 나타내는 점 사이의 거리를 그 수의 절댓값이라 하고, 기호 | |를 사용하여 나타낸다.

(2) **절댓값의 성질**

① $a > 0$일 때, $|a| = a$, $|-a| = a$

② 0의 절댓값은 0이다. ⇨ $|0| = 0$

③ 절댓값은 항상 0 또는 양수이다.

④ 수를 수직선 위에 점으로 나타낼 때, 0을 나타내는 점에서 멀리 떨어진 점일수록 절댓값이 크다.

참고 수직선에서 절댓값이 같고 부호가 반대인 두 수를 나타내는 두 점 사이의 거리가 x이면 두 수는 $-\left(x \times \frac{1}{2}\right)$, $x \times \frac{1}{2}$이다.

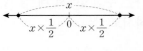

12

다음 수를 수직선 위에 점으로 나타낼 때, 0을 나타내는 점에서 가장 가까운 것은?

① -3.4 ② -1.8 ③ 1

④ -4 ⑤ $\dfrac{7}{3}$

13

$|x| < 4$를 만족시키는 정수 x는 모두 몇 개인가?

① 4개   ② 5개   ③ 6개
④ 7개   ⑤ 8개

14

절댓값이 같고 부호가 반대인 두 수를 수직선 위에 점으로 나타내었더니 두 점 사이의 거리가 28이었다. 이때 두 수를 구하시오.

15

다음 수를 절댓값이 큰 수부터 차례대로 나열할 때, 세 번째에 오는 수를 구하시오.

$$-3, \quad \frac{14}{5}, \quad 2.3, \quad 0, \quad -\frac{9}{2}, \quad +\frac{10}{3}$$

16

서로 다른 두 수 a, b에 대하여

$a \bigcirc b = (a, b$ 중 절댓값이 큰 수$)$,

$a \triangle b = (a, b$ 중 절댓값이 작은 수$)$

라 할 때, $(-9) \bigcirc \{(-4) \triangle 7\}$의 값을 구하시오.

Theme 05 — 수의 대소 관계

(1) 양수는 0보다 크고 음수는 0보다 작다.

(2) 양수는 음수보다 크다.

(3) 양수끼리는 절댓값이 큰 수가 더 크다.

(4) 음수끼리는 절댓값이 큰 수가 더 작다.

17

다음 중 두 수의 대소 관계가 옳은 것은?

① $\left|-\dfrac{3}{4}\right| < 0$ 　　　② $-\dfrac{1}{2} < -\dfrac{2}{3}$

③ $-12 > 10$ 　　　④ $\dfrac{3}{4} < \dfrac{9}{12}$

⑤ $\left|-\dfrac{4}{3}\right| > \left|-\dfrac{5}{4}\right|$

18

다음 수를 수직선 위에 점으로 나타낼 때, 가장 왼쪽에 있는 것은?

① $\dfrac{2}{5}$ 　　② 3.2 　　③ -5

④ $\dfrac{6}{5}$ 　　⑤ $-\dfrac{17}{4}$

19

다음 수에 대한 설명으로 옳지 <u>않은</u> 것은?

$$1.5,\quad -3,\quad 0,\quad -\dfrac{3}{4},\quad -\dfrac{7}{3},\quad +5.2$$

① 가장 큰 수는 $+5.2$이다.

② 절댓값이 가장 작은 수는 0이다.

③ 음수 중 가장 큰 수는 $-\dfrac{3}{4}$이다.

④ 네 번째로 큰 수는 1.5이다.

⑤ 절댓값이 가장 큰 수와 절댓값이 가장 작은 수의 합은 5.2이다.

Theme 06 — 부등호의 사용

$x > a$	$x < a$
x는 a보다 크다.	x는 a보다 작다.
x는 a 초과이다.	x는 a 미만이다.
$x \geq a$	$x \leq a$
x는 a보다 크거나 같다.	x는 a보다 작거나 같다.
x는 a보다 작지 않다.	x는 a보다 크지 않다.
x는 a 이상이다.	x는 a 이하이다.

참고 절댓값과 수의 범위

① $|a| < b\,(b > 0)$이면 $-b < a < b$

② $|a| > b\,(b > 0)$이면 $a > b$ 또는 $a < -b$

③ $|a| = |b|$이면 $a = b$ 또는 $a = -b$

20

다음 중 부등호를 사용하여 나타낸 것으로 옳지 <u>않은</u> 것은?

① a는 5보다 크지 않다. ⇨ $a \leq 5$

② a는 -3 이상이고 1 미만이다. ⇨ $-3 \leq a < 1$

③ a는 1보다 크거나 같고 4보다 작다. ⇨ $1 \leq a < 4$

④ a는 -6보다 크고 -1보다 작거나 같다.

　　⇨ $-6 < a \leq -1$

⑤ a는 -2보다 작지 않고 5보다 크지 않다.

　　⇨ $-2 < a \leq 5$

21

$-\dfrac{13}{4} \leq a < 2.8$을 만족시키는 정수 a의 개수를 구하시오.

22 서술형

다음 조건을 만족시키는 정수 a의 값을 모두 구하시오.

ㄱ. $|a| < 3$

ㄴ. a는 $-\dfrac{7}{2}$ 이상이고 1.4 미만이다.

01

다음 중 옳지 <u>않은</u> 것은?

① 모든 정수는 유리수이다.

② 1과 2 사이에는 정수가 없다.

③ $-\dfrac{1}{2}$과 $\dfrac{1}{3}$ 사이에는 정수가 1개 있다.

④ 모든 유리수는 수직선 위의 점으로 나타낼 수 있다.

⑤ 모든 유리수는 분모, 분자가 자연수인 분수로 나타낼 수 있다.

02

유리수 x에 대하여

$$\langle x \rangle = \begin{cases} 0 \ (x\text{는 정수}) \\ 1 \ (x\text{는 정수가 아닌 유리수}) \end{cases}$$

이라 할 때, 다음 중

$$\left\langle -\dfrac{10}{3} \right\rangle + \langle 0 \rangle + \left\langle -\dfrac{8}{4} \right\rangle + \langle a \rangle = 2$$

를 만족시키는 a가 될 수 <u>없는</u> 것은?

① $-\dfrac{10}{4}$ ② -0.7 ③ $-\dfrac{6}{3}$

④ $\dfrac{2}{9}$ ⑤ 3.4

03

다음 수직선 위의 네 개의 점 A, B, C, D가 나타내는 수에 대한 설명으로 옳은 것을 모두 고르면? (정답 2개)

① A: $-\dfrac{11}{2}$ ② D: $\dfrac{2}{3}$

③ 정수는 2개이다. ④ 음의 유리수는 2개이다.

⑤ 점 C가 나타내는 수의 절댓값이 가장 작다.

04

$|a|+|b|=3$을 만족시키는 두 정수 a, b를 (a, b)로 나타낼 때, (a, b)의 개수는?

① 11개 ② 12개 ③ 13개

④ 14개 ⑤ 15개

05

수직선에서 0을 나타내는 점으로부터 5만큼 떨어진 점을 A, 7을 나타내는 점으로부터 9만큼 떨어진 점을 B라 하자. 두 점 A, B 사이의 거리가 최대일 때의 두 점 사이의 거리는?

① 17 ② 18 ③ 19

④ 20 ⑤ 21

06

다음 수직선에서 두 점 A, D가 나타내는 수가 각각 -2, 7이고, 5개의 점 A, B, C, D, E 사이의 간격이 모두 같을 때, 세 점 B, C, E가 나타내는 수를 구하시오.

07

수직선 위에 있는 6개의 점 A, B, C, D, E, F가 다음 조건을 모두 만족시킨다고 한다. 점 A가 나타내는 수가 4일 때, 두 점 D, E가 나타내는 수를 구하시오.

ㄱ. 점 B는 점 A보다 5만큼 오른쪽에 있다.
ㄴ. 점 F는 점 B보다 1만큼 오른쪽에 있고, 점 E보다 2만큼 왼쪽에 있다.
ㄷ. 점 C는 점 D보다 3만큼 오른쪽에 있고, 점 F보다 7만큼 왼쪽에 있다.

08

두 수 a, b에 대하여 $b < a < 0$일 때, 다음 중 옳은 것을 모두 고르시오.

ㄱ. $|-a| < 0$ ㄴ. $|a| > b$
ㄷ. $|a| + |b| < 0$ ㄹ. $|a| - |b| < 0$

09 〔서술형〕

$-\dfrac{22}{3}$에 가장 가까운 정수를 x, $\dfrac{40}{7}$에 가장 가까운 정수를 y라 할 때, x와 y 사이에 있는 모든 정수의 절댓값의 합을 구하시오.

10

두 유리수 $-\dfrac{3}{4}$과 $\dfrac{1}{3}$ 사이에 있는 정수가 아닌 유리수를 기약분수로 나타낼 때, 분모가 12인 수의 개수를 구하시오.

11 〔서술형〕

서로 다른 두 수 a, b에 대하여
$a \triangle b = (a, b$ 중 절댓값이 큰 수$)$
$a \odot b = (a, b$ 중 절댓값이 작은 수$)$
라 할 때, $\left\{ (-2) \triangle \left(-\dfrac{7}{2} \right) \right\} \odot \left\{ \left(-\dfrac{11}{3} \right) \triangle \left(-\dfrac{16}{9} \right) \right\}$의 값을 구하시오.

12

두 유리수 $-2\dfrac{3}{5}$과 $\dfrac{15}{4}$ 사이에 있는 정수의 개수를 a개, 자연수의 개수를 b개, 음의 정수의 개수를 c개라 할 때, $a+b+c$의 값을 구하시오.

13

정수 x는 -5보다 작지 않고 $\dfrac{9}{4}$ 미만이다. x의 절댓값은 2 이상일 때, 이를 만족시키는 정수 x의 값을 모두 구하시오.

14 서술형

정수 a에 대하여 $\left|\dfrac{a}{3}\right| \leq 2$, $-\dfrac{18}{5} \leq a < 8$일 때, 이를 만족시키는 a의 개수를 구하시오.

15

수직선에서 서로 다른 두 수 a, b를 나타내는 점으로부터 같은 거리에 있는 점이 나타내는 수가 3이고, -3을 나타내는 점과 a를 나타내는 점 사이의 거리가 6이다. 이때 b의 값을 구하시오.

16

다음 조건을 모두 만족시키는 두 수 a, b의 값을 각각 구하시오.

> ㄱ. $|b| = 2 \times |a|$
> ㄴ. $b < 0 < a$
> ㄷ. a, b를 나타내는 두 점 사이의 거리는 18이다.

17

두 수 x, y에 대하여 $|x-3| = 6$, $|y-5| = 2$이다. 이때 $2x+y$의 값 중 가장 큰 수와 가장 작은 수의 차를 구하시오.

18 서술형

$[x]$는 x보다 크지 않은 최대의 정수라 하자. 예를 들어 $[-3.1] = -4$, $[2.3] = 2$이다. $[-5.4] = a$, $[4] = b$, $[3.2] = c$라 할 때, $|a| - b + c$의 값을 구하시오.

19

절댓값이 x 이하인 정수가 63개일 때, x의 값의 범위를 부등호를 사용하여 나타내시오.

20

다음 조건을 모두 만족시키는 서로 다른 세 수 x, y, z를 작은 수부터 차례대로 쓰시오.

> ㄱ. x, z는 모두 -3보다 크다.
> ㄴ. y는 z보다 0에 더 가깝다.
> ㄷ. x의 절댓값은 3보다 크다.
> ㄹ. z는 음수이다.

21

두 수 x, y에 대하여 $|x| < |y|$일 때, 다음 중 옳은 것은?

① y는 x보다 크다.
② y가 음수이면 x도 음수이다.
③ $x=0$이면 y는 양수이다.
④ 수직선에서 x를 나타내는 점이 y를 나타내는 점보다 0을 나타내는 점에 더 가깝다.
⑤ 수직선에서 x를 나타내는 점이 y를 나타내는 점보다 왼쪽에 있다.

22

다음 두 조건을 모두 만족시키는 정수 a의 개수를 구하시오.

> ㄱ. a는 $-\dfrac{9}{5}$보다 작지 않고 $\dfrac{17}{2}$보다 크지 않다.
> ㄴ. a의 절댓값은 1 이상 3 미만이다.

23

두 정수 a, b에 대하여 $a>0$, $b<0$, $a+b<0$일 때, a, b, $-a$, $-b$, ab, $-ab$를 작은 수부터 차례대로 쓰시오.

24

다음 조건을 모두 만족시키는 정수 x의 값을 모두 구하시오.

> ㄱ. x와 부호가 같은 정수 y에 대하여 $x>y$이고, x의 절댓값은 y의 절댓값보다 작다.
> ㄴ. x의 절댓값은 150보다 작지 않고 160보다 크지 않다.
> ㄷ. $|x|$의 약수는 모두 2개이다.

01   0보다 크고 n보다 작거나 같은 유리수 중 정수가 아니면서 분모가 7인 유리수의 개수가 180개일 때, 자연수 n의 값을 구하시오.

02   수직선 위의 서로 다른 네 점 A, B, C, D가 나타내는 수를 각각 a, b, c, d라 할 때, 다음 조건을 모두 만족시키는 a, b, c, d를 작은 수부터 차례대로 쓰시오.

> ㄱ. 점 C는 점 A보다 0을 나타내는 점으로부터 2배만큼 더 멀리 떨어져 있다.
> ㄴ. 점 B는 점 A와 점 C의 가운데에 있다.
> ㄷ. 점 A와 점 B는 0을 나타내는 점을 기준으로 서로 반대 방향에 있다.
> ㄹ. 점 D는 점 B보다 0을 나타내는 점에 가까이 있다.
> ㅁ. 네 점 중 한 점만 0을 나타내는 점의 왼쪽에 있다.

03   두 정수 a, b에 대하여 $\dfrac{18}{a}$, $\dfrac{24}{a}$는 양의 정수이고 $\dfrac{b}{a}$는 $1 < \left| \dfrac{b}{a} \right| < 4$를 만족시키는 정수이다. $\dfrac{b}{a}$의 값이 최대일 때, b의 최댓값을 구하시오.

04 두 정수 a, b에 대하여 $ab<0$, $|a|<|b|$, $a>b$일 때, 다음 중 항상 옳은 것은?

① $a^2+b^2<0$ ② $\dfrac{a}{b}<ab$ ③ $(a-b)(a+b)<0$

④ $5a+3b>0$ ⑤ $\dfrac{a^2}{b^2}>1$

05 다음 중 가장 큰 수를 x, 가장 작은 수를 y라 할 때, $\dfrac{x}{y}$의 값을 구하시오. (단, $-1<a<0$)

> **보기**
>
> $$a^2, \quad |a|, \quad -a^3, \quad -a^2, \quad -\frac{1}{a}, \quad \frac{1}{a^3}$$

06 다음 수직선에서 두 점 A, C가 나타내는 수가 각각 4, 12이고, 4개의 점 A, B, C, D 사이의 간격은 모두 같다.

```
    A      B      C      D
 ←──●──┼──●──┼──●──┼──●──→
    4            12
```

점 B가 나타내는 수를 x, 점 D가 나타내는 수를 y라 할 때, $\dfrac{x}{5}<\dfrac{20}{z}<\dfrac{y}{4}$를 만족시키는 자연수 z의 개수를 구하시오.

02 정수와 유리수의 계산

❶ 유리수의 덧셈

(1) 유리수의 덧셈

① 부호가 같은 두 수의 덧셈: 두 수의 절댓값의 합
에 공통인 부호를 붙인다.

> 예 $(+2)+(+3)=+(2+3)=+5,$
> $(-2)+(-3)=-(2+3)=-5$

② 부호가 다른 두 수의 덧셈: 두 수의 절댓값의 차
에 절댓값이 큰 수의 부호를 붙인다.

> 예 $(+2)+(-3)=-(3-2)=-1, (-2)+(+3)=+(3-2)=+1$

> 참고 어떤 수와 0의 합은 그 수 자신이다.

```
＋＋＋ ➡ ＋(절댓값의 합)
━＋━ ➡ ━(절댓값의 합)
＋＋━
━＋＋ } ➡ ○(절댓값의 차)
         ↑
       절댓값이 큰 수의 부호
```

(2) 덧셈의 계산 법칙: 세 수 a, b, c에 대하여

① 덧셈의 교환법칙: $a+b=b+a$
② 덧셈의 결합법칙: $(a+b)+c=a+(b+c)$

> 참고 세 수의 덧셈에서는 결합법칙이 성립하므로 $(a+b)+c$, $a+(b+c)$를 괄호를 사용하지 않고 모두
> $a+b+c$로 나타낼 수 있다.

❷ 유리수의 뺄셈

(1) 유리수의 뺄셈

빼는 수의 부호를 바꾸어 덧셈으로 고쳐서 계산한다.

> 예 $(+2)-(+3)=(+2)+(-3)=-1$
> $(+2)-(-3)=(+2)+(+3)=+5$

> 참고 • 덧셈과 뺄셈 사이의 관계
> ▲＋●＝■ ➡ ▲＝■－●, ●＝■－▲
> ▲－●＝■ ➡ ▲＝■＋●, ●＝▲－■
> • 어떤 수에서 0을 빼면 그 수 자신이다.

(2) 덧셈과 뺄셈의 혼합 계산

① 뺄셈을 덧셈으로 바꾼다.
② 덧셈의 교환법칙과 결합법칙을 이용하여 양수는 양수끼리, 음수는 음수끼리 모
아서 계산한다.

(3) 부호가 생략된 수의 덧셈과 뺄셈

① 양수에 생략된 양의 부호(＋)를 넣는다.
② 뺄셈을 덧셈으로 바꾼 후 계산한다.

❸ 유리수의 곱셈

(1) 유리수의 곱셈

① 부호가 같은 두 수의 곱셈: 두 수의 절댓값의 곱에 양의 부
호(＋)를 붙인다.

> 예 $(+2)\times(+3)=+(2\times3)=+6,$
> $(-2)\times(-3)=+(2\times3)=+6$

```
＋×＋
━×━ } ➡ ＋
＋×━
━×＋ } ➡ ━
```

절댓값이 같고 부호가 다른 두 수
의 합은 0이다.

뺄셈에서는 교환법칙과 결합법칙
이 성립하지 않는다.

분수가 있는 식은 분모가 같은 것
끼리 모아서 계산하면 편리하다.

② 부호가 다른 두 수의 곱셈: 두 수의 절댓값의 곱에 음의 부호($-$)를 붙인다.

　예　$(+2)\times(-3)=-(2\times3)=-6$, $(-2)\times(+3)=-(2\times3)=-6$

　참고　어떤 수와 0의 곱은 항상 0이다.

(2) **곱셈의 계산 법칙**: 세 수 a, b, c에 대하여
　① 곱셈의 교환법칙: $a\times b=b\times a$
　② 곱셈의 결합법칙: $(a\times b)\times c=a\times(b\times c)$
　③ 곱셈의 분배법칙: $a\times(b+c)=a\times b+a\times c$, $(a+b)\times c=a\times c+b\times c$

(3) **세 개 이상의 수의 곱셈**
　① 곱해진 음수의 개수에 따라 부호를 정한다.

　곱해진 음수의 개수가 $\begin{cases}\text{짝수 개} \Rightarrow + \\ \text{홀수 개} \Rightarrow -\end{cases}$

　② 각 수의 절댓값의 곱에 ①에서 정해진 부호를 붙인다.

　예　$(-1)\times(-2)\times(-5)=-(1\times2\times5)=-10$

❹ 유리수의 나눗셈

(1) **부호가 같은 두 수의 나눗셈**: 두 수의 절댓값의 나눗셈의 몫에 양의 부호($+$)를 붙인다.

　예　$(+6)\div(+3)=+(6\div3)=+2$,
　　　$(-6)\div(-3)=+(6\div3)=+2$

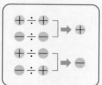

(2) **부호가 다른 두 수의 나눗셈**: 두 수의 절댓값의 나눗셈의 몫에 음의 부호($-$)를 붙인다.

　예　$(+6)\div(-3)=-(6\div3)=-2$, $(-6)\div(+3)=-(6\div3)=-2$

　참고　0을 0이 아닌 수로 나눈 몫은 0이다.

(3) **역수를 이용한 나눗셈**
　① 역수: 두 수의 곱이 1이 될 때, 한 수를 다른 수의 역수라 한다.
　② 역수를 이용한 나눗셈: 나누는 수를 그 수의 역수로 바꾸어 곱하여 계산한다.

　참고　곱셈과 나눗셈 사이의 관계

　　　■$\times$▲$=$● $\Rightarrow$ ■$=$●$\div$▲, ▲$=$●$\div$■

❺ 유리수의 혼합 계산

(1) 거듭제곱이 있으면 거듭제곱을 먼저 계산한다.
(2) 괄호가 있으면 괄호 안을 먼저 계산한다. 이때 (소괄호) $\Rightarrow$ {중괄호} $\Rightarrow$ [대괄호]의 순서로 계산한다.
(3) 곱셈, 나눗셈을 먼저 계산한 후 덧셈, 뺄셈을 계산한다.

$(a\times b)\times c$와 $a\times(b\times c)$의 결과가 같으므로 이를 보통 괄호없이 $a\times b\times c$로 나타낸다.

음수의 거듭제곱의 부호
지수가 $\begin{cases}\text{짝수} \Rightarrow + \\ \text{홀수} \Rightarrow -\end{cases}$

역수를 구할 때 분모와 분자는 바꾸지만 부호는 바꾸지 않는다.

Ⅱ 정수와 유리수

Theme 01 유리수의 덧셈과 뺄셈

(1) 유리수의 덧셈

① 부호가 같은 두 수의 덧셈: 두 수의 절댓값의 합에 공통인 부호를 붙인다.

② 부호가 다른 두 수의 덧셈: 두 수의 절댓값의 차에 절댓값이 큰 수의 부호를 붙인다.

(2) 유리수의 뺄셈

두 유리수의 뺄셈은 빼는 수의 부호를 바꾸어 덧셈으로 고쳐서 계산한다.

01

다음 중 옳은 것은?

① $(-5.9)+(+3.2)=3.2$

② $(+4.1)-(+6.2)=2.1$

③ $\left(+\dfrac{5}{12}\right)-\left(-\dfrac{1}{3}\right)=\dfrac{3}{4}$

④ $(-3.7)+(-2.3)-(+5.6)=-0.4$

⑤ $\left(+\dfrac{5}{4}\right)-\left(+\dfrac{1}{5}\right)+\left(+\dfrac{3}{2}\right)=\dfrac{27}{10}$

02

0.8보다 $-\dfrac{4}{5}$만큼 작은 수를 x, $-\dfrac{9}{2}$보다 $\dfrac{7}{6}$만큼 큰 수를 y라 할 때, $x+y$의 값을 구하시오.

03 《서술형》

두 수 a, b에 대하여 $\dfrac{1}{3}+a=\dfrac{2}{7}$,

$-\dfrac{6}{5}+b+\left(-\dfrac{1}{10}\right)=\dfrac{7}{10}$일 때, $b-a$의 값을 구하시오.

04

어떤 수에서 $-\dfrac{5}{6}$를 빼야 할 것을 더했더니 그 결과가 $\dfrac{23}{12}$이 되었다. 바르게 계산한 답을 구하시오.

05

두 수 a, b에 대하여 $|a|=\dfrac{7}{4}$, $|b|=\dfrac{5}{6}$이다. $a-b$의 값 중 가장 큰 값을 M, 가장 작은 값을 m이라 할 때, $M-m$의 값을 구하시오.

06

다음은 왼쪽에 있는 수와 오른쪽에 있는 수의 합이 가운데 수가 되도록 계속해서 수를 적어 나간 것이다. 예를 들어 두 번째의 수 3은 첫 번째의 수 -2와 세 번째의 수 5의 합이다. 이때 25번째에 나오는 수는?

$$-2, \quad 3, \quad 5, \quad 2, \quad -3, \quad -5, \quad \cdots$$

① -5 ② -3 ③ -2

④ 2 ⑤ 3

Theme 02 ┌ 유리수의 곱셈

(1) **두 수의 곱셈**: 두 수의 절댓값의 곱에 두 수의 부호가 같으면 +를, 다르면 −를 붙인다.

(2) **세 수 이상의 곱셈**: 각 수의 절댓값의 곱에 곱하는 수 중 음수가 짝수 개이면 +를, 홀수 개이면 −를 붙인다.

(3) **곱셈의 계산 법칙**

세 수 a, b, c에 대하여

① 교환법칙: $a \times b = b \times a$

② 결합법칙: $(a \times b) \times c = a \times (b \times c)$

(4) **덧셈에 대한 곱셈의 분배법칙**

세 수 a, b, c에 대하여

① $a \times (b+c) = a \times b + a \times c$

② $(a+b) \times c = a \times c + b \times c$

07

다음 중 계산 결과가 나머지 넷과 <u>다른</u> 하나는?

① $(-3) \times (+16)$

② $(+4) \times (-12)$

③ $(-2) \times (+24)$

④ $(+3) \times (+4) \times (-4)$

⑤ $(+2) \times (-2) \times (+6)$

08

다음 계산 과정에서 ㉠~㉣에 알맞은 것을 써넣으시오.

$(+5) \times (-3.9) \times (+2.2)$
$= (+5) \times (+2.2) \times (-3.9)$ ┊ 곱셈의 ㉠ 법칙
$= \{(+5) \times (+2.2)\} \times (-3.9)$ ┊ 곱셈의 ㉡ 법칙
$= (\boxed{㉢}) \times (-3.9)$
$= \boxed{㉣}$

09

$a = \dfrac{5}{7} \times \left(-\dfrac{14}{15}\right)$, $b = \left(-\dfrac{9}{4}\right) \times \left(-\dfrac{8}{3}\right)$일 때, $a \times b$의 값을 구하시오.

10

세 유리수 x, y, z에 대하여 $x \times y = \dfrac{12}{5}$, $x \times (y-z) = 7$일 때, $x \times z$의 값을 구하시오.

11

다음을 계산하시오.

$$\left(\frac{1}{5}-1\right) \times \left(\frac{1}{6}-1\right) \times \left(\frac{1}{7}-1\right) \times \cdots \times \left(\frac{1}{19}-1\right) \times \left(\frac{1}{20}-1\right)$$

12

네 유리수 $-\dfrac{3}{2}$, 4, $\dfrac{1}{5}$, $-\dfrac{4}{3}$ 중에서 서로 다른 세 수를 뽑아 곱한 값 중 가장 큰 수를 구하시오.

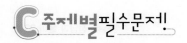

Theme 03 | 유리수의 나눗셈

(1) **역수**: 어떤 두 수의 곱이 1이 될 때, 한 수를 다른 수의 역수라고 한다. 정수 $a(a \neq 0)$의 역수는 $\dfrac{1}{a}$,

분수 $\dfrac{a}{b}\,(a \neq 0,\ b \neq 0)$의 역수는 $\dfrac{b}{a}$이다.

(2) **두 수의 나눗셈**

역수를 이용하여 곱셈으로 고쳐서 계산한다. 이때 두 수의 부호가 같으면 +를, 다르면 −를 붙인다.

13

1.4의 역수를 a, $-1\dfrac{2}{3}$의 역수를 b라 할 때, $a \times b$의 값을 구하시오.

14

다음 중 옳지 <u>않은</u> 것은?

① $12 \div (-3) \times (-2) = 8$

② $\left(-\dfrac{7}{10}\right) \times \dfrac{8}{3} \div \left(-\dfrac{14}{15}\right) = 2$

③ $\left(-\dfrac{1}{3}\right) \div \left(-\dfrac{7}{12}\right) \times \dfrac{14}{5} = \dfrac{8}{5}$

④ $\dfrac{6}{5} \div \left(\dfrac{2}{3}\right)^2 \div \left(-\dfrac{15}{2}\right) = -\dfrac{6}{25}$

⑤ $\left(-\dfrac{7}{4}\right) \times \left(-\dfrac{4}{5}\right) \div \dfrac{7}{11} = \dfrac{11}{5}$

15 *서술형*

$A = \dfrac{3}{7} \div \left(-\dfrac{5}{2}\right) \div \left(-\dfrac{4}{5}\right)$, $B = \dfrac{12}{5} \div \dfrac{21}{4} \times \left(-\dfrac{25}{8}\right)$

일 때, $B \div A$의 값을 구하시오.

Theme 04 | a^n의 계산

(1) $(양수)^n$의 부호 ⇨ +

(2) $(음수)^n$의 부호 ⇨ $\begin{cases} n이\ 짝수이면\ + \\ n이\ 홀수이면\ - \end{cases}$

참고 −1의 거듭제곱 ⇨ $(-1)^{짝수} = 1$, $(-1)^{홀수} = -1$

16

다음 중 가장 큰 수와 가장 작은 수의 차를 구하시오.

$$-\dfrac{1}{2},\quad \left(-\dfrac{1}{2}\right)^2,\quad \left(-\dfrac{1}{2}\right)^3,\quad -\left(-\dfrac{1}{2}\right)^4$$

17

$(-1) + (-1)^2 + (-1)^3 + \cdots + (-1)^{150}$을 계산하시오.

18

n이 홀수일 때,
$-(-1)^{n+1} - (-1)^{n+2} + (-1)^{n+3} - (-1)^{n+4}$을 계산하시오.

Theme 05 덧셈, 뺄셈, 곱셈, 나눗셈의 혼합 계산

(1) 거듭제곱을 먼저 계산한다.

(2) 괄호가 있으면 괄호 안을 먼저 계산한다. 이때 괄호는 (소괄호) → {중괄호} → [대괄호]의 순서로 계산한다.

(3) 곱셈, 나눗셈을 계산한다.

(4) 덧셈, 뺄셈을 계산한다.

19

다음 식에 대하여 물음에 답하시오.

$$10 \div \left[8 - \left\{ 4 + \left(-\frac{3}{2} \right)^2 \times \frac{8}{15} \right\} \right]$$

$$\underset{\textcircled{\scriptsize ㄱ}}{\uparrow} \quad \underset{\textcircled{\scriptsize ㄴ}}{\uparrow} \quad \underset{\textcircled{\scriptsize ㄷ}}{\uparrow} \quad \underset{\textcircled{\scriptsize ㄹ}}{\uparrow} \quad \underset{\textcircled{\scriptsize ㅁ}}{\uparrow}$$

(1) 위의 식의 계산 순서를 차례대로 쓰시오.

(2) 위의 식을 계산하시오.

20

다음 수들의 계산 결과가 작은 순서대로 그 기호를 쓰시오.

ㄱ. $(-5+7) \div 4 \times 3$

ㄴ. $\frac{7}{4} \div \left(-\frac{7}{8} \right) + \frac{13}{5}$

ㄷ. $(-3)^3 \div 9 \times (-12) - 19$

ㄹ. $40 \times \left(-\frac{1}{2} \right)^3 - 128 \times \left(-\frac{1}{2} \right)^4$

ㅁ. $\left(-\frac{3}{4} \right)^3 \times (-128) + \left(-\frac{3}{5} \right) \div 0.6$

21

다음 중 계산 결과가 가장 큰 것은?

① $4^2 + 3 \times (-12) \div 6 - 5$

② $\frac{2}{3} + \left(-\frac{1}{3} \right)^2 \times \frac{6}{5}$

③ $2 - \frac{3}{2} \div \left\{ 7 \times \left(-\frac{1}{2} \right) + 1 \right\}$

④ $\left\{ (-3)^2 \div \left(-\frac{3}{5} \right) - 7 \right\} \times (-1)^3 - 11$

⑤ $\left\{ \frac{3}{4} \times \left(1 - \frac{1}{3} \right) - 2 \right\} \div \frac{1}{2}$

22

$A = 3 - \left[\frac{3}{4} + \left\{ \frac{6}{5} - \left(\frac{3}{2} \right)^2 \right\} \div \frac{1}{2} \right] \times \left(-\frac{8}{9} \right)$ 일 때,

A의 값에 가장 가까운 정수를 구하시오.

23

수직선에서 두 수 $-\frac{4}{9}$와 $\frac{5}{3}$를 나타내는 점으로부터 같은 거리에 있는 점이 나타내는 수를 구하시오.

01

다음은 5명의 학생들의 키를 앞사람과 비교하여 자신이 크면 부호 +를, 작으면 부호 −를 사용하여 나타낸 것이다. 수호, 찬영, 영웅, 가영, 민정이 순으로 서 있고, 수호가 가장 앞이다. 수호의 키가 154 cm일 때, 민정이의 키를 구하시오.

수호	찬영	영웅	가영	민정
	+2.56	−4.58	−7.23	+2.61

02

$\frac{3}{4}$보다 $-\frac{4}{3}$만큼 작은 수를 a, $\frac{5}{2}$보다 $\frac{12}{5}$만큼 큰 수를 b라 할 때, $a<x<b$를 만족시키는 정수 x의 개수를 구하시오.

03

다음 그림에서 가로로 이웃한 두 칸의 수의 합이 바로 윗칸의 수가 될 때, $a-d$의 값을 구하시오.

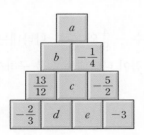

04 서술형

다음 조건을 만족시키는 네 수 a, b, c, d에 대하여 $ab+c+2d$의 값을 구하시오.

> ㄱ. $\frac{2}{5}$보다 $-\frac{3}{4}$만큼 큰 수 a
>
> ㄴ. $-\frac{59}{7}$에 가장 가까운 정수 b
>
> ㄷ. 1.3보다 $-a$만큼 작은 수 c
>
> ㄹ. $b\times d=1$

05

다음 수 중에서 절댓값이 가장 큰 수를 a, 절댓값이 가장 작은 수를 b라 할 때, $2a-b^2$의 값을 구하시오.

$$-\frac{9}{4}, \quad 1.7, \quad 2.1, \quad -\frac{3}{2}, \quad -1, \quad \frac{7}{5}$$

06

두 유리수 a, b에 대하여 $a\times b<0$, $a-b<0$일 때, 다음 보기 중 가장 큰 수를 고르시오.

보기

$$a, \quad b, \quad a\div b, \quad -a+b$$

07

다음과 같이 규칙적으로 수를 배열하였을 때, 처음부터 2000번째 수까지의 합을 구하시오.

$$-1,\ 2,\ -3,\ 1,\ -2,\ -1,\ -1,\ 2,\ -3,\ 1,\ -2,\ -1,$$
$$-1,\ 2,\ -3,\ 1,\ -2,\ -1,\ -1,\ 2,\ -3,\ 1,\ -2,\ -1,$$
$$-1,\ \cdots$$

08

두 유리수 a, b에 대하여 a는 b의 역수와 절댓값이 같고 a와 b의 부호는 반대이다. a는 -4보다 크지 않은 정수일 때, 다음 중 가장 큰 수는?

① ab ② b^2 ③ b

④ $\left|\dfrac{b}{a}\right|$ ⑤ $\dfrac{a}{b}$

09

두 유리수 a, b에 대하여 $a\triangle b=(3a-b)\div 3$이라 할 때, $\left(\dfrac{1}{2}\triangle\dfrac{4}{3}\right)\triangle\left(-\dfrac{2}{5}\right)$의 값을 구하시오.

10

두 정수 a, b에 대하여 $|a+2|=5$, $|3-b|=1$일 때, $a-b$의 가장 큰 값을 M, 가장 작은 값을 m이라 하자. 이때 $M\times m$의 값을 구하시오.

11

다음과 같이 A, B, C의 계산 규칙을 정할 때, $-\dfrac{5}{3}$를 A, B, C의 순서로 계산한 결과를 구하시오.

A: 주어진 수에 $\dfrac{3}{4}$을 더하고 6을 곱한다.

B: A의 결과에서 2를 뺀 다음 $-\dfrac{6}{7}$으로 나눈다.

C: B의 결과에 $\dfrac{1}{5}$을 곱하고 $\dfrac{1}{4}$을 더한다.

12

$A=6\div\left(-\dfrac{3}{4}\right)-\left[\left(-\dfrac{1}{2}\right)^3+\dfrac{5}{9}\times\left\{2+\left(-\dfrac{2}{5}\right)^2\right\}\right]$일 때, A의 값에 가장 가까운 정수는?

① -10 ② -9 ③ -8

④ -7 ⑤ -6

13

분배법칙을 이용하여 다음을 계산하시오.

$$\frac{1324 \times 480 + 993 \times (-320) + 331 \times (-10)^3}{(-2)^3 \times 5}$$

14

네 유리수 $\frac{7}{15}$, $-\frac{4}{3}$, -6, $-\frac{11}{12}$ 중에서 서로 다른 세 수를 뽑아 곱한 값 중 가장 큰 수를 a, 가장 작은 수를 b라 할 때, $a-b$의 값을 구하시오.

15

다음 수직선 위의 네 점 A, B, C, D가 나타내는 수를 각각 a, b, c, d라 할 때, $(a-b) \div c - d$의 값을 구하시오.

16

유리수 $A = (-1)^2 - \frac{5}{8} \div \left(\frac{1}{6} - \frac{5}{3} \right)$를 다음 순서에 따라 계산한 결과가 $\frac{17}{15}$일 때, 두 유리수 B, C에 대하여 $B - C$의 값을 구하시오.

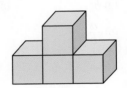

17

여섯 개의 유리수 -5, 3, $-\frac{2}{5}$, 0, 1, $\frac{7}{2}$이 각 면에 하나씩 적혀 있는 주사위 4개를 다음 그림과 같이 쌓았다. 주사위끼리 맞붙어 가려지는 면을 제외한 모든 면에 적힌 수의 합이 최댓값일 때, 가려지는 면에 적힌 수의 합을 구하시오.

18

수직선 위에 네 유리수 $-\frac{5}{6}$, x, $\frac{1}{3}$, y를 나타내는 점들이 이 순서대로 같은 간격으로 놓여 있다. $-\frac{5}{6}$와 y를 나타내는 점으로부터 같은 거리에 있는 점이 나타내는 수를 z라 할 때, $x + y - z$의 값을 구하시오.

19

서로 다른 세 유리수 a, b, c에 대하여 $a+b+c<0$, $c<a$, $|b|=|c|$일 때, 다음 중 옳은 것을 고르시오.

> ㄱ. $b<c$ ㄴ. $abc<0$
> ㄷ. $ac+b>0$ ㄹ. $a-b+c>0$

20

$n \geq 2$인 자연수 n에 대하여 다음을 계산하시오.

> $$\frac{(-1)+(-1)^2+\cdots+(-1)^{n-1}+(-1)^n}{(-1)+(-1)^2+\cdots+(-1)^{2n-2}+(-1)^{2n-1}}$$

21

다음 조건을 모두 만족시키는 세 정수 a, b, c에 대하여 $a-b+c$의 값을 구하시오.

> ㄱ. $|a|<|c|<|b|$
> ㄴ. $a+b+c=5$
> ㄷ. $a \times b \times c = -45$

22

다음 □ 안에 알맞은 수를 구하시오.

> $$\frac{2}{3}\times(-1)^3-\left\{\frac{3}{4}\times(1-\square)+(-2)\right\}\div\frac{3}{10}=\frac{13}{3}$$

23

$a<b$인 두 정수 a, b에 대하여 $|a|+|b|=5$일 때, $a+b$의 값이 될 수 있는 수는 모두 몇 개인지 구하시오.

24

다음 조건을 모두 만족시키는 서로 다른 세 유리수 a, b, c의 대소 관계를 부등호를 사용하여 나타내시오.

> ㄱ. $abc<0$
> ㄴ. $|c|<1$
> ㄷ. b는 c의 역수이다.
> ㄹ. a, b, c 중 양수가 반드시 존재한다.

25

합이 9인 두 자연수의 역수의 합 중 가장 작은 값을 기약분수로 나타낼 때, 이 기약분수의 분자와 분모의 차를 구하시오.

26 [서술형]

수직선 위에서 민호와 태주가 가위바위보를 하여 이기면 오른쪽으로 $\dfrac{5}{6}$만큼, 지면 왼쪽으로 $\dfrac{3}{4}$만큼 움직이기로 하였다. 가위바위보를 15번 하여 민호가 10번 이겼을 때, 민호와 태주 사이의 거리를 구하시오. (단, 두 사람은 0을 나타내는 곳에서 시작하고 비기는 경우는 없다.)

27

다음과 같은 화살표 순서로 진행되는 계산이 있다. 이 계산 순서에 알맞은 하나의 식을 세우고 계산하시오.

$$(-2)^3 \overset{+}{\Rightarrow} \dfrac{11}{4} \overset{\div}{\Rightarrow} \left(-\dfrac{7}{5}\right) \Rightarrow \dfrac{23}{6} \overset{\times}{\Rightarrow} \dfrac{4}{3}$$

28

두 수 a, b가

$a = \left\{ 2 - \left(\dfrac{3}{5}\right)^2 \div \left(-\dfrac{3}{10}\right) \right\} \times \dfrac{9}{8}$,

$b = -\dfrac{13}{4} - \left\{ -1 + \dfrac{4}{9} \times \left(-\dfrac{1}{2}\right)^2 \div \left(-\dfrac{2}{3}\right)^3 \right\}$일 때,

$b < x < a$를 만족시키는 정수 x의 값의 합을 구하시오.

29

자연수 n에 대하여 $\dfrac{1}{n \times (n+1)} = \dfrac{1}{n} - \dfrac{1}{n+1}$이 성립함을 이용하여 다음을 계산하시오.

$$\dfrac{1}{2} + \dfrac{1}{6} + \dfrac{1}{12} + \dfrac{1}{20} + \dfrac{1}{30} + \dfrac{1}{42}$$

30

네 유리수 -2.5, $\dfrac{3}{4}$, -2, $\dfrac{5}{6}$ 중에서 서로 다른 두 수를 선택하여 나눈 값 중 가장 큰 수와 가장 작은 수를 각각 구하시오.

01 $(-1)^{n-1}+2\times(-1)^{n+2}-3\times(-1)^{n+3}+4\times(-1)^{n+4}$을 계산하시오. (단, $n\geq2$인 자연수)

02 -5보다 $-\dfrac{7}{3}$만큼 작은 수를 a, $\dfrac{1}{4}$보다 $-\dfrac{1}{3}$만큼 큰 수를 b라 하자. 두 수 a, b 사이에 있는 기약분수 중 분모가 3인 모든 수들의 합을 구하시오.

03 두 수 a, b에 대하여 $a\blacklozenge b=\dfrac{a\times b-1}{a-b}$이라 할 때, $\left(\dfrac{1}{3}\blacklozenge\dfrac{3}{4}\right)\times\left(\dfrac{7}{4}\blacklozenge\dfrac{5}{8}\right)$의 값을 구하시오.

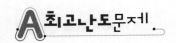

04 $\dfrac{31}{164}$ 을 다음과 같이 나타냈을 때, $a+b+c+d$의 값을 구하시오. (단, a, b, c, d는 자연수이다.)

$$\frac{31}{164} = \cfrac{1}{a + \cfrac{1}{b + \cfrac{1}{c + \cfrac{1}{d}}}}$$

05 두 수 a, b는 0이 아닌 유리수이다. 이때 X가 될 수 있는 모든 수들의 합을 구하시오.

$$X = \frac{2|a|}{a} + \frac{3|b|}{b} + \frac{|5ab|}{ab}$$

06 네 유리수 $-\dfrac{2}{3}$, 4, $\dfrac{7}{2}$, $-\dfrac{3}{5}$ 중에서 세 수를 선택하여 오른쪽 식의 □ 안에 하나씩 넣어 계산하려고 한다. 이때 계산 결과가 가장 큰 수와 가장 작은 수를 각각 구하시오.

□ $-$ □ $\div$ □

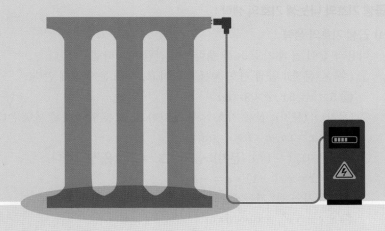

문자와 식

01
문자와 식

❶ 문자를 사용한 식

(1) 문자를 사용한 식

문자를 사용하여 수량 사이의 관계를 간단하게 나타낸 식

(2) 문자를 사용하여 식 세우기

① 문제의 뜻을 파악하여 규칙을 찾는다.

② 수와 문자를 사용하여 ①에서 찾은 규칙에 맞도록 식을 세운다.

참고 문자를 사용한 식에 자주 쓰이는 수량 사이의 관계

- x의 a % $\Rightarrow x \times \dfrac{a}{100}$

- (거리)=(속력)×(시간), (시간)=$\dfrac{(거리)}{(속력)}$, (속력)=$\dfrac{(거리)}{(시간)}$

- (소금물의 농도)=$\dfrac{(소금의 양)}{(소금물의 양)} \times 100(\%)$, (소금의 양)=$\dfrac{(소금물의 농도)}{100} \times (소금물의 양)$

- (정가에서 a % 할인한 가격)=(정가)−(할인 금액)=(정가)−(정가)×$\dfrac{a}{100}$

> 문자를 사용한 식으로 나타낼 때에는 단위를 하나로 통일하여 나타낸다.

❷ 곱셈 기호와 나눗셈 기호의 생략

(1) 곱셈 기호의 생략

다음과 같이 곱셈 기호 ×를 생략하여 간단히 나타낼 수 있다.

① (수)×(문자): 곱셈 기호 ×를 생략하고, 수를 문자 앞에 쓴다.

　　예 $5 \times x = 5x$, $a \times 8 = 8a$

② (문자)×(문자): 곱셈 기호 ×를 생략하고, 보통 알파벳 순서로 쓴다.

　　예 $y \times x = xy$, $a \times b \times c = abc$

③ $1 \times$(문자), $(-1) \times$(문자): 곱셈 기호 ×와 1을 생략한다.

　　예 $1 \times x = x$, $(-1) \times a = -a$

④ 같은 문자의 곱: 거듭제곱의 꼴로 나타낸다.

　　예 $x \times x = x^2$, $a \times a \times a = a^3$

⑤ 괄호가 있는 식과 수의 곱: 곱셈 기호 ×를 생략하고, 수를 괄호 앞에 쓴다.

　　예 $(a+b) \times 10 = 10(a+b)$

(2) 나눗셈 기호의 생략

나눗셈 기호 ÷를 생략하고 분수의 꼴로 나타내거나 나눗셈을 역수의 곱셈으로 바꾸어 곱셈 기호를 생략할 수도 있다.

　　예 $x \div (-3) = \dfrac{x}{-3} = -\dfrac{x}{3}$, $a \div \dfrac{2}{5} = a \times \dfrac{5}{2} = \dfrac{5}{2}a$

> $0.1 \times a$는 $0.a$로 쓰지 않고 $0.1a$로 쓴다.

> $a \div b \times c = a \times \dfrac{1}{b} \times c$
> $\quad = \dfrac{ac}{b}$

❸ 식의 값

(1) 대입: 문자를 사용한 식에서 문자에 어떤 수를 바꾸어 넣는 것

(2) 식의 값: 문자를 사용한 식의 문자에 어떤 수를 대입하여 계산한 결과

(3) 식의 값을 구하는 방법

① 주어진 식에서 생략된 곱셈 기호가 있는 경우, 곱셈 기호 ×를 다시 쓴다.

② 분모에 분수를 대입할 때에는 생략된 나눗셈 기호 ÷를 다시 쓴다.

③ 문자에 주어진 수를 대입하여 계산한다. 이때 음수를 대입할 때에는 반드시 괄호를 사용한다.

❹ 다항식과 일차식

(1) **항**: 수나 문자의 곱으로만 이루어진 식

(2) **상수항**: 문자 없이 수로만 이루어진 항

(3) **계수**: 수와 문자의 곱으로 이루어진 항에서 문자 앞에 곱해진 수

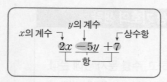

(4) **다항식**: 한 개의 항 또는 여러 개의 항의 합으로 이루어진 식

(5) **단항식**: 다항식 중에서 한 개의 항으로만 이루어진 식

　주의 $\dfrac{1}{x}$과 같이 분모에 문자가 있는 식은 다항식이 아니다.

(6) **항의 차수**: 항에서 문자가 곱해진 개수

(7) **다항식의 차수**: 다항식에서 차수가 가장 큰 항의 차수

　예 다항식 $2x^2-5x+1$의 차수는 2이다.

(8) **일차식**: 차수가 1인 다항식

　참고 항을 구할 때에는 반드시 상수항도 포함해야 하며 부호까지 포함해야 함에 주의한다.

❺ 일차식과 수의 곱셈, 나눗셈

(1) **단항식과 수의 곱셈, 나눗셈**

　① (단항식)×(수), (수)×(단항식): 수끼리 곱하여 수를 문자 앞에 쓴다.

　　예 $3x\times5=3\times x\times5=3\times5\times x=15x$

　② (단항식)÷(수): 나누는 수의 역수를 곱하여 계산한다.

　　예 $9x\div3=9\times x\times\dfrac{1}{3}=9\times\dfrac{1}{3}\times x=3x$

(2) **일차식과 수의 곱셈, 나눗셈**

　① (일차식)×(수), (수)×(일차식): 분배법칙을 이용하여 일차식의 각 항에 수를 곱하여 계산한다.

　　예 $(3x-1)\times2=3x\times2-1\times2=6x-2$

　② (일차식)÷(수): 분배법칙을 이용하여 나누는 수의 역수를 일차식의 각 항에 곱하여 계산한다.

　　예 $(8x+6)\div2=(8x+6)\times\dfrac{1}{2}=8x\times\dfrac{1}{2}+6\times\dfrac{1}{2}=4x+3$

❻ 일차식의 덧셈과 뺄셈

(1) **동류항**: 문자와 차수가 각각 같은 항

　예 $3x$와 $\dfrac{1}{2}x$, y^2과 $-5y^2$

(2) **동류항의 덧셈과 뺄셈**: 동류항끼리 모은 후 분배법칙을 이용하여 간단히 한다.

　예 $2x+5x=(2+5)x=7x$, $x-8x=(1-8)x=-7x$

(3) **일차식의 덧셈과 뺄셈**: 괄호가 있으면 분배법칙을 이용하여 괄호를 풀고 동류항끼리 모아서 계산한다. 이때 괄호 앞에 $+$가 있으면 괄호 안의 부호를 그대로, $-$가 있으면 괄호 안의 부호를 반대로 하여 괄호를 푼다.

　예 $(5x+3)-2(2x+1)=5x+3-4x-2=5x-4x+3-2$
　　　　　　　　　　$=(5-4)x+(3-2)=x+1$

곁주 (옆 단)

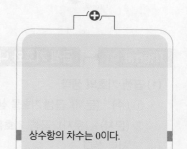

상수항의 차수는 0이다.

분배법칙
세 수 a, b, c에 대하여
$a(b+c)=ab+ac$
$(a+b)c=ac+bc$

상수항은 모두 동류항이다.

(1) **곱셈 기호의 생략**
 ① (수)×(문자): 곱셈 기호를 생략하고, 수를 문자 앞에 쓴다.
 ② (문자)×(문자): 곱셈 기호를 생략하고, 보통 알파벳 순서로 쓴다.
 ③ 같은 문자의 곱은 거듭제곱의 꼴로 나타낸다.
 ④ 괄호가 있는 식과 수의 곱셈에서는 곱셈 기호를 생략하고, 수를 괄호 앞에 쓴다.

(2) **나눗셈 기호의 생략**
 나눗셈 기호 ÷를 생략하고 분수의 꼴로 나타내거나 나눗셈을 역수의 곱셈으로 바꾸어 곱셈 기호를 생략한다.

01

다음 중 $\dfrac{a}{bc}$ 와 같은 것은?

① $(a \div b) \times c$
② $(a \times b) \div c$
③ $a \div (b \times c)$
④ $a \times \left(b \div \dfrac{1}{c}\right)$
⑤ $a \div \left(\dfrac{1}{b} \div \dfrac{1}{c}\right)$

02

다음 중 옳지 않은 것은?

① $a \div b \times (-6) = -\dfrac{6a}{b}$

② $2a \div \dfrac{5}{4}b = \dfrac{8a}{5b}$

③ $(x \div 8 - y \div z) \times 3 = \dfrac{3x}{8} - \dfrac{3y}{z}$

④ $7 \times (a+b) \div 5 = \dfrac{7(a+b)}{5}$

⑤ $x \times (y-3) \div z \div \dfrac{1}{8} = \dfrac{x(y-3)}{8z}$

(1) (거리)=(속력)×(시간), (속력)=$\dfrac{(거리)}{(시간)}$,

 (시간)=$\dfrac{(거리)}{(속력)}$

(2) (소금물의 농도)=$\dfrac{(소금의 양)}{(소금물의 양)} \times 100(\%)$

 (소금의 양)=$\dfrac{(소금물의 농도)}{100} \times (소금물의 양)$

(3) 정가가 a원인 물건을 $x\,\%$ 할인하여 판매한 가격은

$$a - a \times \dfrac{x}{100} = a\left(1 - \dfrac{x}{100}\right)(원)$$

03

다음 중 옳지 않은 것은?

① 가로의 길이가 x cm, 세로의 길이가 y cm, 높이가 z cm인 직육면체의 겉넓이 ⇨ $2(xy+yz+zx)$ cm^2

② 자동차가 시속 x km로 y시간 동안 이동한 거리
 ⇨ xy km

③ 한 개에 15 g인 사탕 a개와 한 개에 40 g인 사탕 b개의 전체 무게 ⇨ $(15a+40b)$ g

④ 정가가 x원인 운동화를 20 % 할인하여 판매한 금액
 ⇨ $80x$원

⑤ 소수점 아래 첫째 자리의 숫자가 a, 둘째 자리의 숫자가 5인 수 ⇨ $0.1a + 0.05$

04

400 g의 소금물에 100 g의 물을 더 넣었더니 농도가 $a\,\%$인 소금물이 되었을 때, 처음 소금물의 농도를 a를 사용한 식으로 나타내시오.

05

수정이네 반 남학생 10명, 여학생 9명의 시험 결과를 보니 남학생의 평균은 a점, 여학생의 평균은 b점이었다. 수정이네 반 전체 학생의 평균 점수를 a, b를 사용한 식으로 나타내시오.

Theme 03 — 식의 값

식의 값을 구하는 방법
(1) 문자에 식을 대입할 때에는 생략된 곱셈 기호를 다시 쓴다.
(2) 분모에 분수를 대입할 때에는 생략된 나눗셈 기호를 다시 쓴다.
(3) 문자에 음수를 대입할 때에는 반드시 괄호를 사용한다.

06

$a=-3$일 때, 다음 중 식의 값이 나머지 넷과 다른 하나는?

① a^2 ② $-3a$ ③ $-\dfrac{a^3}{3}$

④ a^3-3a ⑤ $(-a)^2$

07

$x=-\dfrac{1}{4}$, $y=1$일 때, 다음 중 식의 값이 가장 큰 것은?

① $y-x$ ② $4x^2-y$ ③ $2xy$

④ $\dfrac{2}{x}+y$ ⑤ $-x^3-y$

08

$a=-\dfrac{1}{4}$, $b=\dfrac{1}{5}$, $c=\dfrac{1}{2}$일 때, $\dfrac{5}{a}+\dfrac{2}{b}-\dfrac{1}{c}$의 값을 구하시오.

09

$a=-1$, $b=\dfrac{1}{2}$일 때, $\left(a^2-\dfrac{1}{b^2}\right)-(a+4b)$의 값을 구하시오.

10

기온이 x °C일 때, 공기 중에서 소리의 속력은 초속 $(331+0.6x)$ m이다. 기온이 30 °C일 때, 4초 동안 소리가 전달되는 거리를 구하시오.

11

한 개에 20000원인 USB를 a % 할인된 가격으로 1개 사고, 한 개에 2000원인 볼펜을 b % 할인된 가격으로 5개 샀을 때, 다음 물음에 답하시오.

⑴ 지불한 금액을 a, b를 사용한 식으로 나타내시오.
⑵ $a=10$, $b=15$일 때 지불한 금액을 구하시오.

Theme 04 · 다항식

(1) **항**: 수 또는 문자의 곱으로만 이루어진 식

(2) **상수항**: 문자 없이 수로만 이루어진 항

(3) **계수**: 수와 문자의 곱으로 이루어진 항에서 문자에 곱해진 수

(4) **다항식**: 한 개의 항 또는 여러 개의 항의 합으로 이루어진 식

(5) **단항식**: 다항식 중에서 한 개의 항으로만 이루어진 식

(6) **차수**: 항에서 문자가 곱해진 개수

(7) **다항식의 차수**: 다항식에서 차수가 가장 큰 항의 차수

(8) **일차식**: 차수가 1인 다항식

12

다음 중 옳은 것은?

① $\dfrac{x}{3}+\dfrac{1}{4}$ 은 단항식이다.

② $-x^2+x+1$은 일차식이다.

③ $-x^2-2x-1$에서 상수항은 1이다.

④ $\dfrac{x}{5}-8$에서 x의 계수는 5이다.

⑤ $4x+7y+3$에서 항은 모두 3개이다.

13

다음 중 일차식인 것을 모두 고르면? (정답 2개)

① 5 ② $\dfrac{2}{3}y-1$ ③ $-0.1x+2$

④ x^2-2x-1 ⑤ $\dfrac{3}{x}+x$

14

다항식 $(a+1)x^2+(a-3)x+2a+5$가 x에 대한 일차식일 때, 상수항을 구하시오. (단, a는 상수)

15

다음 다항식에 대한 설명으로 옳은 것을 **보기**에서 모두 고른 것은?

$$-y+\frac{1}{2}x+5, \quad a^2+2a, \quad \frac{10}{3}x-1, \quad \frac{x}{2}-5y+3$$

보기

㉠ 항이 3개인 식은 2개이다.

㉡ 상수항이 0인 식은 1개이다.

㉢ 일차식은 3개이다.

① ㉠ ② ㉠, ㉡ ③ ㉠, ㉢

④ ㉡, ㉢ ⑤ ㉠, ㉡, ㉢

16

다음 중 일차식의 상수항의 합을 구하시오.

$-4x+5$	$\dfrac{1}{3}x$	$1-2x-x^2$
$\dfrac{2}{x}+7$	$\dfrac{2}{5}x-6$	$\dfrac{3}{8}$

17 서술형

x의 계수가 -3, 상수항이 1인 x에 대한 일차식이 있다. $x=-\dfrac{1}{3}$일 때의 식의 값을 a, $x=2$일 때의 식의 값을 b라 할 때, $a-b$의 값을 구하시오.

Theme 05 ┐ 일차식의 계산

(1) **(일차식)×(수)**: 분배법칙을 이용하여 일차식의 각 항에 수를 곱한다.

(2) **(일차식)÷(수)**: 분배법칙을 이용하여 나누는 수의 역수를 일차식의 각 항에 곱한다.

(3) **일차식의 덧셈과 뺄셈**: 괄호가 있는 식은 분배법칙을 이용하여 괄호를 풀고, 동류항끼리 모아서 간단히 한다. 이때 괄호 앞의 부호에 주의한다.

18

다음 중 옳지 <u>않은</u> 것은?

① $2(x-4)=2x-8$

② $(15x-9)\times\dfrac{1}{3}=5x-3$

③ $-\dfrac{3}{4}(8x-16)=-6x+12$

④ $(6x-12)\div(-4)=6x+3$

⑤ $(2x-1)\div\dfrac{1}{6}=12x-6$

19

$\dfrac{5}{4}(-2x+8)-(6x-2)\div 3$을 간단히 했을 때, x의 계수를 a, 상수항을 b라 한다. 이때 ab의 값을 구하시오.

20

$A=4x-y$, $B=2x+5y$일 때, $3A-B+2(A-B)$를 간단히 하시오.

21

다음을 만족시키는 두 다항식 A, B에 대하여 $A-B$를 x에 대한 식으로 나타내시오.

$$A+(-x+1)=7x-5$$
$$4x-2-B=-3x+1$$

22

어떤 일차식에 $-5x+4$를 더해야 할 것을 잘못하여 뺐더니 $3x-10$이 되었다. 바르게 계산한 식을 구하시오.

23

$3(x-2y)-2[5y-\{6x-y+3(x-3y)\}]$를 간단히 하시오.

01

다음 보기 중 기호 ×, ÷를 생략하여 나타낸 것으로 옳지 않은 것을 모두 고르시오.

보기

$\bigcirc$ $-1 \times x \times y + a \div b = -xy + \dfrac{a}{b}$

$\bigcirc$ $2 \div (x - 5 \times y) = \dfrac{2}{x - 5y}$

$\bigcirc$ $a \div (10 \div x) \div (-1)^2 = \dfrac{a}{10x}$

$\bigcirc$ $(a + b) \div x \times y = \dfrac{a + b}{xy}$

$\bigcirc$ $x \div 3 \times x - 7 \times y = \dfrac{x^2}{3} - 7y$

$\bigcirc$ $\{(-2) \times a - b \times b\} \div 3 \div (x + y) = \dfrac{6a - 3b^2}{x + y}$

02

a %인 소금물 200 g과 b %인 소금물 450 g을 섞어 새로운 소금물을 만들었을 때, 새로 만든 소금물의 농도를 a, b를 사용한 식으로 나타내시오.

03

어느 중학교의 작년 남학생 수는 300명이고 여학생 수는 a명이었다. 올해는 작년에 비하여 남학생은 b % 증가하고 여학생은 5 % 감소했다고 할 때, 올해 전체 학생 수를 a, b를 사용한 식으로 나타내시오.

04

원가가 x원인 형광펜에 a %의 이익을 붙여 정가를 정하고 50자루 이상 사면 정가의 15 %를 할인해 준다고 한다. 이때 형광펜을 60자루 산다면 얼마를 내야 하는지 구하시오.

05

다음 그림과 같이 x를 넣으면 $x^2 - 11$이 나오는 [상자 A]와 $1 - \dfrac{2}{x}$가 나오는 [상자 B]가 있다.

[상자 A]에 -3을 넣어서 나온 수를 [상자 B]에 넣을 때, 나오는 수를 구하시오.

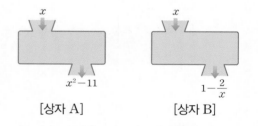

[상자 A]   [상자 B]

06

$x = -1$일 때, $x - x^2 + x^3 - x^4 + x^5 - x^6 + \cdots + x^{2025}$의 값을 구하시오.

07

$x : y = 4 : 1$일 때, $\dfrac{x}{x+4y} + \dfrac{y}{4x-y}$의 값을 구하시오.

10

$\dfrac{1}{x} + \dfrac{1}{y} = 5$일 때, $\dfrac{9x-5xy+5y}{4x-10xy+3y}$의 값을 구하시오.

08

$a = -3$, $b = \dfrac{1}{4}$, $c = -\dfrac{1}{2}$일 때, $\dfrac{6ab-2b-bc}{2bc}$의 값을 구하시오.

11 〔서술형〕

x에 대한 다항식 $\dfrac{1}{2}x^2 - ax + 4 - bx^2 + 10x - 9$를 간단히 하면 x에 대한 일차식이 된다. x의 계수가 7일 때, $\dfrac{a}{b}$의 값을 구하시오. (단, a, b는 상수)

09

$x : y : z = 3 : 1 : 4$일 때, $\dfrac{3x^2+yz-z^2}{xy-y^2+yz}$의 값을 구하시오.

12

다항식 $-\dfrac{1}{7}x^2 + 3x - 5$에 대하여 다항식의 차수를 a, x의 계수를 b, 상수항을 c라 할 때, $\dfrac{a+3b-2c}{abc}$의 값을 구하시오.

13

두 다항식 $-3(2x+1)$, $(4x-8)\div\left(-\dfrac{4}{5}\right)$에 대하여 x의 계수의 합을 a, 상수항의 합을 b라 할 때, $a+2b$의 값을 구하시오.

14

두 수 a, b에 대하여 $a\star b=ab-a+3$이라 할 때, $\left(\dfrac{1}{2}\star x\right)\star 5$를 간단히 하시오.

15

동현이와 시윤이는 계단의 중간지점에서 가위바위보를 하여 이긴 사람은 2칸을 올라가고, 진 사람은 1칸을 내려가기로 하였다. 가위바위보를 20번 한 결과 동현이가 $a(a>10)$번 이겼다고 할 때, 동현이는 시윤이보다 몇 칸 위에 있는지 a를 사용한 식으로 나타내시오.

(단, 계단은 충분히 많고, 비기는 경우는 없다.)

16

다항식 $\dfrac{-5x+7}{4}+\dfrac{x-2}{2}-\dfrac{-3x+5}{6}$를 간단히 하면 $ax+b$일 때, 상수 a, b에 대하여 $a+b$의 값을 구하시오.

17

세 다항식 A, B, C에 대하여 $A\div\left(-\dfrac{2}{3}\right)=3x-9$, $3B-(5x+9)=A$, $\dfrac{1}{2}(4x-12)-C=B$가 성립할 때, $A-B+C$를 간단히 하시오.

18

백의 자리의 숫자가 a, 십의 자리의 숫자가 b, 일의 자리의 숫자가 8인 세 자리 자연수를 5로 나누었을 때의 몫을 a, b를 사용한 식으로 나타내시오. (단, 몫은 자연수)

19

$A=4x-7$, $B=-x+1$일 때,
$2(3B-2A)+\dfrac{1}{2}(5A+4B-13)$을 간단히 하시오.

20 서술형

x에 대한 두 일차식 A, B에 대하여 A의 x의 계수는 6이고, B의 상수항은 -2이다. x에 대한 일차식
$3A-(A-2B)+B$의 x의 계수는 9, 상수항은 -8일 때, $A-B$를 x를 사용한 식으로 나타내시오.

21

$A=\dfrac{5x-3}{2}\div\left(-\dfrac{3}{4}\right)$, $B=\dfrac{x-2}{3}-\dfrac{3x+2}{2}$일 때,
$3A-\{-A+(6B-2A+1)\}$을 x를 사용한 식으로 나타내시오.

22

n이 자연수일 때,
$(-1)^{2n+1}(x-3y)-(-1)^{2n}(-4x+7y)=ax+by$이다. 이때 $a-b$의 값을 구하시오. (단, a, b는 상수)

23

오른쪽 그림과 같은 직사각형에서 색칠한 부분의 넓이를 x를 사용한 식으로 나타내시오.

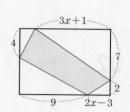

24 서술형

한 개에 a원인 사탕을 A 마트에서는 6개를 한 묶음으로 살 때 1개를 덤으로 주고, B 마트에서는 8개를 한 묶음으로 살 때 15 %를 할인해 준다고 한다. 사탕 56개를 A 마트와 B 마트에서 살 때의 가격을 a를 사용한 식으로 각각 나타내고, A, B 마트 중 어느 마트에서 사는 것이 더 저렴한지 말하시오.

01 수지네 반 학생 30명이 쪽지 시험을 치른 결과 a명의 학생은 10문제를, b명의 학생은 5문제를 맞혔고, 나머지 학생은 모두 8문제를 맞혔다고 한다. 수지네 반 학생들이 평균 몇 문제를 맞혔는지 a, b를 사용한 식으로 나타내시오.

02 $x=-1$일 때, $x+2x^2+3x^3+\cdots+2030x^{2030}+2031x^{2031}$의 값을 구하시오.

03 $x+y+z=0$일 때, 다음 식의 값을 구하시오.

$$x\left(\frac{3}{y}+\frac{3}{z}\right)+y\left(\frac{3}{z}+\frac{3}{x}\right)+z\left(\frac{3}{x}+\frac{3}{y}\right)$$

04 한 변의 길이가 a cm인 정사각형 모양의 종이 15장을 다음 그림과 같이 이웃하는 종이끼리 1 cm씩 겹치도록 이어 붙여서 직사각형을 만들려고 한다. 완성된 직사각형의 둘레의 길이를 a를 사용한 식으로 나타내시오.

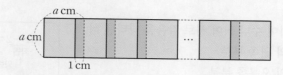

05 오른쪽 그림과 같은 도형의 넓이를 x를 사용한 식으로 나타낼 때, x의 계수를 구하시오.

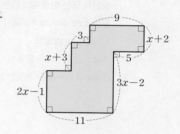

06 A, B 두 물질을 만드는 과학 실험을 하였다. A, B 두 물질을 모두 만든 학생 수는 A 물질을 만든 학생 수의 30 %이고, B 물질을 만든 학생 수의 20 %였다. A, B 두 물질을 모두 만들지 못한 학생은 전체의 12 %였을 때, A, B 두 물질을 만든 성공률을 각각 구하시오.

02
일차방정식의 풀이

스피드개념정리

❶ 방정식과 항등식

(1) **등식**: 등호(＝)를 사용하여 수나 식이 서로 같음을 나타낸 식

  ① 좌변: 등식에서 등호의 왼쪽 부분

  ② 우변: 등식에서 등호의 오른쪽 부분

  ③ 양변: 등식의 좌변과 우변

$$\underbrace{3x-2}_{\text{좌변}}\underbrace{=}_{}\underbrace{1}_{\text{우변}}$$
$$\text{└─ 양변 ─┘}$$

(2) **방정식**: 미지수의 값에 따라 참이 되기도 하고 거짓이 되기도 하는 등식

  ① 미지수: 방정식에 있는 문자

  ② 방정식의 해(근): 방정식을 참이 되게 하는 미지수의 값

    예 등식 $2x-1=3$은 $x=2$일 때 참이고, $x=1$일 때 거짓이다.

      ➡ $2x-1=3$은 방정식이고, 이 방정식의 해는 $x=2$이다.

  ③ 방정식을 푼다: 방정식의 해(근)를 구하는 것

(3) **항등식**: 미지수에 어떤 값을 대입해도 항상 참이 되는 등식

참고 • 등식의 좌변과 우변을 간단히 정리하였을 때 양변의 식이 같으면 항등식이다.

  • 방정식 또는 항등식이 되는 조건

    등식 $ax+b=cx+d$에서

    ① $a\neq c$ → 방정식

    ② $a=c,\ b=d$ → 항등식

    ③ $a=c,\ b\neq d$ → 거짓인 등식

> 방정식과 항등식은 등식이다.
>
> 'x에 대한 항등식'과 같은 표현
> → 모든 x에 대하여
> → x의 값에 관계없이 성립할 때
> → x의 값에 어떤 수를 대입해도 성립할 때

❷ 등식의 성질

(1) **등식의 성질**

  ① 등식의 양변에 같은 수를 더하여도 등식은 성립한다.

    ➡ $a=b$이면 $a+c=b+c$이다.

  ② 등식의 양변에서 같은 수를 빼어도 등식은 성립한다.

    ➡ $a=b$이면 $a-c=b-c$이다.

  ③ 등식의 양변에 같은 수를 곱하여도 등식은 성립한다.

    ➡ $a=b$이면 $ac=bc$이다.

  ④ 등식의 양변을 0이 아닌 같은 수로 나누어도 등식은 성립한다.

    ➡ $a=b$이면 $\dfrac{a}{c}=\dfrac{b}{c}$(단, $c\neq 0$)이다.

> 0으로 나누는 것은 생각하지 않는다.

(2) **등식의 성질을 이용한 방정식의 풀이**

등식의 성질을 이용하여 주어진 방정식을 $x=$(수)의 꼴로 고쳐서 그 해를 구할 수 있다.

  예 $2x+3=7$

    $2x+3-3=7-3$ ⟵ 양변에서 3을 뺀다.

    $2x=4$

    $\dfrac{2x}{2}=\dfrac{4}{2}$ ⟵ 양변을 2로 나눈다.

    ∴ $x=2$

❸ 이항

(1) **이항**: 등식의 성질을 이용하여 등식의 한 변에 있는 항을 부호를 바꾸어 다른 변으로 옮기는 것

(2) **이항할 때의 항의 부호의 변화**

$+\square$를 이항하면 $-\square$가 되고, $-\bigcirc$를 이항하면 $+\bigcirc$가 된다.

이항은 등식의 양변에 같은 수를 더하거나 빼어도 등식은 성립한다는 성질을 이용한 것이다.

❹ 일차방정식과 그 풀이

(1) **일차방정식**

방정식의 우변에 있는 모든 항을 좌변으로 이항하여 정리한 식이 (일차식)$=0$의 꼴로 나타내어지는 방정식을 일차방정식이라 한다. 이때 미지수 x를 포함한 일차방정식을 x에 대한 일차방정식이라 하며 $ax+b=0\,(a\neq0)$의 꼴로 나타낼 수 있다.

일차방정식에서 미지수 x 대신 다른 문자를 쓸 수도 있다.
예 $2y+3=0 \Rightarrow y$에 대한 일차방정식

(2) **일차방정식의 풀이**

① 괄호가 있으면 괄호를 먼저 푼다.

② 미지수 x를 포함하는 항은 좌변으로, 상수항은 우변으로 이항한다.

③ 양변을 정리하여 $ax=b\,(a\neq0)$의 꼴로 고친다.

④ 양변을 x의 계수 a로 나누어 방정식의 해 $x=\dfrac{b}{a}$를 구한다.

(3) **여러 가지 일차방정식의 풀이**

① 계수가 소수인 경우: 양변에 $10,\ 100,\ 1000,\ \cdots$을 곱하여 계수를 모두 정수로 고쳐서 푼다.

양변에 적당한 수를 곱할 때, 계수가 정수인 항에도 반드시 곱해야 한다.

　예 $0.3x-0.2=0.7$의 양변에 10을 곱하면
　　$3x-2=7,\ 3x=9$　$\therefore x=3$

② 계수가 분수인 경우: 양변에 분모의 최소공배수를 곱하여 계수를 모두 정수로 고쳐서 푼다.

　예 $\dfrac{1}{2}x-1=\dfrac{2}{3}$의 양변에 2와 3의 최소공배수인 6을 곱하면

　　$3x-6=4,\ 3x=10$　$\therefore x=\dfrac{10}{3}$

③ 비례식으로 주어진 경우: 비례식 $a:b=c:d$는 $ad=bc$임을 이용하여 일차방정식을 세워 푼다.

　예 $(x+1):(3x-1)=1:2$에서 $2(x+1)=3x-1$
　　$2x+2=3x-1$　$\therefore x=3$

❺ 특수한 해를 가지는 방정식

x에 대한 방정식 $ax=b$에서

(1) 해가 없을 조건 $\Rightarrow a=0,\ b\neq0$

(2) 해가 무수히 많을 조건 $\Rightarrow a=0,\ b=0$

x에 대한 방정식
$ax+b=cx+d$에서
(1) 해가 없을 조건
　$\Rightarrow a=c,\ b\neq d$
(2) 해가 무수히 많을 조건
　$\Rightarrow a=c,\ b=d$

III
문자와 식

02. 일차방정식의 풀이 **71**

Theme 01 | 방정식과 항등식

(1) 방정식: 미지수의 값에 따라 참이 되기도 하고 거짓이 되기도 하는 등식

(2) 항등식: 미지수에 어떤 값을 대입해도 항상 참이 되는 등식

01

다음 중 [ ] 안의 수가 주어진 방정식의 해인 것은?

① $2x-6=5x+3$ $[3]$

② $x-27=-4(x+3)$ $[-3]$

③ $\dfrac{x+2}{4}=3-x$ $[2]$

④ $x+5=2(x-1)$ $[-4]$

⑤ $2-4x=2x+5$ $[-1]$

02

다음 **보기** 중 x의 값에 관계없이 항상 참인 등식을 모두 고르시오.

보기

㉠ $-2x+3=3x-2$

㉡ $3(2x+1)=6x+3$

㉢ $5-(x+2)=-x+8$

㉣ $-4x+1=4(2-x)-5$

㉤ $-3(2x-4)=2(-3x+6)$

03

등식 $a(-x+4)+3=2x-b$가 x에 대한 항등식일 때, 상수 a, b에 대하여 $a-b$의 값을 구하시오.

Theme 02 | 등식의 성질

(1) 등식의 양변에 같은 수를 더하거나 빼거나 곱하거나 나누어도 등식은 성립한다. (단, 0으로 나누는 것은 제외)

(2) 등식의 성질에서 성립하지 않는 예

① $a=b$이면 $\dfrac{a}{c}=\dfrac{b}{c}$이다. (×)

⇨ $c\neq0$이라는 조건이 필요하다.

② $ac=bc$이면 $a=b$이다. (×)

⇨ $c=0$인 경우 $ac=bc$이지만 $a\neq b$일 수도 있다.

③ $\dfrac{c}{a}=\dfrac{c}{b}$이면 $a=b$이다. (×)

⇨ $c=0$인 경우 $\dfrac{c}{a}=\dfrac{c}{b}$이지만 $a\neq b$일 수도 있다.

04

다음 중 옳지 <u>않은</u> 것은?

① $a+5=b+5$이면 $a=b$이다.

② $a-3=b-3$이면 $a+1=b+1$이다.

③ $\dfrac{a}{2}=-\dfrac{b}{3}$이면 $-3a=2b$이다.

④ $a=3b$이면 $a-3=3(b-3)$이다.

⑤ $-4a+6=-2b+6$이면 $2a=b$이다.

05 서술형

다음을 만족시키는 수 ㉠, ㉡에 대하여 ㉠-㉡의 값을 구하시오.

• $x-2=y$이면 $\dfrac{1}{2}x-\dfrac{1}{2}y+5=$㉠이다.

• $\dfrac{a}{3}=\dfrac{b}{3}$이면 $\dfrac{a}{b}=$㉡이다. (단, $b\neq0$)

Theme 03 — 일차방정식의 풀이

(1) 일차방정식

① 이항: 등식의 성질을 이용하여 등식의 어느 한 변에 있는 항을 부호를 바꾸어 다른 변으로 옮기는 것

② 일차방정식: 우변에 있는 모든 항을 좌변으로 이항하여 정리한 식이 $ax+b=0(a\neq0)$의 꼴이면 x에 대한 일차방정식이다.

(2) 일차방정식의 풀이

① 괄호가 있으면 괄호를 먼저 푼다.

② x를 포함하는 항은 좌변으로, 상수항은 우변으로 이항한다.

③ 양변을 정리하여 $ax=b(a\neq0)$의 꼴로 고친다.

④ 양변을 x의 계수 a로 나누어 $x=\dfrac{b}{a}$를 구한다.

06

다음 중 일차방정식인 것을 모두 고르면? (정답 2개)

① $\dfrac{4}{x}+1=x-5$

② $3x^2-11=-3x^2-11$

③ $-4(1-3x)=-x+10$

④ $2x+6=2(x+7)$

⑤ $-x^2+3x=\dfrac{1}{2}(4-2x^2)$

07

등식 $2(ax-3)=-(5-6x)+9$가 x에 대한 일차방정식이 되기 위한 상수 a의 조건을 구하시오.

08

다음 중 일차방정식의 해가 나머지 넷과 <u>다른</u> 하나는?

① $2x+9=5x$

② $7x+10=8-3x$

③ $27-x=4(x+3)$

④ $2(3x-2)=5x-1$

⑤ $4x+15=5x+12$

09 서술형

방정식 $2(x+3)=-3(4x-1)$의 해를 $x=a$, 방정식 $4x+2=-2x+14$의 해를 $x=b$라 할 때, ab의 값을 구하시오.

10

방정식 $13-2(-3x-5)=x-7$의 해를 $x=a$라 할 때, 일차방정식 $ax-12=0$의 해를 구하시오.

11

방정식 $-(3x-5)=7(1-x)$의 해를 $x=a$라 할 때, $|-2a|-|2a+1|$의 값을 구하시오.

Theme 04 | 여러 가지 일차방정식의 풀이

(1) 계수가 소수일 때는 양변에 10, 100, 1000, ⋯ 등 10의 거듭제곱을 곱하여 계수를 정수로 고친다.
(2) 계수가 분수일 때는 양변에 분모의 최소공배수를 곱하여 계수를 정수로 고친다.
(3) 방정식이 비례식으로 주어졌을 때는 비례식의 성질을 이용하여 푼다.

12

다음 중 해가 가장 작은 것은?

① $3x-(x-4)=6(x+2)$
② $0.06x+0.2=0.02x-0.12$
③ $0.4(6-x)=0.2(3x+2)$
④ $x-\dfrac{2x-1}{3}=2$
⑤ $\dfrac{x-2}{3}=1+\dfrac{2x-5}{4}$

13

비례식 $(3x-4):5=(x-2):3$을 만족시키는 x의 값을 a라 할 때, $2a^2+a$의 값을 구하시오.

14

[그림 1]과 같은 규칙으로 [그림 2]의 빈칸을 채우려고 한다. $P=\dfrac{3}{4}$일 때, x의 값을 구하시오.

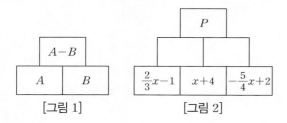

[그림 1]   [그림 2]

Theme 05 | 일차방정식의 해가 주어진 경우

(1) **일차방정식의 해가 주어질 때**: 주어진 해를 방정식에 대입하면 등식이 성립함을 이용한다.
(2) **두 일차방정식의 해가 서로 같을 때**: 먼저 미지수가 없는 방정식의 해를 구한 후 미지수가 있는 방정식에 해를 대입한다.

15

x에 대한 일차방정식 $5x=a(x+6)$의 해가 $x=4$일 때, x에 대한 일차방정식 $a(2x+3)+1=3x$의 해를 구하시오. (단, a는 상수)

16

두 일차방정식 $4(x+2)-3=3(6-3x)$, $ax-6=2x-a$의 해가 같을 때, 상수 a의 값을 구하시오.

17

두 일차방정식 $\dfrac{2x-a}{3}+2=-\dfrac{x-10}{6}$, $0.5(x-1)=\dfrac{2+bx}{8}+1$의 해가 모두 $x=2$일 때, 상수 a, b의 값을 각각 구하시오.

18

두 방정식 $3x-1=x+9$, $-2x+3a=-4x+5$의 해가 같을 때, 상수 a의 값은?

① $-\dfrac{5}{3}$ ② -1 ③ $\dfrac{1}{3}$

④ $\dfrac{7}{3}$ ⑤ 5

19

두 일차방정식 $0.4(x+3)=3-\dfrac{2}{5}(x+7)$, $ax+5=2(x+1)-a$의 해가 같을 때, 상수 a의 값은?

① -18 ② -16 ③ 12
④ 18 ⑤ 22

20 서술형

다음 두 식을 만족시키는 x의 값이 같을 때, 상수 a의 값을 구하시오.

$$(x-1) : 3 = -2(x+4) : 4$$
$$(1-2a)x = 3a+7$$

Theme 06 ┐ 특수한 해를 갖는 방정식

(1) x에 대한 방정식 $ax=b$에서
   ① 해가 없을 조건: $a=0$, $b \neq 0$
   ② 해가 무수히 많을 조건: $a=0$, $b=0$
(2) x에 대한 방정식 $ax+b=cx+d$에서
   ① 해가 없을 조건: $a=c$, $b \neq d$
   ② 해가 무수히 많을 조건: $a=c$, $b=d$

21

등식 $(a+3)x=4-2ax$를 만족시키는 x의 값이 존재하지 않을 때, 상수 a의 값을 구하시오.

22

x에 대한 방정식 $x-a=bx+8$의 해가 무수히 많을 때, 상수 a, b에 대하여 $\dfrac{ab}{4}$의 값을 구하시오.

23

x에 대한 방정식 $(1-2a)x=-(x+3)+7$의 해는 없고 $b(x-1)=6-c$의 해는 모든 수일 때, 상수 a, b, c에 대하여 $a-b+c$의 값을 구하시오.

01

등식 $\dfrac{2x-a}{6}=\dfrac{bx-1}{3}+2$가 x의 값에 관계없이 항상 성립할 때, 상수 a, b에 대하여 $a-5b$의 값을 구하시오.

02

x에 대한 방정식 $3kx-b=8+2x-ak$가 k의 값에 관계없이 항상 $x=-1$을 해로 가질 때, 상수 a, b에 대하여 $\dfrac{a}{b}$의 값을 구하시오.

03

등식 $\dfrac{x-2}{5}+3=ax+b$는 x에 대한 항등식이고 방정식 $cx-2=4x-5$의 해는 $x=a$이다. 이때 상수 a, b, c에 대하여 $\dfrac{ac}{b}$의 값을 구하시오.

04

$2-3x=5$일 때, 다음 중 옳지 <u>않은</u> 것은?

① $-4-3x=-1$　　　　② $\dfrac{2}{3}-\dfrac{1}{3}x=\dfrac{5}{3}$

③ $5-6x=11$　　　　④ $3x+7=4$

⑤ $x=-1$

05 서술형

다음 ㉠, ㉡, ㉢에 알맞은 식의 합을 구하시오.

- $2a=b+4$이면 $a-1=\boxed{㉠}$
- $a+2=2b-3$이면 $\boxed{㉡}=4b+2$
- $-3a+12=9b+6$이면 $\dfrac{1}{2}a-7=\boxed{㉢}$

06

다음은 등식의 성질을 이용하여 일차방정식 $\dfrac{1}{4}(x-3)=\dfrac{2}{3}x-2$의 해를 구하는 과정이다. 상수 a, b, c, d에 대하여 $a-2b+c-d$의 값을 구하시오.

$\dfrac{1}{4}(x-3)=\dfrac{2}{3}x-2$

$\dfrac{1}{4}(x-3)\times a=\left(\dfrac{2}{3}x-2\right)\times a$

$3x-9=8x-24$

$3x-9-bx=8x-24-bx$

$-5x-9=-24$

$-5x-9+c=-24+c$

$-5x=-15$

$-5x\div d=-15\div d$

$\therefore x=3$

07

방정식 $ax^2+5x-2ax-3=bx+4$가 x에 대한 일차방정식이 되기 위한 두 상수 a, b의 조건은?

① $a=0$
② $b=5$
③ $a=0$, $b\neq\dfrac{5}{2}$
④ $a=0$, $b=5$
⑤ $a=0$, $b\neq5$

08

두 일차방정식 $5x+6=2x-a$, $x+\dfrac{1}{3}=b(5x-1)$의 해가 모두 $x=-3$일 때, 상수 a, b에 대하여 $6ab$의 값을 구하시오.

09

두 일차방정식 $2x-\dfrac{1}{3}(x-4)=-2$, $7k+x=3k-6$의 해는 절댓값이 같고 부호는 서로 반대이다. 이때 k의 값을 구하시오.

10 서술형

x에 대한 두 일차방정식 $\dfrac{2x-1}{4}=\dfrac{x-2a}{8}$,

$\dfrac{x+2a}{3}=1-\dfrac{1}{2}x$의 해를 각각 $x=m$, $x=n$이라 할 때,

$m:n=5:3$이 성립한다. 상수 a의 값을 구하시오.

11

등식 $2a-3b=b-8a$를 만족시키는 두 수 a, b에 대하여 $\dfrac{3a-2b}{a+2b}$의 값이 x에 대한 일차방정식

$m(x-1)+4x=6-2x$의 해일 때, 상수 m의 값을 구하시오. (단, $a\neq0$, $b\neq0$)

12

x에 대한 일차방정식 $ax-2=\dfrac{x+4}{3}$의 해가 $x=2$일 때,

x에 대한 일차방정식 $0.4(x-5a)=1.1(x+4)-3a$의 해를 구하시오. (단, a는 상수)

13

다음 두 식을 만족시키는 x의 값이 같을 때, 상수 a의 값을 구하시오.

$$(2x-3):5=(-x+6):2$$
$$\frac{3x+8}{5}=(2a-1)x-4$$

14

$1-a(-x+5)=7-4x$를 푸는데 좌변의 $-a$를 $+a$로 잘못 보고 풀어서 $x=-2$의 해를 얻었다. 이 방정식을 바르게 풀었을 때의 해를 구하시오.

15

다음 그림에서 아래 칸의 식은 선으로 연결된 위의 두 칸의 식의 합이다. $A=-10$일 때, x의 값을 구하시오.

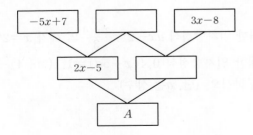

16

네 수 a, b, c, d에 대하여 $\begin{vmatrix} a & b \\ c & d \end{vmatrix}=ad-bc$일 때,

$\begin{vmatrix} 2x-1 & -2 \\ -\dfrac{1}{4} & \dfrac{1}{5} \end{vmatrix}=\begin{vmatrix} x+1 & 0.5 \\ 0.6 & 1.25 \end{vmatrix}$를 만족시키는 x의 값을 구하시오.

17

$-1<x<1$일 때, 방정식 $3|x-1|-|x+1|=4-x$의 해를 구하시오.

18

약분하면 $\dfrac{6}{7}$이 되는 어떤 분수의 분자에 12를 더한 후, 분모에 바뀐 분자를 더하고 22를 뺐다. 이 분수를 기약분수로 나타내었더니 다시 $\dfrac{6}{7}$이 되었다. 처음의 분수를 $\dfrac{a}{b}$라 할 때, $b-a$의 값을 구하시오. (단, $a>0$, $b>0$)

19

두 수 a, b에 대하여 $a \circledcirc b = a - b + ab$라 할 때,
$\left(\frac{1}{3}x \circledcirc 6\right) - (2x \circledcirc 3) = 1 - 5x$를 만족시키는 x의 값을 구하시오.

22

x에 대한 일차방정식 $\dfrac{x-a}{4} = \dfrac{b}{3}x - 2$의 해가 무수히 많을 때, x에 대한 일차방정식 $a(x+1) - 2x + 5 = 4b$의 해를 구하시오. (단, a, b는 상수)

20

x에 대한 일차방정식 $2(x-3a) = 5(2x+1) - 4x$의 해가 -5보다 클 때, 이를 만족시키는 모든 자연수 a의 값의 합을 구하시오.

23 〔서술형〕

x에 대한 일차방정식 $(2a+3)x + 4 - b = a(x-1)$의 해는 2개 이상이고, x에 대한 일차방정식
$3(x-a) = c(2x+b)$의 해는 존재하지 않는다. 이때 상수 a, b, c에 대하여 $a - 3b + 6c$의 값을 구하시오.

21

x에 대한 일차방정식 $ax + 5 = -3(2x-1)$의 해가 자연수가 되도록 하는 모든 정수 a의 값의 합을 구하시오.

24

x에 대한 일차방정식
$-2(x-k) - 6 = 5(1-k)(k=1, 2, 3, \cdots)$의 해를 x_k라 할 때, $x_1 - x_2 + x_3$의 값을 구하시오.

01 아래 그림과 같이 △, ⬭, ⬜를 접시저울에 올려 놓았더니 저울이 평형을 이루었다. △의 무게를 a g, ⬭의 무게를 b g, ⬜의 무게를 c g이라 할 때, 다음 중 옳지 <u>않은</u> 것은?

① $a+b=c$ ② $4a=3b$ ③ $3a+2c=a+5b$ ④ $6a-b=5a-c$ ⑤ $3a+c=4b$

02 서로 다른 두 수 a, b에 대하여 (a, b)는 a, b 중 큰 수를, $<a, b>$는 a, b 중 작은 수를 나타낸다.
$\dfrac{(2x-2,\ 2x+2)}{4} - \dfrac{<3x-1,\ 3x-6>}{7} = \left(\dfrac{7}{2},\ 2.67\right)$을 만족시키는 x의 값을 구하시오.

03 자연수 a의 소인수들의 합을 $S(a)$로 나타낸다. 예를 들어 $20=2^2 \times 5$이므로 $S(20)=2+5=7$이다. 이때 다음 방정식을 푸시오.

$$\dfrac{2x+1}{S(16)-S(48)} = 1 - \dfrac{x-2}{S(50)-S(90)}$$

04 다음 그림과 같이 수직선 위의 세 점 A, B, C에 대응하는 수는 각각 $4-5x$, 2, $x+6$이다. 점 B에 대하여 선분 AB와 선분 BC의 길이의 비가 4 : 3일 때, 선분 AC의 길이를 구하시오.

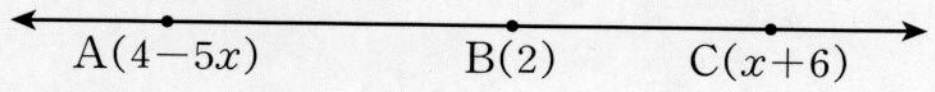

$$\overset{\longleftrightarrow}{\underset{A(4-5x) \qquad\qquad B(2) \qquad\quad C(x+6)}{\bullet\qquad\qquad\quad\bullet\qquad\qquad\bullet}}$$

05 방정식 $2-\dfrac{3}{\dfrac{2x}{2x+3}-1}=x+\dfrac{2}{3-\dfrac{3x}{x-2}}$ 의 해를 구하시오.

06 두 수 a, b에 대하여 $a\circ b=ab-2a+1$로 약속할 때, 다음 물음에 답하시오.

⑴ $2\circ\{3\circ(x+m)\}=n\circ(x+1)$이 x에 대한 항등식이 되도록 하는 두 상수 m, n의 조건을 각각 구하시오.

⑵ $2\circ\{3\circ(x+m)\}=n\circ(x+1)$을 만족시키는 x의 값이 존재하지 않도록 하는 두 상수 m, n의 조건을 각각 구하시오.

03
일차방정식의 활용

스피드개념정리

❶ 일차방정식의 활용 문제 풀이

(1) 문제의 뜻을 파악하고 구하려는 것을 미지수 x로 놓는다.

(2) 문제의 뜻에 맞게 x를 사용한 방정식을 세운다.

(3) 방정식을 푼다.

(4) 구한 해가 문제의 뜻에 맞는지 확인한다.

❷ 자주 다루어지는 활용 문제

(1) 수, 나이에 대한 문제

① 연속하는 두 정수는 x, $x+1$ 또는 $x-1$, x로 놓는다.

② 연속하는 두 짝수(홀수)는 x, $x+2$ 또는 $x-2$, x로 놓는다.

③ 십의 자리의 숫자가 x, 일의 자리의 숫자가 y인 자연수는 $10x+y$이다.

④ 올해 나이가 a세인 사람의 n년 후의 나이는 $(a+n)$세이다.

(2) 도형에 대한 문제

① (삼각형의 넓이) $= \dfrac{1}{2} \times$ (밑변의 길이) $\times$ (높이)

② (직사각형의 둘레의 길이) $= 2 \times \{$ (가로의 길이) $+$ (세로의 길이) $\}$

③ (직사각형의 넓이) $=$ (가로의 길이) $\times$ (세로의 길이)

④ (사다리꼴의 넓이) $= \dfrac{1}{2} \times \{$ (윗변의 길이) $+$ (아랫변의 길이) $\} \times$ (높이)

(3) 거리, 속력, 시간에 대한 문제

① (거리) $=$ (속력) $\times$ (시간) ② (속력) $= \dfrac{(거리)}{(시간)}$ ③ (시간) $= \dfrac{(거리)}{(속력)}$

(4) 농도에 대한 문제

① (소금물의 농도) $= \dfrac{(소금의\ 양)}{(소금물의\ 양)} \times 100\ (\%)$

② (소금의 양) $= \dfrac{(소금물의\ 농도)}{100} \times$ (소금물의 양)

(5) 원가 · 정가에 대한 문제

① 원가가 x원인 물건에 a %의 이익을 붙인 정가

➡ (정가) $=$ (원가) $+$ (이익) $= x + x \times \dfrac{a}{100} = \left(1 + \dfrac{a}{100}\right) x$ (원)

② 정가가 x원인 물건을 a % 할인한 판매 가격

➡ (판매 가격) $=$ (정가) $-$ (할인 금액) $= x - x \times \dfrac{a}{100} = \left(1 - \dfrac{a}{100}\right) x$ (원)

③ (이익) $=$ (판매 가격) $-$ (원가)

(6) 일에 대한 문제

전체 일의 양을 1로 두고 단위 시간 동안 한 일에 대한 방정식을 세운다.

거리, 속력, 시간에 대한 문제를 풀 때 각각의 단위가 다른 경우에는 단위를 통일하여 방정식을 세운다.

① 1 km $=$ 1000 m

② 1시간 $=$ 60분,

즉 1분 $= \dfrac{1}{60}$시간

소금물의 농도에 대한 문제에서는 소금물에 물을 더 넣거나 증발시켜도 소금의 양이 변하지 않음을 이용하여 방정식을 세우는 경우가 많다.

Theme 01 · 수, 개수에 대한 문제

(1) 연속하는 세 짝수(홀수)
⇨ $x-4$, $x-2$, x 또는 $x-2$, x, $x+2$
또는 x, $x+2$, $x+4$
(2) 십의 자리의 숫자가 x, 일의 자리의 숫자가 y인 두 자리 자연수
⇨ $10x+y$
(3) 개수의 합이 일정한 문제에서는 구하고자 하는 것을 x, 다른 하나를 (개수의 합)$-x$로 놓아 방정식을 세운다.

01

연속하는 두 홀수의 합이 두 수 중 큰 수의 3배보다 7만큼 작을 때, 두 홀수의 곱을 구하시오.

02

십의 자리의 숫자가 5인 두 자리 자연수가 있다. 이 자연수는 각 자리의 숫자의 합의 6배보다 10만큼 크다고 할 때, 이 자연수를 구하시오.

03

준서는 시험에서 2점짜리 문제와 5점짜리 문제를 합하여 총 20문제를 맞혔다. 채점해 보니 88점이었을 때, 5점짜리는 몇 문제 맞혔는지 구하시오.
(단, 틀린 문제에 대한 감점은 없다.)

Theme 02 · 도형에 대한 문제

(1) (삼각형의 넓이)$=\dfrac{1}{2}×$(밑변의 길이)$×$(높이)
(2) (직사각형의 넓이)$=$(가로의 길이)$×$(세로의 길이)
(3) (사다리꼴의 넓이)
$=\dfrac{1}{2}×\{$(윗변의 길이)$+$(아랫변의 길이)$\}×$(높이)

04

윗변의 길이가 아랫변의 길이보다 4 cm 짧고, 높이가 6 cm인 사다리꼴의 넓이가 60 cm²일 때, 이 사다리꼴의 윗변의 길이를 구하시오.

05

길이가 80 cm인 철사를 구부려 가로의 길이와 세로의 길이의 비가 3 : 2인 직사각형을 만들려고 한다. 이 직사각형의 가로의 길이를 구하시오.
(단, 철사는 겹치는 부분이 없도록 모두 사용한다.)

06

오른쪽 그림은 사다리꼴과 원을 4등분 한 조각을 겹쳐 놓은 것이다. 색칠한 두 부분 A, B의 넓이가 같을 때, x의 값을 구하시오.
(단, 원주율은 3으로 계산한다.)

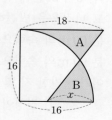

Theme 03 ┥ 거리, 속력, 시간에 대한 문제

(1) (거리)=(속력)×(시간)　(2) (속력)=$\dfrac{(거리)}{(시간)}$

(3) (시간)=$\dfrac{(거리)}{(속력)}$

07

민준이가 집에서 은행을 다녀오는데 갈 때에는 시속 5 km로 걸어가고 은행에서 30분 동안 일을 본 후 올 때에는 같은 길을 시속 4 km로 걸었더니 총 2시간이 걸렸다. 집에서 은행까지의 거리는 몇 km인지 구하시오.

08

연주네 가족이 집에서 자동차로 농장을 다녀오는데 갈 때에는 시속 80 km로 달리고, 올 때에는 같은 길을 시속 120 km로 달렸다. 갈 때에는 올 때보다 10분이 더 걸렸을 때, 집에서 농장까지의 거리를 구하시오.

09

오후 3시에 동생 진영이는 약속이 있다고 집을 출발하였다. 3시 20분에 언니 선영이는 동생이 자신의 새 옷을 입고 나갔음을 발견하고 바로 뒤쫓아 나갔다. 진영이는 매분 60 m의 속력으로 천천히 걸어가고 있고, 선영이는 매분 90 m의 속력으로 맹렬히 뒤쫓고 있다. 진영이는 선영이가 출발한 지 몇 분 후에 잡히겠는지 구하시오.

(단, 진영이가 약속 장소에 도착하기 전에 잡힌다.)

Theme 04 ┥ 농도에 대한 문제

(1) (소금물의 농도)=$\dfrac{(소금의 양)}{(소금물의 양)}×100(\%)$

(2) (소금의 양)=$\dfrac{(소금물의 농도)}{100}×(소금물의 양)$

(3) 물을 더 넣거나 증발시켜도 소금의 양은 변하지 않는다.

(4) 두 소금물을 섞는 경우

　(섞기 전 두 소금물에 들어 있는 소금의 양의 합)

　=(섞은 후 소금물에 들어 있는 소금의 양)

10

13 %의 설탕물 900 g에서 몇 g의 물을 증발시키면 20 %의 설탕물이 되는지 구하시오.

11

20 %의 소금물 600 g에 몇 g의 소금을 더 넣으면 25 %의 소금물이 되는지 구하시오.

12

7 %의 소금물 400 g과 12 %의 소금물을 섞어 10 %의 소금물을 만들려고 한다. 이때 12 %의 소금물을 몇 g 섞어야 하는지 구하시오.

Theme 05 ┃ **과부족에 대한 문제**

(1) **사람들에게 물건을 나누어 줄 때**

사람 수를 x명으로 놓고

(남는 경우의 물건의 개수)=(모자란 경우의 물건의 개수)

임을 이용하여 방정식을 세운다.

(2) **사람들을 몇 명씩 묶을 때**

묶음의 개수를 x개로 놓고

(남는 경우의 사람 수)=(모자란 경우의 사람 수)임을 이용

하여 방정식을 세운다.

13 서술형

쿠키를 상자에 나누어 담는데 한 상자에 5개씩 담으면 8개가 남고, 7개씩 담으면 4개가 모자란다고 한다. 한 상자에 쿠키를 6개씩 담으면 몇 개가 남거나 모자라는지 구하시오.

14

정현이네 학교에서는 1학년을 대상으로 독서 동아리 회원을 모집하고 있다. 각 반에서 4명씩 모집하면 동아리 정원보다 5명이 부족하고, 1반에서 3명을 모집하고 나머지 반에서는 각각 5명씩 모집하면 동아리 정원이 채워진다. 독서 동아리 정원은 몇 명인가?

① 33명   ② 34명   ③ 35명

④ 36명   ⑤ 37명

15

어느 야외 공연장의 긴 의자에 학생들이 앉는데 한 의자에 6명씩 앉으면 14명이 앉지 못하고, 한 의자에 7명씩 앉으면 마지막 의자에는 6명이 앉고 빈 의자는 없다고 한다. 이때 학생 수를 구하시오.

Theme 06 ┃ **일에 대한 문제**

① 전체 일의 양을 1로 놓는다.

② 각각의 사람이 단위 시간에 할 수 있는 일의 양을 구한다.

③ (각각의 사람이 한 일의 양의 합)=1임을 이용하여 방정식을 세운다.

16

어떤 일을 완성하는 데 지유가 혼자 하면 4시간, 정훈이가 혼자 하면 10시간이 걸린다. 이 일을 처음 2시간 동안 지유가 혼자 하고, 나머지 일은 정훈이가 혼자 하여 일을 완성하였다. 이때 정훈이가 혼자 일한 시간을 구하시오.

17

빈 수영장에 물을 가득 채우는 데 A 호스로는 8시간, B 호스로는 10시간이 걸린다고 한다. 이 수영장에 A 호스로 5시간 동안 물을 채우고, 나머지는 A, B 호스를 동시에 틀어 물을 가득 채웠다. 두 호스를 동시에 틀어놓은 것은 몇 시간 몇 분인지 구하시오.

18

어떤 일을 완성하는 데 A 기계만으로는 4시간이 걸리고 B 기계만으로는 6시간이 걸린다. 처음에 A 기계로 일을 하다가 도중에 A 기계는 멈추고 B 기계만을 이용하여 일을 완성하였다. A 기계로 일한 시간이 B 기계로 일한 시간보다 2시간 길다고 할 때, B 기계로 몇 시간 몇 분 일했는지 구하시오.

Theme 07 ▸ 원가·정가에 대한 문제

(1) (정가)=(원가)+(이익)

(2) (이익)=(판매 가격)-(원가)

(3) 원가가 x원인 물건에 a %의 이익을 붙인 정가

$$\Rightarrow x + \frac{a}{100}x = \left(1 + \frac{a}{100}\right)x(원)$$

(4) 정가가 x원인 물건을 a % 할인한 판매 가격

$$\Rightarrow x - \frac{a}{100}x = \left(1 - \frac{a}{100}\right)x(원)$$

19

어떤 상품의 원가에 15 %의 이익을 붙여 정가를 정했더니 팔리지 않아 정가에서 800원을 할인하여 팔았더니 원가의 10 %의 이익을 얻었다. 이때 이 상품의 원가를 구하시오.

20

원가에 30 %의 이익을 붙여 정가를 정한 후, 정가에서 1300원을 할인하여 팔았더니 한 개를 팔 때마다 2000원의 이익이 생겼다. 마감 세일 때 케이크의 판매 가격을 구하시오.

21

원가가 한 개에 2000원인 상품을 200개 구입하여 30 %의 이익을 붙여 정가를 정하였다. 전체 상품의 60 %는 정가로 팔고, 나머지 40 %는 정가의 x %를 할인하여 모두 팔았더니 전체 판매금이 478400원이 되었다. 이때 x의 값을 구하시오.

Theme 08 ▸ 여러 가지 일차방정식의 활용 문제

일차방정식을 활용하여 문제를 풀 때에는 다음과 같은 순서로 해결한다.

(1) 미지수 정하기: 문제의 뜻을 이해하고, 구하려는 값을 미지수 x로 놓는다.

(2) 방정식 세우기: 문제의 뜻에 맞게 x에 대한 일차방정식을 세운다.

(3) 방정식 풀기: 일차방정식을 푼다.

(4) 확인하기: 구한 해가 문제의 뜻에 맞는지 확인한다.

22

현재 민우와 이모의 나이의 합은 49세이다. 10년 후에 이모의 나이는 민우의 나이의 2배보다 6세 많아진다고 할 때, 현재 민우의 나이를 구하시오.

23

다음 그림과 같이 성냥개비를 이용하여 정삼각형을 만들려고 한다.

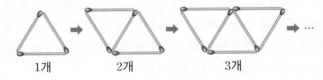

성냥개비 87개를 모두 사용하여 만들 수 있는 정삼각형의 개수를 구하시오.

24

어느 중학교의 작년 전체 학생 수는 2000명이었다. 올해는 작년보다 남학생 수가 10 % 증가하고 여학생 수가 8 % 감소하여 전체 학생 수는 2047명이 되었다. 작년의 남학생 수를 구하시오.

2단계 **Step B** 실력완성문제

01

현재 정연이의 예금액은 50000원, 지호의 예금액은 30000원이다. 다음 달부터 매달 정연이는 20000원씩, 지호는 6000원씩 예금을 한다면 정연이의 예금액이 지호의 예금액의 3배가 되는 것은 몇 개월 후인지 구하시오.
(단, 이자는 생각하지 않는다.)

02

각 자리의 숫자의 합이 19이고, 일의 자리의 수가 백의 자리의 수보다 4만큼 큰 어떤 세 자리 수가 있다. 백의 자리의 수와 일의 자리의 수의 위치를 서로 바꾸어 얻은 새로운 수가 처음 수의 2배보다 82만큼 작다고 할 때, 처음 세 자리 수를 구하시오.

03

어느 베이킹 수업에서 마카롱을 만드는데 선생님은 150개의 마카롱을 만들었고, 윤지는 25개밖에 만들지 못했다. 선생님이 윤지에게 몇 개의 마카롱을 나누어주어 윤지가 가진 마카롱의 개수는 선생님이 가진 마카롱의 개수의 $\frac{3}{4}$배가 되었다. 선생님은 윤지에게 몇 개의 마카롱을 나누어주었는지 구하시오.

04

현재 은행에 예준이는 10000원, 건우는 7000원이 예금되어 있다. 예준이는 매달 $3x$원씩, 건우는 매달 $(4x-800)$원씩 예금할 때, 두 사람의 예금액이 같아지는 것은 6개월 후이다. 예준이와 건우의 매달 예금액을 각각 구하시오. (단, 이자는 생각하지 않는다.)

05

다음은 어느 달의 달력이다. 이 달력에서 ⟩ 모양으로 여섯 개의 숫자를 선택할 때, 선택한 숫자의 합이 131이 되도록 하는 숫자 중 가장 큰 숫자를 구하시오.

일	월	화	수	목	금	토
			1	2	3	4	5	6
7	8	9	10	11	12	13
14	15	16	17	18	19	20
21	22	23	24	25	26	27
28	29	30				

06

오른쪽 그림과 같은 직사각형 ABCD에서 두 점 P, Q가 동시에 꼭짓점 A를 출발하여 점 P는 초속 2 cm로 점 B를 거쳐 점 C까지 움직이고, 점 Q는 초속 3 cm로 점 D와 점 C를 거쳐 점 B까지 움직인다. 두 점 P, Q가 만나는 점을 R라 할 때, 삼각형 ABR의 넓이를 구하시오.

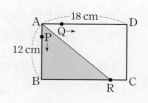

07

둘레의 길이가 1080 m인 호수의 둘레를 수영이와 시은이가 동시에 같은 지점에서 출발하여 서로 같은 방향으로 뛰기 시작하였다. 수영이는 매분 210 m의 속력으로, 시은이는 매분 90 m의 속력으로 뛴다면 두 사람은 출발한 지 몇 분 후에 처음으로 만나게 되는지 구하시오.

08

자동차로 240 km의 거리를 가는데 처음에는 시속 100 km로 달리다가 중간에 시속 80 km로 바꿔 달렸더니 총 2시간 39분이 걸렸다. 시속 80 km로 달린 시간은 몇 시간 몇 분인지 구하시오.

09

소금물 400 g에 물 40 g과 소금 60 g을 더 넣었더니 농도가 처음의 2배가 되었다. 처음 소금물의 농도는?

① 8 %   ② 9 %   ③ 10 %
④ 11 %   ⑤ 12 %

10

농도가 23 %인 소금물을 만들려고 했는데 물을 너무 많이 넣어 농도가 16 %인 소금물 450 g이 되었다. 다시 농도가 23 %인 소금물을 만들기 위해서는 소금을 몇 g 더 넣어야 하는지 구하시오.

11

나은이네 집에서 회사까지의 거리는 5 km이다. 오전 7시 50분에 집에서 출발한 나은이는 시속 4 km로 걷다가 출근 시간에 늦을 것 같아 시속 6 km로 달려 다행히 9시 정각에 도착하였다. 나은이가 시속 6 km로 달린 거리는 몇 km인지 구하시오.

12

일정한 속력으로 달리는 어떤 열차가 길이가 1.2 km인 터널을 완전히 통과하는 데 26초가 걸렸고, 길이가 2.8 km인 터널을 완전히 통과하는 데 46초가 걸렸다. 이 열차의 속력은 초속 몇 m인지 구하시오.

13

어느 강연장에는 6인용 긴 의자들이 놓여 있다. 청중들이 한 의자에 6명씩 빈 자리 없이 앉으면 의자가 3개 남고, 몇 개의 의자에는 6명씩 앉고 몇 개의 의자에는 5명씩 앉으면 남는 의자 없이 모든 청중들이 앉을 수 있다고 한다. 이때 6명씩 앉는 의자의 개수와 5명씩 앉는 의자의 개수의 비가 2 : 3일 때, 청중 수를 구하시오.

14

어느 마트에 A, B, C, D, E 5 종류의 과자가 총 478개 있다. 이 중 개수가 가장 많은 과자를 구하시오.

> ㄱ. A는 B의 개수의 $\frac{1}{2}$배보다 25개만큼 많다.
> ㄴ. C는 D의 개수보다 8개만큼 적다.
> ㄷ. B와 E의 개수의 합은 D의 개수의 2배이다.
> ㄹ. D는 B의 개수의 3배보다 16개만큼 적다.

15

어떤 빈 수족관에 물을 가득 채우는 데 A 수도꼭지로는 3시간, B 수도꼭지로는 1시간이 걸린다. 또 수족관에 가득 채워진 물을 배수구로 완전히 빼는 데에는 2시간이 걸린다. 두 수도꼭지 A, B와 배수구를 동시에 모두 열어 놓았을 때, 빈 수족관에 물을 가득 채우는 데에는 몇 시간 몇 분이 걸리는지 구하시오.

16

성준이네 집과 민주네 집은 2.2 km 떨어져 있다. 성준이와 민주가 각자 자기 집에서 동시에 출발하여 성준이는 매분 240 m의 속력으로, 민주는 매분 320 m의 속력으로 서로의 집을 향하여 가고 있다. 두 사람이 만나기 전까지 성준이는 쉬지 않았고, 민주는 중간에 1분을 쉬었다. 두 사람은 출발한 지 몇 분 몇 초 후에 만나는지 구하시오.

17

어느 동네에 두 찜질방 A, B가 있다. 작년에는 찜질방 A의 요금이 찜질방 B의 요금보다 500원 비쌌는데 올해에는 작년에 비해 각각 20 %, 28 %씩 요금이 올라 두 찜질방의 요금이 같아졌다. 찜질방 B는 작년보다 요금이 얼마나 올랐는지 구하시오.

18 〔서술형〕

어느 손만두 전문점의 사장님은 알바생보다 10분당 40개의 만두를 더 만든다. 사장님은 25분 동안, 알바생은 30분 동안 만두를 만들었을 때, 알바생은 사장님이 만든 만두 개수의 $\frac{2}{3}$만큼을 만들었다. 이때 사장님과 알바생이 함께 50분 동안 만들 수 있는 만두의 개수의 합을 구하시오.

19

어느 요리 자격증 시험에서 응시생의 남녀의 비는 5 : 4, 합격자의 남녀의 비는 11 : 12, 불합격자의 남녀의 비는 7 : 4였다. 합격자 수가 460명일 때, 응시생 수를 구하시오.

20

A 물감은 흰색과 검은색의 비율이 2 : 5이고, B 물감은 흰색과 검은색의 비율이 4 : 3이다. A, B 두 물감을 섞어서 흰색과 검은색의 비율이 2 : 3인 물감 400 g을 만들었을 때, 섞은 B 물감의 양을 구하시오.

21

어떤 상품을 정가대로 판매하면 10개를 팔 때마다 9000원의 이익을 얻는다. 이 상품을 정가에서 10 % 할인하여 60개를 판매하였더니 이익금이 정가에서 300원을 할인하여 40개를 판매하였을 때의 이익금과 같았다. 이 상품의 원가를 구하시오.

22

8시와 9시 사이에 시계의 시침과 분침이 서로 반대 방향으로 일직선을 이루는 시각을 구하시오.

23

미주가 키우는 물고기 거피는 2개월마다 그 수가 20 %씩 늘어난다고 한다. 처음 거피를 산 지 2개월째와 4개월째에 각각 20마리씩 팔았더니 남은 거피의 수가 28마리였다. 미주가 처음에 산 거피의 마릿수를 구하시오.

24

어느 상인이 도매상에서 1개당 2000원인 유리컵을 100개 구입하였고, 운반비로 40000원을 지불하였다. 그런데 운반하던 중 실수로 10개가 파손되어 파손된 유리컵은 팔 수가 없었다. 이 유리컵을 모두 팔아 총 들인 비용의 20 %의 이익을 얻으려면 이 유리컵의 도매 가격에 몇 %의 이익을 붙여서 판매 가격을 정해야 하는지 구하시오.

01 150명의 학생이 어느 자격 시험을 보았는데 60명이 합격하였다. 최저 합격 점수는 150명의 전체 평균보다 3점이 낮았고, 합격자의 평균보다 12점이 낮았다. 또, 불합격자의 평균은 최저 합격 점수의 $\dfrac{2}{3}$ 배보다 4점이 높았다. 이때 최저 합격 점수를 구하시오.

02 A 컵에는 12 %의 소금물 600 g, B 컵에는 20 %의 소금물 400 g이 들어 있다. A 컵에서 소금물 100 g을 덜어 내어 B 컵에 부은 다음, 두 컵 A, B의 소금물의 농도를 같게 만들기 위해 A 컵에 소금 x g을 더 넣었다. 이때 x의 값을 구하시오.

03 사탕이 들어 있는 세 상자 A, B, C가 있다. A 상자에서 사탕의 $\dfrac{1}{7}$을 꺼내어 B 상자에 넣은 후 B 상자에서 $\dfrac{2}{7}$를 꺼내어 C 상자에 넣었더니 세 상자 A, B, C에 들어 있는 사탕의 개수가 각각 120개로 모두 같았다. 처음 C 상자에 들어 있던 사탕의 개수를 구하시오.

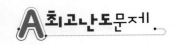

04 성준이가 집에서 3시에 나와 편의점에 다녀온 후 다시 시계를 보니 3시와 4시 사이였고 시계의 시침과 분침이 이루는 작은 쪽의 각의 크기가 100°였다. 이때의 시각을 구하시오.

05 지연이는 배를 타고 시속 20 km의 속력으로 흐르는 곧은 강에서 물이 흐르는 방향으로 출발하고, 명훈이는 자동차를 타고 강 옆의 곧은 도로에서 같은 출발점을 동시에 출발하여 같은 반환점을 돌아 다시 출발점으로 돌아왔다. 배와 자동차의 속력은 시속 50 km로 같고, 명훈이가 지연이보다 12분 먼저 도착하였을 때, 출발점에서 반환점까지의 거리를 구하시오. (단, 반환점에서 도는 시간과 강과 도로의 폭은 생각하지 않는다.)

06 수영, 민호, 동현 3명이 어떤 일을 끝마치는 데 수영이가 혼자서 일할 때 걸리는 시간은 민호와 동현이가 함께 일할 때 걸리는 시간의 3배이고, 민호가 혼자서 일할 때 걸리는 시간은 수영이와 동현이가 함께 일할 때 걸리는 시간의 4배이다. 동현이가 혼자서 일할 때 걸리는 시간은 수영이와 민호가 함께 일할 때 걸리는 시간의 몇 배인지 구하시오.

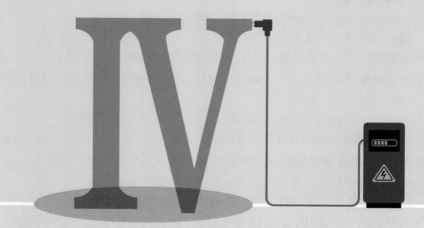

좌표평면과 그래프

01 좌표평면과 그래프

❶ 수직선 위의 점의 좌표

(1) **좌표**: 수직선 위의 한 점이 나타내는 수를 그 점의 좌표라 한다.

(2) 수직선에서 점 P의 좌표가 a일 때, 이것을 기호로 P(a)와 같이 나타낸다.

(3) **원점**: 좌표가 0인 점을 원점이라 하며 기호로 O(0)와 같이 나타낸다.

> **예**
> ```
>       A         O       B
> ─┼──┼──┼───────┼───────┼─
> -2 -1.5 -1      0       1
> ```
> ➡ A(-1.5), O(0), B(1)로 나타낸다.

> 수직선 위의 두 점 A(a), B(b)
> 사이의 거리
> ➡ $|a-b|$

❷ 좌표평면 위의 점의 좌표

(1) **순서쌍**: 순서를 생각하여 두 수를 짝 지어 나타낸 쌍

> 참고 $a \neq b$인 경우 순서쌍 $(a, b) \neq (b, a)$이다.

(2) **좌표평면**: 두 수직선을 점 O에서 수직으로 만나게 그릴 때

① **좌표축**: 가로의 수직선을 x축, 세로의 수직선을 y축이라 하고, x축과 y축을 통틀어 좌표축이라 한다.

② **원점**: 두 좌표축이 만나는 점 O

③ **좌표평면**: 두 좌표축이 그려진 평면

(3) **좌표평면 위의 점의 좌표**: 좌표평면 위의 한 점 P에서 x축, y축에 각각 수선을 내려 이 수선이 x축, y축과 만나는 점이 나타내는 수를 각각 a, b라 할 때, 순서쌍 (a, b)를 점 P의 좌표라 하고, 기호로 P(a, b)와 같이 나타낸다. 이때 a를 점 P의 x좌표, b를 점 P의 y좌표라 한다.

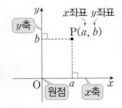

> 원점의 좌표 ➡ $(0, 0)$
> x축 위의 점의 좌표 ➡ (x좌표, 0)
> y축 위의 점의 좌표 ➡ (0, y좌표)

❸ 대칭인 점의 좌표

점 (a, b)와 x축, y축, 원점에 대하여 대칭인 점의 좌표는 다음과 같다.

(1) x축에 대하여 대칭인 점 ➡ $(a, -b)$

(2) y축에 대하여 대칭인 점 ➡ $(-a, b)$

(3) 원점에 대하여 대칭인 점 ➡ $(-a, -b)$

> **예** 점 $(2, 3)$과 x축에 대하여 대칭인 점 ➡ $(2, -3)$
> 점 $(2, 3)$과 y축에 대하여 대칭인 점 ➡ $(-2, 3)$
> 점 $(2, 3)$과 원점에 대하여 대칭인 점 ➡ $(-2, -3)$

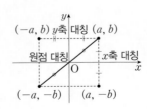

> 어떤 점과 원점에 대하여 대칭인 점은 처음 점을 x축으로 한 번, y축으로 한 번 대칭시킨 점과 같다.

❹ 사분면

(1) **사분면**

좌표평면은 좌표축에 의해 네 부분으로 나누어지고, 이 네 부분을 각각 제1사분면, 제2사분면, 제3사분면, 제4사분면 이라 한다.

(2) 원점과 좌표축 위의 점은 어느 사분면에도 속하지 않는다.

(3) **사분면 위의 점의 x좌표와 y좌표의 부호**

	제1사분면	제2사분면	제3사분면	제4사분면
x좌표의 부호	+	−	−	+
y좌표의 부호	+	+	−	−

점 (a, b)에 대하여
① $a > 0, b > 0 \Rightarrow$ 제1사분면
② $a < 0, b > 0 \Rightarrow$ 제2사분면
③ $a < 0, b < 0 \Rightarrow$ 제3사분면
④ $a > 0, b < 0 \Rightarrow$ 제4사분면

❺ 그래프

(1) **변수**: x, y와 같이 여러 가지로 변하는 값을 나타내는 문자

(2) **그래프**: 두 변수 x, y 사이의 관계를 만족시키는 순서쌍 (x, y)를 좌표평면 위에 그림으로 나타낸 것

> 참고 그래프는 점, 직선, 곡선 등으로 나타낼 수 있다.

(3) **그래프의 이해**

두 변수 사이의 관계를 그래프로 나타내면 두 변수 사이의 관계(증가, 감소, 주기적 변화, 변화의 빠르기 등)를 쉽게 알 수 있다.

① 증가와 감소: 경과 시간 x에 따른 무게를 y라 할 때

➡ 무게가 증가한다. ➡ 무게가 감소한다.

② 변화의 빠르기: 경과 시간 x에 따른 이동 거리를 y라 할 때

➡ 이동 거리가 점점 느리게 증가한다. ➡ 이동 거리가 일정 하게 증가한다. ➡ 이동 거리가 점점 빠르게 증가한다.

변수는 고정된 값이 아닌 변하는 값을 나타내는 문자이다. 변수와 달리 일정한 값을 가진 수나 문자를 상수라 한다.

Theme 01 순서쌍과 좌표

(1) **좌표평면 위의 점의 좌표**
좌표평면 위의 점의 좌표는
(x좌표, y좌표)의 순서쌍으로 나
타낸다.

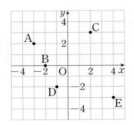

(2) **x축, y축 위의 점의 좌표**
① x축 위의 점의 좌표 ⇨ (x좌표, 0)
② y축 위의 점의 좌표 ⇨ (0, y좌표)

01

두 정수 a, b에 대하여 $|ab|=9$일 때, 순서쌍 (a, b)의
개수를 구하시오.

02

다음 중 오른쪽 좌표평면 위의 다
섯 개의 점 A, B, C, D, E의 좌
표를 기호로 나타낸 것으로 옳지
않은 것은?

① A$(-3, 2)$
② B$(0, -2)$
③ C$(2, 3)$
④ D$(-1, -2)$
⑤ E$(4, -3)$

03

두 순서쌍 $(5a-b, 1+3b)$와 $(2a+b, 4b-2)$가 서로
같을 때, $7a-4b$의 값을 구하시오.

04 서술형

점 $(5a+2b, 4a-5b)$는 x축 위의 점이고,
점 $(12-3b, 7a+b)$는 y축 위의 점이다.
$(2a-1, 3b+2)=(3c, 5d+4)$일 때, $c+d$의 값을 구하
시오.

05

좌표평면 위의 세 점 A$(-4, 3)$, B$(3, 3)$, C$(2, -2)$를
꼭짓점으로 하는 삼각형 ABC의 넓이를 구하시오.

06

오른쪽 그림과 같은 직사각형
ABCD의 네 변 위를 움직이는 점
P(a, b)가 있다. $a-b$의 값 중 가
장 큰 값과 가장 작은 값을 각각
M, m이라 할 때, $M-m$의 값을
구하시오. (단, 직사각형의 네 변은 x축 또는 y축에 평행
하다.)

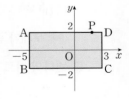

Theme 02 — 사분면

(1) 사분면 위의 점의 좌표의 부호

	제1사분면	제2사분면	제3사분면	제4사분면
x좌표	+	−	−	+
y좌표	+	+	−	−

(2) 어느 사분면에도 속하지 않는 점: 원점, x축 위의 점, y축 위의 점

07

다음 중 옳은 것은?

① 점 $(0, 5)$는 제1사분면 위의 점이다.
② 점 $(0, 0)$은 모든 사분면에 속하는 점이다.
③ 점 $(-5, -3)$은 제3사분면 위의 점이다.
④ 점 $(6, -5)$는 제2사분면 위의 점이다.
⑤ 점 $(-4, 7)$은 제4사분면 위의 점이다.

08

$a>0$, $b<0$일 때, 점 $\left(-\dfrac{a}{b},\ b-a\right)$는 어느 사분면 위의 점인가?

① 어느 사분면에도 속하지 않는다.
② 제1사분면
③ 제2사분면
④ 제3사분면
⑤ 제4사분면

09

$ab<0$, $a-b>0$일 때, 다음 중 제2사분면 위의 점은?

① (a, b)　　　② $(a, -b)$　　　③ $(-a, b)$
④ $(-a, -b)$　　⑤ $(-a, ab)$

10

$a+b<0$, $ab>0$일 때, 점 $(-4a, 5b)$는 어느 사분면 위의 점인지 구하시오.

11

점 $(-a, b)$가 제3사분면 위의 점일 때, 점 $(a-b, -ab)$는 어느 사분면 위의 점인지 구하시오.

12

점 (a, b)는 제2사분면, 점 (c, d)는 제3사분면 위의 점일 때, 보기 중 옳은 것을 골라 그 기호를 쓰시오.

보기

ㄱ 점 $(a+c, bd)$는 제3사분면 위의 점이다.
ㄴ 점 $(b-d, a^2-c)$는 제2사분면 위의 점이다.
ㄷ 점 (ad, bc)는 제4사분면 위의 점이다.
ㄹ 점 $\left(\dfrac{b}{c},\ b+d^2\right)$은 제1사분면 위의 점이다.

Theme 03 대칭인 점의 좌표

점 (a, b)와
(1) x축에 대하여 대칭인 점 ⇨ $(a, -b)$
(2) y축에 대하여 대칭인 점 ⇨ $(-a, b)$
(3) 원점에 대하여 대칭인 점 ⇨ $(-a, -b)$

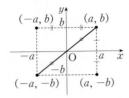

Theme 04 그래프

(1) **변수**: x, y와 같이 여러 가지로 변하는 값을 나타내는 문자
(2) **그래프**: 두 변수 x, y 사이의 관계를 좌표평면 위에 그림으로 나타낸 것
(3) **그래프의 이해**
  ① 두 변수 사이의 증가와 감소 등의 변화를 쉽게 파악할 수 있다.
  ② 두 변수 사이의 변화의 빠르기를 쉽게 파악할 수 있다.

13

좌표평면 위의 두 점 $A(2, -9)$, $B(2a, 3b)$가 x축에 대하여 대칭일 때, $a+b$의 값을 구하시오.

14

좌표평면 위의 두 점 $A(3a+2, 5)$, $B(a, 2b-1)$이 y축에 대하여 대칭일 때, ab의 값을 구하시오.

15 서술형

좌표평면 위의 두 점 $A(2a-3, 3)$, $B(1, 2-5b)$가 원점에 대하여 대칭일 때, $3a-2b$의 값을 구하시오.

16

오른쪽 그림은 물을 끓이기 시작한 지 x분 후의 물의 온도를 y °C라고 할 때, x와 y 사이의 관계를 나타낸 그래프이다. 물의 온도가 40 °C에서 70 °C가 될 때까지 걸린 시간을 구하시오.

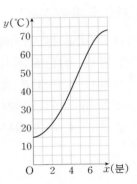

17

다음 그림과 같이 모양과 크기가 다른 세 물병에 일정한 속력으로 물을 넣을 때, 경과 시간 x분에 따른 물병에 담긴 물의 높이를 y cm라 하자. 각 물병에 해당하는 그래프를 보기 에서 골라 기호를 쓰시오.

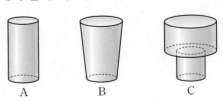

보기

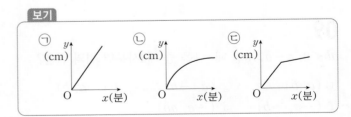

18

다음 그래프는 5 km 마라톤 경기에 참가한 한경, 수아, 윤종 세 사람이 달린 거리를 시간에 따라 나타낸 것이다. **보기**의 설명 중에서 옳은 것을 모두 고른 것은?

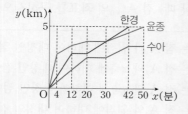

보기

ㄱ. 0분에서 12분까지 한경－윤종－수아의 순으로 달렸다.
ㄴ. 세 사람은 모두 끝까지 완주하였다.
ㄷ. 한경이는 윤종이보다 8분 빨리 결승점에 도착하였다.
ㄹ. 한경이와 윤종이는 출발한 지 30분만에 만났다.
ㅁ. 수아는 윤종이보다 8분 빨리 결승점에 도착하였다.

① ㄱ, ㄴ ② ㄱ, ㄷ
③ ㄴ, ㄷ ④ ㄷ, ㄹ
⑤ ㄷ, ㄹ, ㅁ

19

오른쪽 그림과 같은 직사각형 ABCD에서 점 P는 점 B를 출발하여 점 C까지 시계 방향으로 직사각형의 변 위를 일정한 속력으로 움직인다. 점 P가 이동한 시간 x와 삼각형 PBC의 넓이를 y라 할 때, x와 y 사이의 관계를 나타낸 그래프로 적당한 것은?

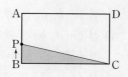

① 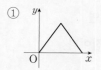 ②   ③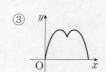

④   ⑤

20

다음 상황에 알맞은 그래프는?

윤지는 데이터를 사용하여 게임을 하다 데이터가 얼마 남지 않아서 게임을 종료했다. 한참 후 친구에게 데이터를 선물 받아 다시 게임을 하다가 결국 데이터를 다 써버렸다.

①  ②   ③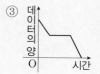

④   ⑤

21

지우네 가족은 자동차를 타고 외갓집을 방문했다. 오른쪽은 외갓집까지 가는데 걸린 시간을 x시간, 이동한 거리를 y km라 할 때, x와 y 사이의 관계를 나타낸 그래프이다. 오전 11시에 집에서 출발하여 중간에 휴게소에 들러 잠시 쉬었다가 다시 출발했을 때, 다음 중 옳지 <u>않은</u> 것은?

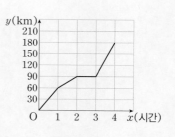

① 집에서 외갓집까지 가는데 총 4시간 걸렸다.
② 집에서 외갓집까지 가는데 이동한 거리는 180 km이다.
③ 집에서 출발 후 처음 1시간 동안의 자동차의 속력은 시속 60 km이다.
④ 휴게소에서 오후 2시부터 오후 3시까지 쉬었다.
⑤ 오후 2시부터 3시까지는 90 km를 이동했다.

01

점 $(3a, -9)$와 x축에 대하여 대칭인 점을 A,
점 $(6, 2b)$와 y축에 대하여 대칭인 점을 B라 하자. 두 점 A, B가 일치할 때, ab의 값을 구하시오.

02

두 점 $A(8a-7, 9-3b)$, $B(5-2a, 5b-3)$이 각각 x축, y축 위에 있다. 점 C는 점 A와 x좌표가 같고, 점 B와 y좌표가 같을 때, 점 C의 좌표를 구하시오.

03

점 $(x-10, x-16)$이 제4사분면 위에 있도록 하는 자연수 x의 값을 모두 구하시오.

04

점 $A_1(-2, 5)$에 대하여 다음과 같은 과정을 계속하여 점 A_n을 정할 때, 점 A_{2030}의 좌표를 구하시오.

> ㄱ. 점 A_2는 점 A_1과 원점에 대하여 대칭인 점이다.
> ㄴ. 점 A_3은 점 A_2와 x축에 대하여 대칭인 점이다.
> ㄷ. 점 A_4는 점 A_3과 y축에 대하여 대칭인 점이다.
> ㄹ. 점 A_5는 점 A_4와 원점에 대하여 대칭인 점이다.
> ㅁ. 점 A_6은 점 A_5와 x축에 대하여 대칭인 점이다.
> ㅂ. 점 A_7은 점 A_6과 y축에 대하여 대칭인 점이다.
> ⋮

05

다음 중 옳지 <u>않은</u> 것은?

① 점 (a, b)가 제2사분면 위의 점이면
   점 $(-b, a)$는 제3사분면 위의 점이다.
② 점 $(-a, b)$가 제3사분면 위의 점이면
   점 $(ab, a-b)$는 제1사분면 위의 점이다.
③ 점 $(a, -b)$가 제1사분면 위의 점이면
   점 $\left(b-a, -\dfrac{b}{a}\right)$는 제2사분면 위의 점이다.
④ 점 $(-a, -b)$가 제4사분면 위의 점이면
   점 $(-ab, a-b)$는 제4사분면 위의 점이다.
⑤ 점 $(ab, -a)$가 제4사분면 위의 점이면
   점 $\left(a+b, -\dfrac{b}{a}\right)$는 제4사분면 위의 점이다.

06

두 자동차 A, B가 출발한 지 x 분 후의 출발점으로부터 떨어진 거리를 y km라 하고 x와 y 사이의 관계를 그래프로 나타내면 오른쪽 그림과 같다. 같은 지점에서 출발하여 240 km 떨어진 곳에 동시에 도착하려면 자동차 B가 자동차 A보다 몇 분 먼저 출발해야 하는지 구하시오. (단, 출발점에서 도착점까지 직선으로 이동한다.)

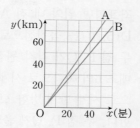

07

좌표평면 위의 네 점 A$(-1, 3)$, B$(-3, -1)$, C$(3, -1)$, D$(2, 3)$을 꼭짓점으로 하는 사각형 ABCD의 넓이를 구하시오.

08 서술형

두 점 A$(5a-2, 3b+12)$, B$(8-2a, 5-4b)$가 y축에 대하여 대칭일 때, 점 $(3a+1, 5-2b)$는 어느 사분면 위의 점인지 구하시오.

09

세 점 A$(-5, 6)$, B$(a, 6)$, C$(-5, b)$에 대하여 점 B는 제1사분면 위에 있고, 점 C는 제3사분면 위에 있다. 선분 AB의 길이는 8이고, 선분 AC의 길이는 10일 때, $a+b$의 값을 구하시오.

10

점 $\left(\dfrac{a}{b}, a-b\right)$가 제2사분면 위의 점일 때, 다음 중 제4사분면 위의 점은?

① $(a, -b)$ ② $(-a, b)$ ③ $(-a+b, a^2)$
④ $(-a^2, b^2)$ ⑤ $(ab^2, -a)$

11 서술형

점 $(a+b, -ab)$는 제2사분면 위의 점이고, $|a| > |b|$이다. 이때 점 $(-a^2+b^2, ab^3)$은 어느 사분면 위의 점인지 구하시오.

12

선희가 180 m 떨어진 지점까지 뛰어갈 때 출발한 지 x초 후의 출발점으로부터 떨어진 거리를 y m라 하자. x와 y 사이의 관계를 그래프로 나타내면 다음 그림과 같을 때, 선희의 평균 속력을 구하시오.

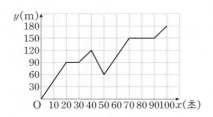

13

다음은 어느 공장에서 두 기계 A, B를 x분 동안 가동하여 각각 생산하는 제품의 양을 y개라 할 때, x와 y 사이의 관계를 나타낸 그래프이다. 다음 중 옳은 것은?

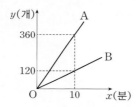

① 두 기계 A, B가 시간당 생산하는 제품의 양은 같다.
② 같은 양의 제품을 생산하는 데 걸리는 시간은 기계 A 가 기계 B의 3배이다.
③ 두 기계의 제품 생산량의 차이는 일정하다.
④ 두 기계를 동시에 가동하면 1분에 48개의 제품을 생산 할 수 있다.
⑤ 기계를 가동한지 20분이 되었을 때, 제품 생산량의 차 이는 360개이다.

14

좌표평면 위의 네 점 A(-3, 0), B(-3, 4), C(5, 4), D(5, 0)을 꼭짓점으로 하는 직사각형 ABCD가 있다. 두 점 P, Q가 각각 원점 O에서 동시에 출발하여 점 P는 매초 6의 속력으로 시계 방향으로, 점 Q는 매초 4의 속력 으로 시계 반대 방향으로 직사각형의 변 위를 움직인다고 한다. 두 점 P, Q가 출발 후 세 번째로 원점에서 다시 만 나는 것은 원점 O를 출발한 지 몇 초 후인지 구하시오.

15

점 A(a, b)와 점 B가 x축에 대하여 대칭이고, 점 C와 점 A는 y축에 대하여 대칭이며, 점 D와 점 A는 원점에 대하여 대칭이다. 네 점 A, B, C, D를 꼭짓점으로 하는 사각형의 둘레의 길이가 20이 되도록 하는 두 정수 a, b 의 순서쌍 (a, b)는 모두 몇 개인지 구하시오.

16

점 A(a, $-b$)는 제3사분면 위의 점이고, 점 B(c, d)는 제4사분면 위의 점일 때, 다음 중 옳지 않은 것은?

① $\dfrac{c}{a} < 0$ ② $bd < 0$ ③ $a^2 + c > 0$
④ $a - c > 0$ ⑤ $b^2 - d > 0$

17

좌표평면 위의 세 점 A(1, 3), B(−4, −1), C(2, −2)를 꼭짓점으로 하는 삼각형 ABC의 넓이를 구하시오.

18

$ab>0$이고 $a-b<0$, $|a|>|b|$일 때, 점 $\left(a-ab, \dfrac{b}{a}-1\right)$은 어느 사분면 위의 점인지 구하시오.

19

좌표평면 위의 네 점 A, B, C, D가 다음을 만족할 때, 사각형 ABCD의 넓이를 구하시오.

ㄱ. A(−4, 6), C(5, −3)
ㄴ. 점 B는 점 A와 원점에 대하여 대칭이다.
ㄷ. 점 D는 점 C와 x축에 대하여 대칭이다.

20

어느 빈 물통에 A, B 두 수도를 사용하여 물을 넣는데 처음 4분 동안은 B 수도만을 사용하고, 그 후에는 A, B 수도를 모두 사용하여 물을 넣는다. 다음 그래프는 빈 물통에 물을 넣기 시작한 지 x분 후에 물통에 들어 있는 물의 양 y L 사이의 관계를 나타낸 그래프의 일부이다. 3 L 들이의 빈 물통을 A 수도만을 사용하여 채우면 몇 분이 걸리겠는지 구하시오.

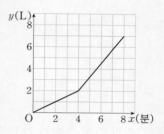

21 서술형

다음 그림은 관람차에 탑승한 지 x분 후 지면으로부터의 높이 y m 사이의 관계를 그래프로 나타낸 것이다. 이 관람차가 한 바퀴 도는 동안 지면으로부터 50 m 이상의 높이에 있는 시간을 a분, 관람차가 1시간 20분 동안 도는 바퀴수를 b바퀴라 할 때, ab의 값을 구하시오.

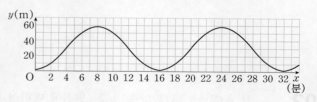

01 오른쪽 그림은 민준이가 집에서 2 km 떨어진 영화관까지 자전거로 갈 때, 이동 시간 x분과 이동 거리 y m 사이의 관계를 나타낸 그래프이다. 민준이는 영화관에 가는 도중 통화를 위해 a번 멈췄고 통화 시간은 총 b분간이었다. 민준이가 자전거를 타고 가장 빨리 움직인 것은 c분과 d분 사이일 때, $a+b+c-d$의 값을 구하시오. (단, $c<d$)

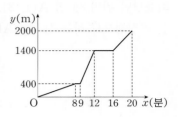

02 왼쪽 그림과 같이 높이가 같고 모양이 다른 그릇 Ⅰ, Ⅱ, Ⅲ, Ⅳ에 시간당 일정한 양의 물을 넣으려고 한다. 경과 시간 x분에 따른 물의 높이를 y cm라 할 때, x와 y 사이의 관계를 나타낸 그래프가 오른쪽과 같다. 각 그릇에 해당하는 그래프를 찾아 그 기호를 쓰시오.

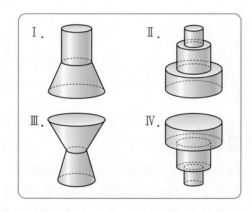

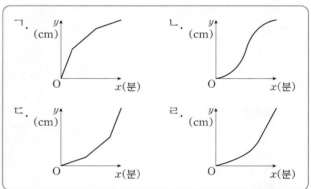

03 점 A$(2-a, 3)$과 x축, y축, 원점에 대하여 대칭인 점을 각각 B, C, D라 하자. 이때 삼각형 BCD의 넓이가 18이 되도록 하는 모든 a의 값의 곱을 구하시오. (단, $a \neq 2$)

02 정비례와 반비례

❶ 정비례 관계

(1) **정비례**: 두 변수 x, y에 대하여 x의 값이 2배, 3배, 4배, …로 변함에 따라 y의 값도 2배, 3배, 4배, …로 변하는 관계가 있을 때, y는 x에 정비례한다고 한다.

(2) y가 x에 정비례하면 $y=ax(a\neq0)$가 성립한다.
또, x와 y 사이에 $y=ax(a\neq0)$가 성립하면 y는 x에 정비례한다.

(3) 정비례 관계의 예시
① 일정한 속력으로 갈 때의 시간과 거리 사이의 관계
② 농도가 일정한 소금물의 양과 그 안에 녹아 있는 소금의 양
③ 일정한 가격의 물건의 구입 개수와 총 가격

참고 $y=ax+b(a\neq0, b\neq0)$는 정비례 관계가 아니다.

> y가 x에 정비례할 때, x에 대한 y의 비율 $\frac{y}{x}$는 일정하다.

❷ 정비례 관계 $y=ax$의 그래프

x의 값이 모든 수일 때, 정비례 관계 $y=ax(a\neq0)$의 그래프는 원점을 지나는 직선이다.

> 정비례 관계 $y=ax(a\neq0)$의 그래프에서 특별한 말이 없으면 x의 값의 범위는 수 전체로 생각한다.

	$a>0$일 때	$a<0$일 때
그래프		
그래프의 모양	원점을 지나고 오른쪽 위로 향하는 직선	원점을 지나고 오른쪽 아래로 향하는 직선
지나는 사분면	제1사분면, 제3사분면	제2사분면, 제4사분면
증가·감소	x의 값이 증가하면 y의 값도 증가	x의 값이 증가하면 y의 값은 감소

참고 정비례 관계 $y=ax(a\neq0)$의 그래프는 a의 절댓값이 클수록 y축에 가깝고, a의 절댓값이 작을수록 x축에 가깝다.

❸ 반비례 관계

(1) **반비례**: 두 변수 x, y에 대하여 x의 값이 2배, 3배, 4배, …로 변함에 따라 y의 값은 $\frac{1}{2}$배, $\frac{1}{3}$배, $\frac{1}{4}$배, …로 변하는 관계가 있을 때, y는 x에 반비례한다고 한다.

(2) y가 x에 반비례하면 $y=\frac{a}{x}(a\neq0)$가 성립한다.
또, x와 y 사이에 $y=\frac{a}{x}(a\neq0)$가 성립하면 y는 x에 반비례한다.

> y가 x에 반비례할 때, x와 y의 곱 xy는 일정하다.

(3) 반비례 관계의 예시
① 넓이가 일정한 삼각형의 높이와 밑변의 길이 사이의 관계
② 넓이가 일정한 직사각형의 가로와 세로의 길이 사이의 관계
③ 일정한 거리를 갈 때의 속력과 시간 사이의 관계

④ 반비례 관계 $y = \dfrac{a}{x}$의 그래프

x의 값이 0이 아닌 모든 수일 때, 반비례 관계 $y = \dfrac{a}{x}(a \neq 0)$의 그래프는 원점에 대칭인 한 쌍의 매끄러운 곡선이다.

	$a > 0$일 때	$a < 0$일 때
그래프		
그래프의 모양	좌표축에 가까워지면서 한없이 뻗어 나가는 한 쌍의 매끄러운 곡선	
지나는 사분면	제1사분면, 제3사분면	제2사분면, 제4사분면
증가·감소	각 사분면에서 x의 값이 증가하면 y의 값은 감소	각 사분면에서 x의 값이 증가하면 y의 값도 증가

참고 반비례 관계 $y = \dfrac{a}{x}(a \neq 0)$의 그래프는 a의 절댓값이 클수록 원점에서 멀어지고, a의 절댓값이 작을수록 원점에 가까워진다.

⑤ 정비례 관계의 그래프와 반비례 관계의 그래프가 만나는 점

(1) 정비례 관계 $y = ax(a \neq 0)$의 그래프와 반비례 관계 $y = \dfrac{b}{x}(b \neq 0)$의 그래프가 만나는 점의 개수

	$a > 0,\ b > 0$일 때	$a > 0,\ b < 0$일 때
그래프		
만나는 점의 개수	2개	0개
	$a < 0,\ b > 0$일 때	$a < 0,\ b < 0$일 때
그래프		
만나는 점의 개수	0개	2개

(2) 정비례 관계 $y = ax(a \neq 0)$의 그래프와 반비례 관계 $y = \dfrac{b}{x}(b \neq 0)$의 그래프가 점 (m, n)에서 만난다.

➡ $y = ax$, $y = \dfrac{b}{x}$에 $x = m$, $y = n$을 대입하면 등식이 성립한다.

반비례 관계 $y = \dfrac{a}{x}(a \neq 0)$의 그래프에서 특별한 말이 없으면 x의 값의 범위는 0을 제외한 수 전체로 생각한다.

1단계 Step C 주제별필수문제

Theme 01 정비례 관계

y가 x에 정비례한다.

(1) x의 값이 2배, 3배, 4배, …로 변함에 따라 y의 값도 2배, 3배, 4배, …로 변한다.

(2) $y=ax(a\neq0)$에서 $\dfrac{y}{x}=a$

01

다음 중 y가 x에 정비례하는 것은?

① $y=-\dfrac{x}{5}+2$ ② $y=3x+2$ ③ $\dfrac{x}{y}=\dfrac{2}{5}$

④ $xy=20$ ⑤ $x=y+1$

02

다음 중 y가 x에 정비례하는 것을 모두 고르면?

(정답 2개)

① 시속 x km로 80 km를 달릴 때 걸리는 시간 y시간
② 한 상자에 초콜릿이 5개씩 든 상자가 x상자 있을 때, 먹을 수 있는 초콜릿의 개수 y개
③ 둘레의 길이가 $4x$ cm인 정사각형의 넓이 y cm^2
④ x %의 소금물 500 g에 들어 있는 소금의 양 y g
⑤ 한 권에 1000원인 노트를 x권 사고 10000원을 낼 때 거슬러 받는 돈 y원

03 서술형

y가 x에 정비례하고, x와 y 사이의 관계가 다음 표와 같을 때, $A+B-C$의 값을 구하시오.

x	A	-1	2	3
y	-2	B	C	2

Theme 02 정비례 관계 $y=ax\,(a\neq0)$의 그래프

(1) 원점을 지나는 직선이다.
(2) $a>0$일 때, 제1사분면과 제3사분면을 지난다.
   $a<0$일 때, 제2사분면과 제4사분면을 지난다.

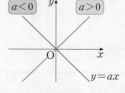

참고 정비례 관계 $y=ax(a\neq0)$의 그래프는 $|a|$가 작을수록 x축에 가까워지고, $|a|$가 클수록 y축에 가까워진다.

04

다음 보기에서 정비례 관계 $y=-\dfrac{3}{5}x$의 그래프에 대한 설명으로 옳은 것을 골라 그 기호를 쓰시오.

보기

㉠ 점 $(-5,\ -3)$을 지난다.
㉡ 제2사분면과 제4사분면을 지난다.
㉢ x의 값이 증가하면 y의 값은 감소한다.
㉣ 정비례 관계 $y=x$의 그래프보다 y축에 더 가깝다.

05

정비례 관계 $y=ax$의 그래프가 점 $(9,\ -6)$을 지날 때, 다음 중 이 그래프 위의 점이 아닌 것은? (단, a는 상수)

① $(-3,\ 2)$ ② $(-6,\ 4)$ ③ $\left(4,\ -\dfrac{3}{4}\right)$

④ $(12,\ -8)$ ⑤ $(15,\ -10)$

06

정비례 관계 $y=ax$의 그래프가 세 점 $(6,\ b)$, $(-15,\ -10)$, $(c,\ -6)$을 지날 때, abc의 값을 구하시오. (단, a는 상수)

Theme 03 반비례 관계

y가 x에 반비례한다.

(1) x의 값이 2배, 3배, 4배, …로 변함에 따라 y의 값은 $\frac{1}{2}$ 배, $\frac{1}{3}$ 배, $\frac{1}{4}$ 배, …로 변한다.

(2) $y=\dfrac{a}{x}\,(a\neq 0)$에서 $xy=a$

07

x의 값이 2배, 3배, 4배, …가 될 때, y의 값은 $\frac{1}{2}$ 배, $\frac{1}{3}$ 배, $\frac{1}{4}$ 배, …가 되고 $x=6$일 때, $y=4$이다. $x=-8$일 때, y의 값을 구하시오.

08

다음 중 y가 x에 반비례하는 것은?

① 1개에 1500원인 아이스크림 x개의 가격은 y원이다.

② 가로의 길이가 x cm, 세로의 길이가 y cm인 직사각형의 둘레는 40 cm이다.

③ 넓이가 100 m²인 종이를 x m² 사용하고 남은 종이의 넓이는 y m²이다.

④ 하루 중 낮의 길이가 x시간일 때, 밤의 길이는 y시간이다.

⑤ 시속 x km로 y시간 동안 달린 거리는 14 km이다.

09 서술형

매분 2 L씩 물을 넣으면 10분 만에 가득 차는 물통이 있다. 이 물통이 비어 있을 때, 매분 80 mL씩 물을 채우면 물이 가득 찰 때까지 몇 시간 몇 분이 걸리겠는지 구하시오.

Theme 04 반비례 관계 $y=\dfrac{a}{x}\,(a\neq 0)$의 그래프

(1) 원점에 대하여 대칭이고, 좌표축에 한없이 가까워지는 한 쌍의 매끄러운 곡선이다.

(2) $a>0$일 때, 제1사분면과 제3사분면을 지난다.

$a<0$일 때, 제2사분면과 제4사분면을 지난다.

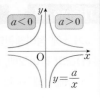

참고 반비례 관계 $y=\dfrac{a}{x}\,(a\neq 0)$의 그래프는 $|a|$가 클수록 원점에서 멀어지고, $|a|$가 작을수록 원점에 가까워진다.

10

다음 그래프 중 $x<0$일 때, x의 값이 증가하면 y의 값도 증가하는 것을 모두 고르면? (정답 2개)

① $y=-\dfrac{1}{9}x$ ② $y=\dfrac{1}{12}x$ ③ $y=\dfrac{8}{x}$

④ $y=-\dfrac{10}{x}$ ⑤ $y=-15x$

11

반비례 관계 $xy=-12$의 그래프에 대한 설명으로 옳지 않은 것은?

① 원점에 대하여 대칭인 한 쌍의 곡선이다.

② 점 $(2,\ -24)$를 지난다.

③ 제2사분면과 제4사분면을 지난다.

④ x축, y축과 만나지 않는다.

⑤ 각 사분면에서 x의 값이 증가하면 y의 값도 증가한다.

12

반비례 관계 $y=\dfrac{1}{ax}$의 그래프가 세 점 $(b,\ 9)$, $(6,\ 6)$, $(-3,\ c)$를 지날 때, abc의 값을 구하시오. (단, a는 상수)

Theme 05 — $y=ax$, $y=\dfrac{b}{x}$의 그래프의 교점

정비례 관계 $y=ax(a\neq0)$, 반비례 관계 $y=\dfrac{b}{x}(b\neq0)$의 두 그래프가 점 (p, q)에서 만날 때,

⇨ 점 (p, q)는 $y=ax$의 그래프 위의 점인 동시에 $y=\dfrac{b}{x}$의 그래프 위의 점이므로 $y=ax$, $y=\dfrac{b}{x}$에 $x=p$, $y=q$를 각각 대입하여 a, b의 값을 구한다.

13

오른쪽 그림은 정비례 관계 $y=\dfrac{4}{3}x$의 그래프와 반비례 관계 $y=\dfrac{a}{x}$의 그래프이다. 두 그래프가 점 P(b, 8)에서 만날 때, $a+b$의 값을 구하시오.

(단, a는 상수)

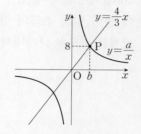

14

오른쪽 그림과 같이 정비례 관계 $y=-4x$의 그래프와 반비례 관계 $y=\dfrac{a}{x}$의 그래프가 점 P에서 만난다. 점 P의 x좌표가 -3일 때, 상수 a의 값을 구하시오.

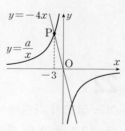

Theme 06 — 그래프가 주어질 때 식 구하기

(1) 그래프가 원점을 지나는 직선일 때
그래프의 식을 $y=ax(a\neq0)$라 하고 그래프가 지나는 원점이 아닌 점의 좌표를 대입하여 a의 값을 구한다.

(2) 그래프가 원점에 대하여 대칭이고 좌표축에 가까워지면서 한없이 뻗어 나가는 한 쌍의 곡선일 때
그래프의 식을 $y=\dfrac{a}{x}(a\neq0)$라 하고 그래프가 지나는 점의 좌표를 대입하여 a의 값을 구한다.

15

오른쪽 그래프가 나타내는 x와 y 사이의 관계를 식으로 나타내시오.

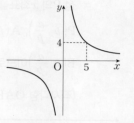

16

오른쪽 그림에서 ①, ②는 점 $(-3, 5)$에서 만나는 정비례 관계의 그래프와 반비례 관계의 그래프이다. ①, ②가 나타내는 식을 각각 구하시오.

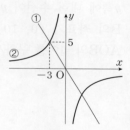

17 서술형

오른쪽 그림과 같은 그래프에서 m의 값을 구하시오.

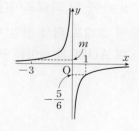

(1) 점 P가 정비례 관계 $y=ax$ $(a\neq0)$의 그래프 위의 점일 때, 삼각형 POQ의 넓이 구하기
⇨ 점 P의 x좌표를 p라 하면
P$(p,\ ap)$, Q$(p,\ 0)$이므로
(삼각형 POQ의 넓이)$=\dfrac{1}{2}\times|p|\times|ap|$

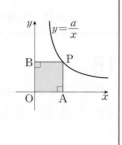

(2) 점 P가 반비례 관계 $y=\dfrac{a}{x}$ $(a>0)$의 그래프 위의 점일 때, 직사각형 OAPB의 넓이 구하기
⇨ 점 P의 x좌표를 p라 하면
P$\left(p,\ \dfrac{a}{p}\right)$, A$(p,\ 0)$,
B$\left(0,\ \dfrac{a}{p}\right)$이므로
(직사각형 OAPB의 넓이)$=|p|\times\left|\dfrac{a}{p}\right|=|a|$

18

오른쪽 그림과 같이 정비례 관계 $y=\dfrac{5}{2}x$의 그래프 위의 한 점 A에서 y축에 내린 수선이 y축과 만나는 점 B의 좌표가 $(0,\ 10)$일 때, 삼각형 AOB의 넓이를 구하시오.

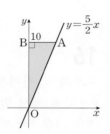

19

오른쪽 그림은 반비례 관계 $y=\dfrac{15}{x}$의 그래프이다. 점 C는 이 그래프 위의 점일 때, 직사각형 AOBC의 넓이를 구하시오.

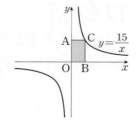

(1) 정비례 관계의 활용
① x와 y 사이의 관계를 $y=ax(a\neq0)$로 나타낸다.
② ①의 식에 주어진 조건을 대입하여 필요한 값을 구한다.

(2) 반비례 관계의 활용
① x와 y 사이의 관계를 $y=\dfrac{a}{x}(a\neq0)$로 나타낸다.
② ①의 식에 주어진 조건을 대입하여 필요한 값을 구한다.

20

400 g의 소금물에 소금 80 g이 들어 있다. 이 소금물 x g에 들어 있는 소금의 양을 y g이라 할 때, x와 y 사이의 관계를 식으로 나타내시오.

21

일정한 온도에서 기체의 부피 x cm³는 압력 y기압에 반비례한다. 어떤 기체의 부피가 15 cm³일 때, 압력은 4기압이었다. 같은 온도에서 압력이 6기압일 때, 이 기체의 부피는 몇 cm³인지 구하시오.

22

어느 닭꼬치 가게에서는 매분 일정한 양의 닭꼬치를 굽는다. 12분 동안 96개의 닭꼬치를 굽는다고 할 때, 이 가게에서 1시간 동안 굽는 닭꼬치는 모두 몇 개인지 구하시오.

01

상수 a, b에 대하여 정비례 관계 $y=ax$의 그래프와 반비례 관계 $y=\dfrac{b}{x}$의 그래프가 오른쪽 그림과 같을 때, 다음 중 옳지 <u>않은</u> 것을 모두 고르면? (정답 2개)

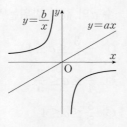

① $y=-\dfrac{1}{a}x$의 그래프는 제2사분면을 지난다.

② a의 값이 클수록 그래프는 x축에 가깝다.

③ $a>0$, $b<0$이다.

④ $y=-bx$의 그래프는 제3사분면을 지난다.

⑤ $y=\dfrac{5b}{x}$의 그래프는 $y=\dfrac{b}{x}$의 그래프보다 원점에 가깝다.

02

오른쪽 (1)~(4)의 그래프에 알맞은 식을 보기에서 골라 각각 짝 지으시오.

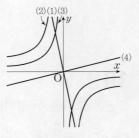

보기

㉠ $y=\dfrac{1}{4}x$ ㉡ $y=-5x$ ㉢ $y=\dfrac{6}{x}$

㉣ $y=\dfrac{5}{x}$ ㉤ $y=-\dfrac{5}{x}$ ㉥ $y=-\dfrac{6}{x}$

03

정비례 관계 $y=ax$, $y=bx$, $y=cx$, $y=dx$의 그래프가 오른쪽 그림과 같다. 이때 상수 a, b, c, d의 대소 관계를 부등호를 사용하여 나타내시오.

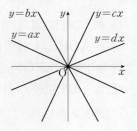

04

좌표평면에서 세 점 $O(0, 0)$, $A(-3, 9)$, $B(4, m)$이 한 직선 위에 있을 때, m의 값은?

① -12 ② -8 ③ -4

④ 8 ⑤ 12

05

오른쪽 그림은 반비례 관계의 그래프의 일부를 나타낸 것이다. 이 그래프 위의 두 점 $A(3, a)$, $B(6, b)$에 대하여 $a-b=4$일 때, $a+b$의 값은?

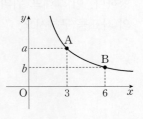

① 11 ② 12 ③ 13

④ 14 ⑤ 15

06

오른쪽 그림은 반비례 관계 $y=\dfrac{a}{x}$의 그래프이고 두 점 C, E 는 이 그래프 위의 점이다. 직사 각형 AOBC의 넓이는 20이고, 직사각형 DEFO의 넓이는 b일 때, $a+b$의 값을 구하시오.

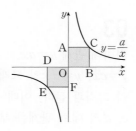

07 서술형

오른쪽 그림은 반비례 관계 $y=\dfrac{a}{x}$의 그래프이다. 두 점 A와 C는 이 그래프 위의 점으로 원점 에 대하여 서로 대칭이다. 직사각 형 ABCD의 넓이는 80이고, 직 사각형의 모든 변은 좌표축에 평 행하다. 이 그래프 위의 한 점 E의 x좌표가 5일 때, 점 E 의 좌표를 구하시오.

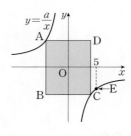

08

좌표평면 위의 두 점 A$(-4, 3)$, B$(-2, 8)$에 대하여 정비례 관계 $y=ax$의 그래프가 선분 AB와 만날 때, 상 수 a의 값의 범위는?

① $-\dfrac{3}{5}\leq a\leq 4$ ② $-\dfrac{3}{5}\leq a\leq \dfrac{1}{4}$

③ $\dfrac{1}{4}\leq a\leq \dfrac{3}{5}$ ④ $-4\leq a\leq -\dfrac{3}{4}$

⑤ $\dfrac{3}{5}\leq a\leq 4$

09

x의 값의 범위가 $a\leq x\leq 8$일 때, 반비례 관계 $y=\dfrac{4}{x}$의 y 의 값의 범위는 $b\leq y\leq 4$이다. 양수 a, b에 대하여 $a-b$ 의 값을 구하시오.

10

오른쪽 그림은 두 정비례 관계 $y=3x$, $y=\dfrac{3}{4}x$의 그래프이다. 정 비례 관계 $y=3x$의 그래프 위의 점 A와 정비례 관계 $y=\dfrac{3}{4}x$의 그 래프 위의 점 B의 y좌표가 모두 6 일 때, 삼각형 AOB의 넓이를 구하시오.

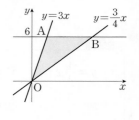

11 서술형

톱니 수의 비가 12 : 13인 두 톱니바퀴 A, B가 서로 맞물려 돌고 있다. 1분 동안 톱니바퀴 A가 x번 회전하면 톱니바퀴 B는 y번 회전한다고 한다. x와 y 사이의 관계를 식으로 나타내고, 톱니바퀴 A가 52번 회전할 때 톱니바퀴 B는 몇 번 회전하는지 구하시오.

12

오른쪽 그림은 정비례 관계 $y=ax$의 그래프와 반비례 관계 $y=\dfrac{b}{x}(x>0)$의 그래프이다. y좌표가 4인 점에서 두 그래프가 만날 때, ab의 값을 구하시오.

(단, a, b는 상수)

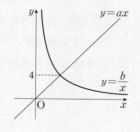

13

오른쪽 그림과 같이 정비례 관계 $y=ax$의 그래프와 반비례 관계 $y=\dfrac{3}{x}(x>0)$, $y=\dfrac{b}{x}(x>0)$의 그래프가 각각 x좌표가 m, n인 두 점 M, N에서 만난다. $n=3m$일 때, 상수 b의 값을 구하시오.

(단, a는 상수)

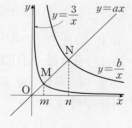

14 서술형

오른쪽 그림과 같이 세 점 O(0, 0), A(0, 8), B(20, 0)을 꼭짓점으로 하는 삼각형 AOB가 있다. 정비례 관계 $y=ax$의 그래프가 삼각형 AOB의 넓이를 이등분할 때, 상수 a의 값을 구하시오.

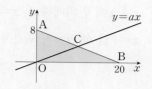

15

삼촌과 형은 2 km 떨어진 곳까지 각자 전동킥보드를 타고 가기로 하였다. 오른쪽 그림은 두 사람이 동시에 출발하여 걸린 시간 x분과 이동한 거리 y m 사이의 관계를 그래프로 나타낸 것이다. 삼촌이 도착하고 몇 분이 지나야 형이 도착하는지 구하시오.

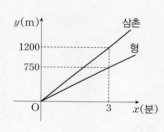

16

y가 x에 반비례하고, $x=9$일 때 $y=p$, $x=6$일 때 $y=q$, $x=r$일 때 $y=\dfrac{p}{4}+\dfrac{q}{3}$이다. 이때 $2r-4$의 값을 구하시오.

17

오른쪽 그림은 점 $A(5, 2)$를 지나는 반비례 관계 $y=\dfrac{a}{x}\,(x>0)$의 그래프이다. 이때 경계선을 제외한 색칠한 부분에서 x좌표, y좌표가 모두 정수인 점의 개수를 구하시오. (단, a는 상수)

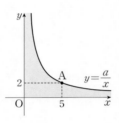

18

오른쪽 그림에서 정사각형 ABCD의 네 변은 x축 또는 y축에 평행하고, 한 변의 길이는 3이다. 꼭짓점 A, C가 각각 정비례 관계 $y=2x$와 $y=\dfrac{1}{2}x$의 그래프 위에 있을 때, 정사각형 ABCD의 한가운데에 있는 점 E의 좌표를 구하시오.

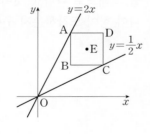

19

오른쪽 그림은 영우가 집에서 3 km 떨어진 도서관까지 자전거를 타고 가는 경우와 자동차를 타고 가는 각각의 경우에 대하여 시간과 거리 사이의 관계를 나타낸 그래프이다. 영우가 집에서 출발하여 x분 동안 간 거리를 y m라 할 때, 이 그래프에 대한 다음 설명 중 옳지 않은 것은?

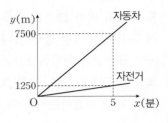

① 자전거를 타고 가는 경우, x와 y 사이의 관계를 나타내는 식은 $y=250x$이다.
② 자동차를 타고 가는 경우, x와 y 사이의 관계를 나타내는 식은 $y=1500x$이다.
③ 7분 동안 자전거를 타고 가는 거리는 1750 m이다.
④ 집에서 도서관까지 자전거를 타고 가면 24분이 걸린다.
⑤ 집에서 도서관까지 자동차를 타고 가면 2분이 걸린다.

20

오른쪽 그림은 반비례 관계 $y=\dfrac{20}{x}\,(x>0)$의 그래프이다. 두 점 P, Q는 이 그래프 위의 점이고, 직사각형 ABEP의 넓이가 15일 때, 직사각형 ECDQ의 넓이를 구하시오.

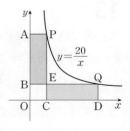

21

두 양수 a, b에 대하여 오른쪽 그림과 같이 정비례 관계 $y=-ax$의 그래프와 반비례 관계 $y=-\dfrac{b}{x}$의 그래프가 제2사분면에서 만나는 점을 A라 하자. 또, 점 A를 지나고 y축에 평행한 직선이 반비례 관계 $y=\dfrac{b}{x}$의 그래프와 만나는 점을 B라 하자. y축 위의 두 점 C, D에 대하여 사각형 ABCD가 한 변의 길이가 5인 정사각형일 때, $a+b$의 값을 구하시오.

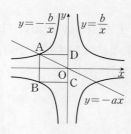

22

오른쪽 그림과 같이 두 반비례 관계 $y=\dfrac{a}{x}$, $y=\dfrac{b}{x}$의 그래프 위의 점에서 만든 4개의 직사각형의 넓이의 합이 76이고, 점 A의 좌표가 A$(-5, 4)$일 때, $a+b$의 값을 구하시오.

(단, a, b는 상수)

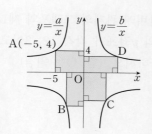

23

오른쪽 그림과 같이 반비례 관계 $y=\dfrac{15}{x}$의 그래프 위의 제1사분면 위의 점 A에서 x축, y축에 평행한 직선을 그어 정비례 관계 $y=-3x$의 그래프와 만나는 점을 각각 B, C라 하자. 점 A의 x좌표가 5일 때, 직각삼각형 ABC의 넓이를 구하시오.

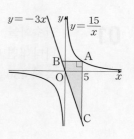

24 ✎ 서술형

오른쪽 그림과 같이 반비례 관계 $y=-\dfrac{15}{x}$의 그래프 위의 두 점 A, C에서 x축에 수직인 직선을 그어 x축과 만나는 점을 각각 B, D라 하자. B$(-3a, 0)$, D$(3a, 0)$일 때, 사각형 ABCD의 넓이를 구하시오. (단, $a>0$)

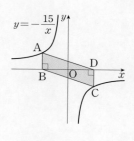

25

오른쪽 그림과 같이 좌표평면 위의 네 점 O$(0, 0)$, A$(4, 8)$, B$(10, 8)$, C$(10, 0)$에 대하여 정비례 관계 $y=ax(a\neq0)$의 그래프가 사다리꼴 AOCB의 넓이를 이등분할 때, 상수 a의 값을 구하시오.

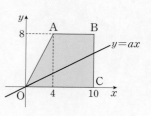

01 탄수화물, 단백질, 지방 이 세 영양소의 섭취량을 x g, 열량을 y kcal라 할 때, x와 y 사이의 관계를 그래프로 나타내면 다음 그림과 같다. 어떤 음식 300 g의 영양 성분이 탄수화물 160 g, 단백질 50 g, 지방 20 g일 때, 이 음식 450 g을 섭취하는 경우 세 영양소의 열량의 총합을 구하시오.

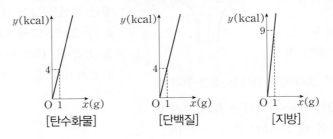

[탄수화물]　　　　[단백질]　　　　[지방]

02 오른쪽 그림과 같이 두 정비례 관계의 그래프가 반비례 관계의 그래프와 제1사분면에서 만나는 점을 각각 P, Q라 하자. 두 점 P, Q의 y좌표가 각각 12, 3이고, 삼각형 POC의 넓이가 12일 때, 삼각형 POQ의 넓이를 구하시오. (단, O는 원점)

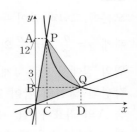

03 오른쪽 그림과 같이 정비례 관계 $y=6x$의 그래프와 반비례 관계 $y=\dfrac{a}{x}\,(x>0)$의 그 래프가 y좌표가 18인 점 A에서 만난다. 점 A에서 x축에 내린 수선의 발을 B라 하고, 점 C는 점 A를 출발하여 $\overrightarrow{AB}$, $\overrightarrow{BE}$를 따라 1초에 2만큼씩 움직인다. 반비례 관계 $y=\dfrac{a}{x}$의 그래프 위의 점 D와 점 C의 x좌표가 같을 때, 점 C가 점 A를 출발한 지 12초 후의 사각형 ABCD의 넓이를 구하시오. (단, a는 상수)

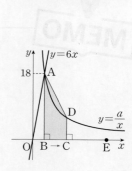

04 오른쪽 그림과 같이 정비례 관계 $y=5x$의 그래프와 반비례 관계 $y=\dfrac{20}{x}$의 그래 프가 만나는 두 점을 각각 A, D라 하고, 정비례 관계 $y=\dfrac{1}{5}x$의 그래프와 반비례 관계 $y=\dfrac{20}{x}$의 그래프가 만나는 두 점을 각각 B, C라 하자. 색칠한 부분에 있는 점 중에서 x좌표와 y좌표가 모두 정수인 점의 개수를 구하시오.

(단, 직선 및 곡선 위의 점들도 포함한다.)

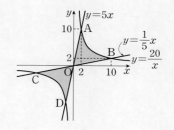

05 오른쪽 그림과 같이 가로의 길이가 24, 세로의 길이가 15인 직사각형 ABCD가 있다. 점 P는 매초 3의 속력으로 점 C에서 출발하여 직사각형의 변을 따라 시계 반대 방향 으로 움직인다고 한다. 점 P가 변 BC 위에 있으면서 삼각형 DPC의 넓이가 처음으로 45가 되는 것은 점 C를 출발한 지 몇 초 후인지 구하시오.

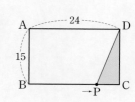

MEMO

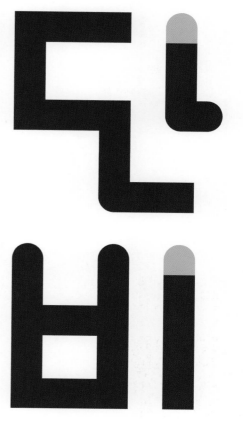

시작부터
제대로!

빠른 계산력

실수 ZERO

자신감 UP

기본을
탄탄하게!

가장 현실적인 공부법

M급

똑똑한 공부법

유형천재

자신감이 쑥!
성취감이 쑥!
시간 대비 효율천재

핵심유형
완전정복

최신
출제경향

자신만만
내신대비

성취감을 느껴야 고난도 문제를 풀 수 있는
집중력도 생깁니다.

A-class Math
상 위 권 의 지 름 길

수학 꽉 잡는 급속충전
에이급수학 중등 ①-1

정답과 풀이

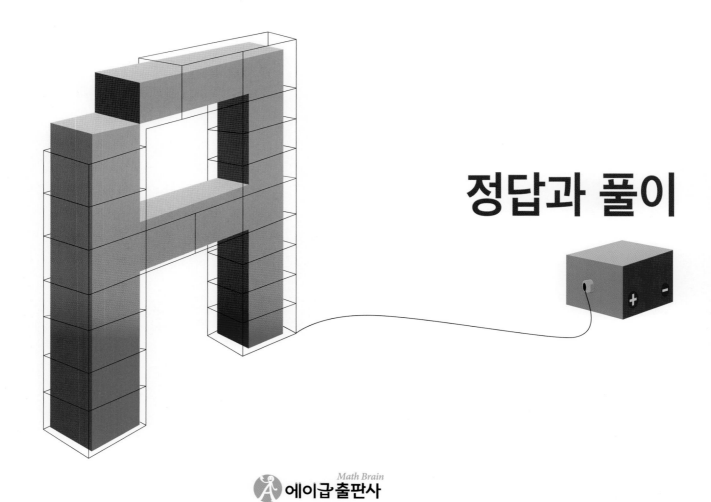

Math Brain
에이급출판사

성공이란 것은
열정을 잃지 않고 실패를 거듭하는 능력이다
- 윈스턴 처칠 -

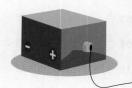

정답과 풀이

I 소인수분해

01. 소인수분해

C 주제별필수문제 ▶▶ 8쪽

01 ③, ⑤　02 24　03 6개　04 0, 2, 4, 6, 8　05 ①
06 0, 6　07 ⑤　08 ②　09 ②, ④　10 ④　11 ②
12 12　13 ⑤　14 ②　15 ④　16 1　17 1
18 12개　19 ③　20 20　21 36　22 15개　23 90
24 6개

B 실력완성문제 ▶▶ 12쪽

01 77　02 12가지　03 ④　04 ⑤　05 28　06 654
07 8일 후　08 21　09 32, 96, 160　10 26　11 ③
12 ②　13 ④　14 ⑤　15 1　16 24개　17 15
18 4개　19 485　20 81　21 47　22 30, 70, 286, 646
23 5개　24 84

A 최고난도문제 ▶▶ 16쪽

01 144　02 12개　03 3　04 15, 60　05 4, 8, 16　06 12개

02. 최대공약수와 최소공배수

C 주제별필수문제 ▶▶ 20쪽

01 ①　02 ⓒ　03 294개　04 ②　05 5　06 12개
07 ④　08 ①　09 4　10 ①　11 10　12 ④
13 ③　14 1　15 10　16 ④　17 20장　18 3
19 4200개　20 14개　21 6명, 17자루　22 5바퀴
23 ③　24 106　25 ⑤　26 ②　27 $\frac{200}{3}$　28 8
29 10　30 90

B 실력완성문제 ▶▶ 25쪽

01 53개　02 5　03 91　04 8　05 144　06 44
07 3개　08 3개　09 $\frac{63}{4}$　10 420　11 54　12 3
13 40개　14 34개　15 36　16 10700원　17 108
18 270　19 $A=4, B=180, C=720$　20 9명　21 28번
22 15　23 $A=60, B=84$　24 2번

A 최고난도문제 ▶▶ 29쪽

01 $A=150, B=60, C=48$　02 33000원
03 오전 11시 56분　04 88명　05 840 m　06 2, 7, 14

II 정수와 유리수

01. 정수와 유리수

C 주제별필수문제 ▶▶ 34쪽

01 ②　02 ⑤　03 +4 ℃, −10일, +20 %　04 ③
05 6　06 ③　07 재현, 래오　08 ④
09 A: $-\frac{11}{3}$, B: $-\frac{3}{2}$, C: −1, D: $\frac{3}{4}$　10 $a=-4, b=3$
11 $a=-6, b=4$　12 ③　13 ④　14 −14, 14
15 −3　16 −9　17 ⑤　18 ③　19 ④　20 ⑤
21 6개　22 −2, −1, 0, 1

B 실력완성문제 ▶▶ 38쪽

01 ⑤　02 ③　03 ②, ⑤　04 ②　05 ⑤
06 B: 1, C: 4, E: 10　07 D: 0, E: 12　08 ㄴ, ㄹ　09 36

10 4개　11 $-\frac{7}{2}$　12 11　13 −5, −4, −3, −2, 2
14 10개　15 15　16 $a=6, b=-12$　17 28　18 5
19 $31 \leq x < 32$　20 z, y, x　21 ④　22 3개
23 $ab, b, -a, a, -b, -ab$　24 −151, −157

A 최고난도문제 ▶▶ 42쪽

01 30　02 a, d, b, c　03 18　04 ③　05 $-a^2$
06 7개

02. 정수와 유리수의 계산

C 주제별필수문제 ▶▶ 46쪽

01 ③　02 $-\frac{26}{15}$　03 $\frac{43}{21}$　04 $\frac{43}{12}$　05 $\frac{31}{6}$　06 ③
07 ⑤　08 ㉠ 교환 ㉡ 결합 ㉢ +11 ㉣ −42.9　09 −4
10 $-\frac{23}{5}$　11 $\frac{1}{5}$　12 8　13 $-\frac{3}{7}$　14 ④　15 $-\frac{20}{3}$
16 $\frac{3}{4}$　17 0　18 2　19 (1) ㉣, ㉤, ㉢, ㉡, ㉠ (2) $\frac{25}{7}$
20 ㄹ, ㄴ, ㄱ, ㄷ, ㅁ　21 ④　22 2　23 $\frac{11}{18}$

B 실력완성문제 ▶▶ 50쪽

01 147.36 cm　02 2개　03 $\frac{4}{3}$　04 $\frac{7}{2}$　05 $-\frac{11}{2}$
06 $-a+b$　07 −1331　08 ③　09 $\frac{17}{90}$　10 −11　11 2
12 ②　13 331　14 $\frac{166}{15}$　15 $\frac{19}{12}$　16 $\frac{1}{5}$　17 $-\frac{102}{5}$
18 $\frac{5}{8}$　19 ㄷ　20 n이 짝수일 때: 0, n이 홀수일 때: 1
21 −13　22 $\frac{1}{3}$　23 6개　24 $a<c<b$　25 11
26 $\frac{95}{12}$　27 $\left[\left\{(-2)^3+\frac{11}{4}\right\}\div\left(-\frac{7}{5}\right)-\frac{23}{6}\right]\times\frac{4}{3}=-\frac{1}{9}$
28 5　29 $\frac{6}{7}$　30 가장 큰 수: $\frac{5}{4}$, 가장 작은 수: $-\frac{10}{3}$

A 최고난도문제 ▶▶ 55쪽

01 n이 홀수일 때: −8, n이 짝수일 때: 8　02 $-\frac{19}{3}$　03 $\frac{3}{20}$
04 14　05 0　06 가장 큰 수: $\frac{61}{6}$, 가장 작은 수: $-\frac{38}{21}$

III 문자와 식

01. 문자와 식

C 주제별필수문제 ▶▶ 60쪽

01 ③　02 ⑤　03 ④　04 $\frac{5}{4}a$ %　05 $\frac{10a+9b}{19}$점
06 ④　07 ①　08 −12　09 −4　10 1396 m
11 (1) $(30000-200a-100b)$원 (2) 26500원　12 ⑤　13 ②, ③
14 3　15 ⑤　16 −1　17 7　18 ④　19 −48
20 $14x-20y$　21 $x-3$　22 $-7x-2$
23 $21x-36y$

B 실력완성문제 ▶▶ 64쪽

01 ⓒ, ㉣, ㉤　02 $\frac{4a+9b}{13}$ %
03 $\left(300+\frac{19}{20}a+3b\right)$명　04 $\left(51x+\frac{51}{100}ax\right)$원
05 2　06 −2025　07 $\frac{17}{30}$　08 $\frac{39}{2}$　09 $\frac{5}{2}$　10 4
11 6　12 $-\frac{7}{10}$　13 3　14 $2x+13$　15 $(6a-60)$칸

16 $-\dfrac{1}{3}$　　**17** $-2x-10$　　**18** $20a+2b+1$

19 $-14x+12$　　**20** $7x+1$

21 $-13x+21$　　**22** 7　　**23** $\dfrac{15}{2}x+21$

24 A 마트: $48a$원, B 마트: $47.6a$원, B 마트

A 최고난도문제 ▶▶ 68쪽

01 $\left(\dfrac{1}{15}a-\dfrac{1}{10}b+8\right)$문제　　**02** -1016　**03** -9

04 $(32a-28)$ cm　　**05** 38　　**06** A: 40 %, B: 60 %

02. 일차방정식의 풀이

C 주제별필수문제 ▶▶ 72쪽

01 ③　　**02** ㄴ, ㅁ　　**03** -7　　**04** ④　　**05** 5　　**06** ③, ⑤

07 $a\neq3$　　**08** ②　　**09** $-\dfrac{3}{7}$　　**10** $x=-2$　**11** -1　　**12** ②

13 1　　**14** -3　　**15** $x=-7$　**16** 4　　**17** $a=6,\ b=-3$

18 ①　　**19** ⑤　　**20** 9　　**21** -1　　**22** -2　　**23** 7

B 실력완성문제 ▶▶ 76쪽

01 -15　　**02** $-\dfrac{1}{2}$　　**03** $-\dfrac{11}{13}$　　**04** ②　　**05** $2a-b+7$

06 10　　**07** ⑤　　**08** 3　　**09** -2　　**10** 2　　**11** -6

12 $x=-\dfrac{24}{7}$　　**13** $\dfrac{3}{2}$　　**14** $x=\dfrac{8}{3}$　**15** $\dfrac{5}{4}$　　**16** $-\dfrac{33}{17}$

17 $x=-\dfrac{2}{3}$　　**18** 4　　**19** -6　　**20** 3　　**21** -15

22 $x=-\dfrac{5}{3}$　　**23** 3　　**24** $\dfrac{3}{2}$

A 최고난도문제 ▶▶ 80쪽

01 ④　　**02** 30　　**03** $x=-\dfrac{2}{3}$　　**04** 14

05 $x=-\dfrac{13}{4}$　　**06** (1) $m=\dfrac{4}{3},\ n=6$　(2) $m\neq\dfrac{4}{3},\ n=6$

03. 일차방정식의 활용

C 주제별필수문제 ▶▶ 83쪽

01 15　　**02** 52　　**03** 16문제　**04** 8 cm　**05** 24 cm　**06** 10

07 $\dfrac{10}{3}$ km　　**08** 40 km　**09** 40분 후　**10** 315 g　**11** 40 g

12 600 g　**13** 2개의 쿠키가 남는다.　　**14** ①　**15** 104명

16 5시간　**17** 1시간 40분　　**18** 1시간 12분

19 16000원　　**20** 13000원　　**21** 20　　**22** 11세

23 43개　**24** 1150명

B 실력완성문제 ▶▶ 87쪽

01 20개월 후　　**02** 478　　**03** 50개

04 예준: 3900원, 건우: 4400원　**05** 29　　**06** 72 cm²

07 9분 후　**08** 1시간 15분　　**09** ③　　**10** $\dfrac{450}{11}$ g　**11** 1 km

12 초속 80 m　　**13** 162명　**14** E　**15** 1시간 12분

16 4분 30초 후　　**17** 2100원　**18** 700개　**19** 900명

20 160 g　**21** 4100원　**22** 8시 $10\dfrac{10}{11}$분　　**23** 50마리

24 60 %

A 최고난도문제 ▶▶ 91쪽

01 21점　**02** $\dfrac{2000}{51}$　**03** 72개　**04** 3시 $34\dfrac{6}{11}$분

05 26.25 km　　**06** $\dfrac{9}{11}$배

Ⅳ 좌표평면과 그래프

01. 좌표평면과 그래프

C 주제별필수문제 ▶▶ 96쪽

01 12개　**02** ②　　**03** 2　　**04** 5　　**05** $\dfrac{35}{2}$　**06** 12

07 ③　　**08** ⑤　　**09** ④　　**10** 제4사분면　**11** 제1사분면

12 ㉠, ㉢　**13** 4　　**14** $-\dfrac{3}{2}$　　**15** 1　　**16** 3분

17 A: ㉠, B: ㉡, C: ㉢　**18** ④　　**19** ②　　**20** ①　　**21** ④

B 실력완성문제 ▶▶ 100쪽

01 -9　　**02** C$(13,\ 12)$　　**03** $11,\ 12,\ 13,\ 14,\ 15$

04 A$_{2030}(2,\ -5)$　　**05** ②　　**06** 32분　**07** 18

08 제2사분면　　**09** -1　　**10** ⑤　　**11** 제3사분면

12 초속 3 m　　　　**13** ④　　**14** 36초 후　**15** 16개　　**16** ④

17 $\dfrac{29}{2}$　**18** 제3사분면　　**19** 45　　**20** 4분　　**21** 20

A 최고난도문제 ▶▶ 104쪽

01 4　　**02** Ⅰ: ㄹ, Ⅱ: ㄷ, Ⅲ: ㄴ, Ⅳ: ㄱ　　**03** -5

02. 정비례와 반비례

C 주제별필수문제 ▶▶ 107쪽

01 ③　　**02** ②, ④, ⑤　**03** -5　　**04** ㄴ, ㄷ　**05** ③　　**06** -24

07 -3　　**08** ⑤　　**09** 4시간 10분　　**10** ②, ④　**11** ②

12 $-\dfrac{4}{3}$　**13** 54　　**14** -36　　**15** $y=\dfrac{20}{x}$

16 ① $y=-\dfrac{5}{3}x$　② $y=-\dfrac{15}{x}$　**17** $\dfrac{5}{18}$　**18** 20　　**19** 15

20 $y=\dfrac{1}{5}x$　　　　**21** 10 cm³　　　　**22** 480개

B 실력완성문제 ▶▶ 111쪽

01 ②, ⑤　**02** (1) ㉡ (2) ㉣ (3) ㉢ (4) ㉠　　**03** $b<a<d<c$

04 ①　　**05** ②　　**06** 40　　**07** E$(5,\ -4)$　　**08** ④

09 $\dfrac{1}{2}$　　**10** 18　　**11** $y=\dfrac{12}{13}x$, 48번　**12** 16　　**13** 27

14 $\dfrac{2}{5}$　**15** 3분　**16** 20　**17** 23개　**18** E$\left(\dfrac{9}{2},\ \dfrac{9}{2}\right)$

19 ④　　**20** 15　　**21** 13　　**22** -2　　**23** 54　　**24** 30

25 $\dfrac{16}{25}$

A 최고난도문제 ▶▶ 116쪽

01 1530 kcal　　**02** 45　　**03** 72　　**04** 73개　**05** 24초 후

I 소인수분해

01 소인수분해

01 ③, ⑤	02 24	03 6개	04 0, 2, 4, 6, 8	
05 ①	06 0, 6	07 ⑤	08 ②	09 ②, ④
10 ④	11 ②	12 12	13 ⑤	14 ③
15 ④	16 1	17 1	18 12개	19 ③
20 20	21 36	22 15개	23 90	24 6개

01

① $91=1\times91=7\times13$이므로 7은 91의 약수이다.

② 24의 약수는 1, 2, 3, 4, 6, 8, 12, 24의 8개이다.

③ $682=6\times113+4$이므로 682는 6의 배수가 아니다.

④ 모든 자연수는 자기 자신의 약수이면서 배수이므로 53은 53의 약수이면서 53의 배수이다.

⑤ 60 미만의 자연수 중 4의 배수는 14개이다. 이 중 6의 배수인 수는 12의 배수이므로 60 미만의 자연수 중 4의 배수이면서 12의 배수인 수는 4개이다. 따라서 60 미만의 자연수 중 4의 배수이지만 6의 배수가 아닌 수는 $14-4=10$(개)이다. 🄳 ③, ⑤

02

어떤 자연수는 48의 약수이고
$48=1\times48=2\times24=3\times16=4\times12=6\times8$이므로 48의 약수는 1, 2, 3, 4, 6, 8, 12, 16, 24, 48이다.
따라서 두 번째로 큰 수는 24이다. 🄳 24

03

가로, 세로의 길이를 각각 a, $b(a<b)$라 하면
$a\times b=60$이므로
$a=1$, $b=60$ 또는 $a=2$, $b=30$ 또는 $a=3$, $b=20$ 또는 $a=4$, $b=15$ 또는 $a=5$, $b=12$ 또는 $a=6$, $b=10$
따라서 그릴 수 있는 직사각형은 6개이다. 🄳 6개

04

전략 4의 배수는 끝의 두 자리 수가 00 또는 4의 배수인 수이다.

일의 자리의 숫자가 0이 아니므로 끝의 두 자리 수 □4가 4의 배수이어야 한다.
이때 일의 자리의 숫자가 4인 두 자리의 4의 배수인 수는 04, 24, 44, 64, 84이다.
∴ □=0, 2, 4, 6, 8 🄳 0, 2, 4, 6, 8

05

전략 9의 배수는 각 자리의 숫자의 합이 9의 배수인 수이다.

각 자리의 숫자의 합 $2+□+7+0+8=17+□$가 9의 배수이어야 한다.
이때 □는 0 또는 한 자리 자연수이므로 $17+□$의 값으로 가능한 것은 18이다.
∴ □=1 🄳 ①

06

❶ 63□0은 12의 배수이므로 3의 배수이면서 4의 배수이어야 한다.

(i) 63□0이 3의 배수이려면 각 자리의 숫자의 합 $6+3+□+0=9+□$가 3의 배수이어야 한다.
따라서 □ 안에 알맞은 수는 0, 3, 6, 9이다.

❷ (ii) 63□0이 4의 배수이려면 끝의 두 자리 수 □0이 00 또는 4의 배수인 20, 40, 60, 80이어야 한다.
따라서 □ 안에 알맞은 수는 0, 2, 4, 6, 8이다.

❸ (i), (ii)에서 □ 안에 알맞은 수는 0, 6이다.
🄳 0, 6

채점기준	배점
❶ 3의 배수일 때 □ 안에 알맞은 수 구하기	45 %
❷ 4의 배수일 때 □ 안에 알맞은 수 구하기	45 %
❸ 12의 배수일 때 □ 안에 알맞은 수 구하기	10 %

07

소수는 2, 5, 7, 11, 23, 31, 61의 7개이다. 🄳 ⑤

08

① $10=3+7$

③ $25=2+23$

④ $36=5+31=7+29=13+23=17+19$

⑤ $42=5+37=11+31=13+29=19+23$ 🄳 ②

09

① 15는 합성수이지만 홀수이다.

③ 2는 소수이지만 짝수이다.

⑤ 5는 5의 배수이지만 소수이다. 🄳 ②, ④

10

① $16=2^4$

② $3\times3\times3\times3\times3=3^5$

③ $2\times2\times7\times7\times7=2^2\times7^3$

⑤ $\dfrac{1}{5}\times\dfrac{1}{5}\times\dfrac{1}{5}=\left(\dfrac{1}{5}\right)^3$ 🄳 ④

11

① $2\,)\,48$
　$2\,)\,24$
　$2\,)\,12$
　$2\,)\,\ 6$
　　　3
∴ $48=2^4\times3$

② $2\,)\,64$
　$2\,)\,32$
　$2\,)\,16$
　$2\,)\,\ 8$
　$2\,)\,\ 4$
　　　2
∴ $64=2^6$

③ $2\,)\,72$
　$2\,)\,36$
　$2\,)\,18$
　$3\,)\,\ 9$
　　　3
∴ $72=2^3\times3^2$

④ $2\,)\,108$
　$2\,)\,\ 54$
　$3\,)\,\ 27$
　$3\,)\,\ 9$
　　　3
∴ $108=2^2\times3^3$

⑤ $2\,)\,162$
　$3\,)\,\ 81$
　$3\,)\,\ 27$
　$3\,)\,\ 9$
　　　3
∴ $162=2\times3^4$

답 ②

12

$2\,)\,20$
$2\,)\,10$
　　5

$2\,)\,70$
$5\,)\,35$
　　7

$20=2^2\times5$, $70=2\times5\times7$이므로
$20\times70=(2^2\times5)\times(2\times5\times7)=2^3\times5^2\times7$
∴ $a=3$, $b=2$, $c=7$
∴ $a+b+c=12$

답 12

13

$2\,)\,360$
$2\,)\,180$
$2\,)\,\ 90$
$3\,)\,\ 45$
$3\,)\,\ 15$
　　5　　∴ $360=2^3\times3^2\times5$

⑤ 5^2은 5의 약수가 아니므로 $2^2\times3\times5^2$은 360의 약수가 아니다.

답 ⑤

14

$2\,)\,126$
$3\,)\,\ 63$
$3\,)\,\ 21$
　　7

$126=2\times3^2\times7$이므로 약수의 개수는
$(1+1)\times(2+1)\times(1+1)=12$(개)이다.

답 ③

15

① $54=2\times3^3$이므로 약수의 개수는
$(1+1)\times(3+1)=8$(개)이다.

② $108=2^2\times3^3$이므로 약수의 개수는
$(2+1)\times(3+1)=12$(개)이다.

③ $(5+1)\times(1+1)=12$(개)

④ $(2+1)\times(1+1)\times(2+1)=18$(개)

⑤ $(3+1)\times(3+1)=16$(개)

답 ④

16

$2^2\times5^2\times13^{\square}$의 약수의 개수는
$(2+1)\times(2+1)\times(\square+1)=9\times(\square+1)$(개)이므로
$9\times(\square+1)=18$
$\square+1=2$ ∴ $\square=1$

답 1

17

전략 280의 약수의 개수를 먼저 구한다.

❶ $280=2^3\times5\times7$이므로 약수의 개수는
$(3+1)\times(1+1)\times(1+1)=16$(개)

❷ $2^3\times3\times7^a$의 약수의 개수는
$(3+1)\times(1+1)\times(a+1)=8\times(a+1)$(개)

❸ 이때 280의 약수의 개수와 $2^3\times3\times7^a$의 약수의 개수가 같으므로 $8\times(a+1)=16$, $a+1=2$
∴ $a=1$

답 1

채점기준	배점
❶ 280의 약수의 개수 구하기	40 %
❷ $2^3\times3\times7^a$의 약수의 개수 구하기	40 %
❸ a의 값 구하기	20 %

18

전략 3의 배수는 $\square\times3$의 꼴이어야 한다.

$600=2^3\times3\times5^2=(2^3\times5^2)\times3$이므로 600의 약수 중 3의 배수의 개수는 $2^3\times5^2$의 약수의 개수와 같다. 따라서 600의 약수 중 3의 배수의 개수는 $(3+1)\times(2+1)=12$(개)이다.

답 12개

19

전략 어떤 수에 자연수를 곱하여 어떤 자연수의 제곱이 되게 하려면 (어떤 수)×(자연수)를 소인수분해하였을 때, 소인수의 지수가 모두 짝수이어야 한다.

$240=2^4\times3\times5$에서 3, 5의 지수가 짝수가 되어야 하므로
$a=3\times5=15$

답 ③

20

❶ $504=2^3\times3^2\times7$에서 2, 7의 지수가 짝수가 되어야 하므로 나눌 수 있는 가장 작은 자연수
$a=2\times7=14$

❷ $b^2=504\div14=36=6^2$이므로 $b=6$

❸ $a+b=14+6=20$

답 20

채점기준	배점
❶ a의 값 구하기	50 %
❷ b의 값 구하기	40 %
❸ $a+b$의 값 구하기	10 %

21

$150 = 2 \times 3 \times 5^2$에서 2, 3의 지수가 짝수가 되어야 하므로 가장 작은 자연수 $x = 2 \times 3 = 6$

$y^2 = 150 \times x = 2 \times 3 \times 5^2 \times 2 \times 3 = (2 \times 3 \times 5)^2$에서

$y = 30$

$\therefore x + y = 6 + 30 = 36$ 답 36

22

약수의 개수가 홀수 개인 자연수는 어떤 자연수의 제곱인 수이다.

따라서 $1^2 = 1$, $2^2 = 4$, $\cdots$, $15^2 = 225$, $16^2 = 256$, $\cdots$이므로 구하는 자연수는 15개이다. 답 15개

23

$90 = 2 \times 3^2 \times 5$이므로 곱하는 자연수를 a라 하면

$90 \times a = 2 \times 3^2 \times 5 \times a$가 제곱인 수가 되려면 지수가 모두 짝수이어야 하므로 $2 \times 5 \times (자연수)^2$의 꼴이어야 한다.

따라서 가장 큰 두 자리 자연수는 $2 \times 5 \times 3^2 = 90$이다. 답 90

24

전략 제곱인 수를 찾을 때, 1^2도 포함되어야 함을 기억한다.

$4000 = 2^5 \times 5^3$이므로 4000의 약수 중에서 어떤 자연수의 제곱이 되는 수는 1, 2^2, 2^4, 5^2, $2^2 \times 5^2$, $2^4 \times 5^2$이다.

따라서 모두 6개이다. 답 6개

B 실력완성문제
본문 12~15쪽

01 77	**02** 12가지	**03** ④	**04** ⑤
05 28	**06** 654	**07** 8일 후	**08** 21
09 32, 96, 160	**10** 26	**11** ③	**12** ②
13 ④	**14** ⑤	**15** 1	**16** 24개	**17** 15
18 4개	**19** 485	**20** 81	**21** 47
22 30, 70, 286, 646		**23** 5개	**24** 84

01

53을 a로 나누었을 때 몫을 $\square$라 하면

$53 = a \times \square + 11$에서 $42 = a \times \square$

즉, a는 42의 약수 중에서 11보다 큰 수이다. 42의 약수는 1, 2, 3, 6, 7, 14, 21, 42이므로 a가 될 수 있는 값은 14, 21, 42이다.

따라서 모든 a의 값의 합은 $14 + 21 + 42 = 77$이다. 답 77

02

4의 배수가 되려면 끝의 두 자리 수가 00 또는 4의 배수이어야 하므로 십의 자리에 올 수 있는 소수는 3, 5, 7의 3가지이다.

이때 백의 자리에 올 수 있는 소수는 2, 3, 5, 7의 4가지이다.

따라서 3□□2가 4의 배수가 되는 경우는

$3 \times 4 = 12$(가지)이다. 답 12가지

03

전략 소수의 개수를 구해 전체 수에서 빼준다.

10 이상 50 이하의 자연수 중에서 소수는 11, 13, 17, 19, 23, 29, 31, 37, 41, 43, 47의 11개이므로

합성수의 개수는 $41 - 11 = 30$(개)이다. 답 ④

04

① 2, 3, 5, 7, 11, 13, 17, 19, 23의 9개이다.

② 2의 배수 중 소수는 2의 1개이다.

③ $3 + 5 = 8$이고 8은 합성수이다.

④ $3 + 4 = 7$이고 7은 소수이다.

⑤ a, b가 소수일 때, $a \times b$의 약수는 1, a, b, $a \times b$이므로 두 소수의 곱은 항상 합성수이다. 답 ⑤

05

ㄱ에서 약수가 2개뿐인 자연수는 소수이므로 두 자연수의 곱은 소수이다. 즉, 곱한 수가 소수이기 위해서는 두 자연수 중 하나는 1이어야 한다.

ㄴ에서 두 자연수의 합이 30이므로 나머지 하나의 자연수는 29이다.

따라서 두 자연수의 차는 $29 - 1 = 28$이다. 답 28

06

$1 + 2 + 3 = 6$, $1 + 2 + 5 = 8$, $1 + 3 + 5 = 9$, $2 + 3 + 5 = 10$이므로 3의 배수인 세 자리 수는 1, 2, 3 또는 1, 3, 5를 뽑아 만든다.

(i) 1, 2, 3을 뽑을 때 만들 수 있는 수

⇨ 123, 132, 213, 231, 312, 321

(ii) 1, 3, 5를 뽑을 때 만들 수 있는 수

⇨ 135, 153, 315, 351, 513, 531

따라서 가장 큰 수는 531, 가장 작은 수는 123이므로 두 수의 합은 $531 + 123 = 654$이다. 답 654

07

1일 후, 2일 후, 3일 후, $\cdots$ 미생물의 개체 수는 차례대로 2^2마리, 2^3마리, 2^4마리, $\cdots$이므로 n일 후 미생물의 개체 수는 2^{n+1}마리이다.

$2^{n+1}=512$, $2^{n+1}=2^9$, $n+1=9$ $\therefore n=8$
따라서 8일 후에 512마리가 된다.   **目** 8일 후

08

❶ $52=2^2\times13$에서 $\langle52\rangle=13$

❷ $120=2^3\times3\times5$에서 $\langle120\rangle=5$

❸ $216=2^3\times3^3$에서 $\langle216\rangle=3$

❹ $\langle52\rangle+\langle120\rangle+\langle216\rangle=13+5+3=21$ **目** 21

채점기준	배점
❶ $\langle52\rangle$의 값 구하기	30 %
❷ $\langle120\rangle$의 값 구하기	30 %
❸ $\langle216\rangle$의 값 구하기	30 %
❹ $\langle52\rangle+\langle120\rangle+\langle216\rangle$의 값 구하기	10 %

09

소인수분해하였을 때 2의 지수가 5이므로

$x=2^5\times k(k$는 2와 서로소)의 꼴이어야 한다.

$k=1$일 때, $x=2^5\times1=32$

$k=3$일 때, $x=2^5\times3=96$

$k=5$일 때, $x=2^5\times5=160$

$k=7$일 때, $x=2^5\times7=224$

x는 200 이하의 자연수이므로 구하는 자연수 x는

32, 96, 160이다.   **目** 32, 96, 160

10

$\dfrac{117}{n-6}=\dfrac{3^2\times13}{n-6}$이 자연수가 되려면 $n-6$이 117의 약수가

되어야 한다.

117의 약수는 1, 3, 9, 13, 39, 117이므로

$n-6=1$일 때, $n=7 \Rightarrow$ 소수

$n-6=3$일 때, $n=9 \Rightarrow$ 소수가 아니다

$n-6=9$일 때, $n=15 \Rightarrow$ 소수가 아니다

$n-6=13$일 때, $n=19 \Rightarrow$ 소수

$n-6=39$일 때, $n=45 \Rightarrow$ 소수가 아니다

$n-6=117$일 때, $n=123 \Rightarrow$ 소수가 아니다

따라서 모든 n의 값은 7, 19이므로 그 합은 $7+19=26$이다.

目 26

11

A의 약수 중 홀수는 (3^2의 약수)$\times$(7의 약수)의 꼴이다.

따라서 A의 약수 중 홀수의 개수는

$(2+1)\times(1+1)=6$(개)이다.   **目** ③

12

삼각형의 세 각의 크기의 합은 $180°$이고, 180은 짝수이다.

이때 2를 제외한 소수는 모두 홀수이므로 세 소수의 합이 짝

수가 되려면 x, y, z 중 하나는 반드시 2가 되어야 한다. 따

라서 x, y, z 중 반드시 포함되어야 하는 수는 2이다.   **目** ②

• Sub Note •
(짝수)+(짝수)=(짝수), (홀수)+(홀수)=(짝수)
(짝수)+(홀수)=(홀수), (홀수)+(짝수)=(홀수)

13

$1\times2\times3\times\cdots\times11\times12$

$=1\times2\times3\times2^2\times5\times(2\times3)\times7\times2^3\times3^2\times(2\times5)\times11$
$\quad\times(2^2\times3)$

$=2^{10}\times3^5\times5^2\times7^1\times11$

$\therefore a=10$, $b=5$, $c=2$, $d=1$

$\therefore a+b+c+d=18$ **目** ④

14

만들 수 있는 수는 $2^3\times5^2$의 약수이다.

① $2^3=8$ ② $2\times5=10$

③ $2^2\times5=20$ ④ $2^3\times5=40$

⑤ $2^2\times3\times5=60$은 $2^3\times5^2$의 약수가 아니므로 만들 수 없다.

目 ⑤

15

$108=2^2\times3^3$의 약수의 개수는 $(2+1)\times(3+1)=12$(개)

$2\times14\times5^a=2^2\times5^a\times7$의 약수의 개수가 12개이므로

$(2+1)\times(a+1)\times(1+1)=12$

$a+1=2$

$\therefore a=1$ **目** 1

• Sub Note •
자연수 P가 $P=a^m\times b^n(a, b$는 서로 다른 소수, m, n은 자연수)으로
소인수분해될 때, P의 약수의 개수는 $(m+1)\times(n+1)$개이다.

16

❶ $840=2^3\times3\times5\times7$이므로 840의 약수의 개수는
$(3+1)\times(1+1)\times(1+1)\times(1+1)=32$(개)이다.

❷ 이 중 홀수인 약수는 1과 홀수인 소인수들의 곱으로만 이
루어져야 하므로 홀수인 약수의 개수는 $3\times5\times7$의 약수
의 개수인 $(1+1)\times(1+1)\times(1+1)=8$(개)이다.

❸ 840의 약수 중 짝수는 모두 $32-8=24$(개)이다.

目 24개

채점기준	배점
❶ 840의 약수의 개수 구하기	40 %
❷ 홀수인 약수의 개수 구하기	40 %
❸ 840의 약수 중 짝수의 개수 구하기	20 %

17

$540\times a=2^2\times3^3\times5\times a$의 약수의 개수가 홀수 개이려면 소
인수분해했을 때 모든 소인수의 지수가 짝수이어야 한다.

따라서 가장 작은 자연수 a의 값은 $3 \times 5 = 15$이다. 답 15

18

$\dfrac{360}{a} = \dfrac{2^3 \times 3^2 \times 5}{a} = ($자연수$)^2$이 되려면 소인수의 지수가 모두 짝수이어야 한다. 따라서 a의 값으로 가능한 자연수는 2×5, $2^3 \times 5$, $2 \times 3^2 \times 5$, $2^3 \times 3^2 \times 5$의 4개이다. 답 4개

19

$60 = 2^2 \times 3 \times 5$이므로
$\langle 60 \rangle = (1 + 2 + 2^2) \times (1 + 3) \times (1 + 5) = 168$에서
$a = 168$이다.
$168 = 2^3 \times 3 \times 7$이므로
$\{168\} = (3 + 1) \times (1 + 1) \times (1 + 1) = 16$에서 $b = 16$이다.
$168 = 2^3 \times 3 \times 7$이고 $16 = 2^4$이므로
$\langle a \rangle = \langle 168 \rangle = (1 + 2 + 2^2 + 2^3) \times (1 + 3) \times (1 + 7)$
$\qquad\qquad = 480$
$\{b\} = \{16\} = 4 + 1 = 5$
$\therefore \langle a \rangle + \{b\} = 480 + 5 = 485$ 답 485

20

❶ 20과 150을 각각 소인수분해하면
$\quad 20 = 2^2 \times 5$, $150 = 2 \times 3 \times 5^2$
❷ $2^2 \times 5 \times a = 2 \times 3 \times 5^2 \times b = c^2$이므로
$\quad c^2 = 2^2 \times 3^2 \times 5^2 = 900 = 30^2 \qquad \therefore c = 30$
❸ $a = 3^2 \times 5 = 45$, $b = 2 \times 3 = 6$
❹ $a + b + c = 45 + 6 + 30 = 81$ 답 81

채점기준	배점
❶ 20과 150을 각각 소인수분해하기	20 %
❷ c의 값 구하기	30 %
❸ a, b의 값 구하기	30 %
❹ $a + b + c$의 값 구하기	20 %

21

$\dfrac{1440}{a^2} = b$에서 $1440 = 2^5 \times 3^2 \times 5$이므로
a의 최댓값 $M = 2^2 \times 3 = 12$이다.
$\dfrac{560}{c} = d^2$에서 $560 = 2^4 \times 5 \times 7$이므로
c의 최솟값 $m = 5 \times 7 = 35$이다.
$\therefore M + m = 12 + 35 = 47$ 답 47

22

20보다 작은 소수는 2, 3, 5, 7, 11, 13, 17, 19이고
$2 + 3 = 5$, $2 + 5 = 7$, $2 + 11 = 13$, $2 + 17 = 19$이다.
(i) $2 + 3 = 5$인 경우 $B = 2$, $D = 3$, $E = 5$이므로
$\quad A = 2 \times 3 \times 5 = 30$
(ii) $2 + 5 = 7$인 경우 $B = 2$, $D = 5$, $E = 7$이므로

$\quad A = 2 \times 5 \times 7 = 70$
(iii) $2 + 11 = 13$인 경우 $B = 2$, $D = 11$, $E = 13$이므로
$\quad A = 2 \times 11 \times 13 = 286$
(iv) $2 + 17 = 19$인 경우 $B = 2$, $D = 17$, $E = 19$이므로
$\quad A = 2 \times 17 \times 19 = 646$
따라서 모든 자연수 A의 값은 30, 70, 286, 646이다.
답 30, 70, 286, 646

23

❶ 약수의 개수가 6개인 자연수이려면
$\quad 6 = 5 + 1 = (2 + 1) \times (1 + 1)$이므로
$\quad a^5(a$는 소수$)$ 또는 $b^2 \times c(b, c$는 서로 다른 소수$)$의 꼴이다.
❷ (i) $a^5(a$는 소수$)$의 꼴일 때,
$\quad$ 40 이하의 자연수 중 a^5의 꼴은 $2^5 = 32$
❸ (ii) $b^2 \times c(b, c$는 서로 다른 소수$)$의 꼴일 때,
$\quad$ 40 이하의 자연수 중 $b^2 \times c$의 꼴은
$\quad 2^2 \times 3 = 12$, $2^2 \times 5 = 20$, $2^2 \times 7 = 28$, $3^2 \times 2 = 18$
❹ 구하는 자연수는 12, 18, 20, 28, 32의 5개이다. 답 5개

채점기준	배점
❶ 약수의 개수가 6개인 소인수분해의 꼴 구하기	30 %
❷ $a^5(a$는 소수$)$의 꼴인 자연수 찾기	30 %
❸ $b^2 \times c(b, c$는 서로 다른 소수$)$의 꼴인 자연수 찾기	30 %
❹ 구하는 자연수의 개수 구하기	10 %

24

ㄱ에서 서로 다른 세 소인수의 합이 12인 경우는
$2 + 3 + 7 = 12$이므로 구하는 수를 $2^a \times 3^b \times 7^c(a, b, c$는 자연수$)$의 꼴로 나타낼 수 있다.
ㄴ에서 약수가 12개이므로
$(a + 1) \times (b + 1) \times (c + 1) = 12$
$\therefore a = 1$, $b = 1$, $c = 2$ 또는 $a = 1$, $b = 2$, $c = 1$
$\quad$ 또는 $a = 2$, $b = 1$, $c = 1$
(i) $a = 1$, $b = 1$, $c = 2$일 때, $2 \times 3 \times 7^2 = 294$
(ii) $a = 1$, $b = 2$, $c = 1$일 때, $2 \times 3^2 \times 7 = 126$
(iii) $a = 2$, $b = 1$, $c = 1$일 때, $2^2 \times 3 \times 7 = 84$
따라서 구하는 두 자리 자연수는 84이다. 답 84

A 최고난도문제
ㅣ 본문 16~17쪽

01 144	02 12개	03 3	04 15, 60
05 4, 8, 16		06 12개	

01

10을 소인수의 합으로 나타내면
$2+3+5$, $2+2+3+3$, $2+2+2+2+2$, $3+7$, $5+5$이다.
x의 값은 $2\times3\times5=30$, $2^2\times3^2=36$, $2^5=32$,
$3\times7=21$, $5^2=25$이다.
따라서 모든 자연수 x의 값의 합은
$30+36+32+21+25=144$이다.   🖪 144

02

전략 소인수분해하였을 때 소인수 a가 있는 수는 a의 배수이다.

소인수분해하였을 때 소인수 5가 있어야 하므로
두 자리 자연수 X 중 5의 배수를 소인수분해해 본다.
$10=2\times5$, $15=3\times5$, $20=2^2\times5$, $25=5^2$,
$30=2\times3\times5$, $35=5\times7$, $40=2^3\times5$, $45=3^2\times5$,
$50=2\times5^2$, $55=5\times11$, $60=2^2\times3\times5$, $65=5\times13$,
$70=2\times5\times7$, $75=3\times5^2$, $80=2^4\times5$, $85=5\times17$,
$90=2\times3^2\times5$, $95=5\times19$
이때 35, 55, 65, 70, 85, 95는 가장 큰 소인수가 5가 아니
므로 가능한 X의 값은 모두 $18-6=12$(개)이다.
   🖪 12개

03

(ⅰ) $2^1=2$, $2^2=4$, $2^3=8$, $2^4=16$, $2^5=32$, $\cdots$이므로 2의 거
  듭제곱의 일의 자리의 숫자는 2, 4, 8, 6이 반복된다.
(ⅱ) $3^1=3$, $3^2=9$, $3^3=27$, $3^4=81$, $3^5=243$, $\cdots$이므로 3의
  거듭제곱의 일의 자리의 숫자는 3, 9, 7, 1이 반복된다.
(ⅲ) $5^1=5$, $5^2=25$, $\cdots$이므로 5의 거듭제곱의 일의 자리의
  숫자는 5가 반복된다.
(ⅳ) $7^1=7$, $7^2=49$, $7^3=343$, $7^4=2401$, $7^5=16807$, $\cdots$
  이므로 7의 거듭제곱의 일의 자리의 숫자는 7, 9, 3, 1이
  반복된다.
(ⅰ)~(ⅳ)에서 $2503=625\times4+3$이므로 2^{2503}의 일의 자리의
숫자는 8, 3^{2503}의 일의 자리의 숫자는 7, 5^{2503}의 일의 자리의
숫자는 5, 7^{2503}의 일의 자리의 숫자는 3이다.
따라서 $2^{2503}+3^{2503}+5^{2503}+7^{2503}$의 일의 자리의 숫자는
$8+7+5+3=23$에서 3이므로 $f(2503)=3$이다.   🖪 3

04

$60\times a\times b=2^2\times3\times5\times a\times b$이므로
(ⅰ) $c=1$일 때
  $2^2\times3\times5\times a\times b$가 제곱인 수이려면
  $a\times b=3\times5$
  $\therefore a\times b\times c=15$
(ⅱ) $c=2$일 때
  $2\times3\times5\times a\times b$가 제곱인 수이려면
  $a\times b=2\times3\times5$

$\therefore a\times b\times c=60$
(ⅲ) $c=3$일 때
  $2^2\times5\times a\times b$가 제곱인 수이려면
  $a\times b=1\times5$ 또는 $a\times b=4\times5$
  $\therefore a\times b\times c=15$ 또는 $a\times b\times c=60$
(ⅳ) $c=4$일 때
  $3\times5\times a\times b$가 제곱인 수이려면
  $a\times b=3\times5$
  $\therefore a\times b\times c=60$
(ⅴ) $c=5$일 때
  $2^2\times3\times a\times b$가 제곱인 수이려면
  $a\times b=1\times3$ 또는 $a\times b=4\times3$
  $\therefore a\times b\times c=15$ 또는 $a\times b\times c=60$
(ⅵ) $c=6$일 때
  $2\times5\times a\times b$가 제곱인 수이려면
  $a\times b=2\times5$
  $\therefore a\times b\times c=60$
따라서 $a\times b\times c$의 값은 모두 15, 60이다. 🖪 15, 60

05

n을 소인수분해하면 $n=x\times y$이므로 n의 약수는 1, x, y,
$x\times y$이다.
n의 모든 약수의 합이 $n+31$이므로
$1+x+y+x\times y=n+31$
$1+x+y+x\times y=x\times y+31$
$1+x+y=31$ $\therefore x+y=30$
이때 합이 30인 두 소수는 (7, 23), (11, 19), (13, 17)이
다.
따라서 x와 y의 값의 차가 될 수 있는 수는 4, 8, 16이다.
   🖪 4, 8, 16

06

n번째 사람이 번호가 n의 배수인 문을 열거나 닫으므로 k번
문의 경우 n이 k의 약수일 때 문의 상태가 바뀐다.
즉 문을 여는 것을 ○, 닫는 것을 ×라 하면
6번 문의 경우, 6의 약수는 1, 2, 3, 6이므로
  1번째: ○, 2번째: ×, 3번째: ○, 6번째: ×
6번째 이후의 학생은 6번 문에 손을 대지 않으므로 6번 문은
모든 시행이 끝날 때까지 닫혀 있다.
9번 문의 경우, 9의 약수는 1, 3, 9이므로
  1번째: ○, 3번째: ×, 9번째: ○
9번째 이후의 학생은 9번 문에 손을 대지 않으므로 9번 문은
모든 시행이 끝날 때까지 열려 있다.
즉 모두 끝난 후 문이 열려 있기 위해서는 문의 번호의 약수
의 개수가 홀수 개이어야 한다.

약수의 개수가 홀수 개이려면 자연수의 제곱인 수이어야 하므로 1부터 150까지의 자연수 중에서 제곱인 수는
1, 4, 9, 16, 25, 36, 49, 64, 81, 100, 121, 144이다.
따라서 열려 있는 문의 개수는 12개이다. 🖺 12개

② $40=2^3 \times 5$이므로 40과 24의 최대공약수는 $2^3=8$
③ $60=2^2 \times 3 \times 5$이므로 60과 24의 최대공약수는
$2^2 \times 3=12$
④ $84=2^2 \times 3 \times 7$이므로 84와 24의 최대공약수는
$2^2 \times 3=12$
⑤ $108=2^2 \times 3^3$이므로 108과 24의 최대공약수는
$2^2 \times 3=12$ 🖺 ②

02 최대공약수와 최소공배수

C 주제별필수문제 | 본문 20~24쪽

01 ①	**02** ㉡	**03** 294개	**04** ②	**05** 5
06 12개	**07** ④	**08** ①	**09** 4	**10** ①
11 10	**12** ④	**13** ③	**14** 1	**15** 10
16 ④	**17** 20장	**18** 3	**19** 4200개	
20 14개	**21** 6명, 17자루		**22** 5바퀴	
23 ③	**24** 106	**25** ⑤	**26** ②	**27** $\frac{200}{3}$
28 8	**29** 10	**30** 90		

01

전략 소인수끼리 맞춰 쓴 후, 공통인 소인수 중 지수가 같으면 그대로, 다르면 작은 것을 택하여 곱한다.

$$2^2 \times 3^3 \quad\quad \times 7$$
$$2^3 \quad\quad \times 5^2 \times 7^2$$
$$2^3 \times 3 \times 5^2$$
$$\overline{\text{(최대공약수)}=2^2}$$

🖺 ①

02

㉠ 65와 91은 최대공약수가 13이므로 서로소가 아니다.
㉢ 서로소인 두 자연수의 공약수는 1이다.
㉣ 두 홀수 5와 15는 최대공약수가 5이므로 서로소가 아니다.

🖺 ㉡

03

$343=7^3$이므로 343과 서로소이려면 7의 배수가 아니어야 한다. 343보다 작은 자연수 중에서 7의 배수는 48개이므로 343과 서로소인 자연수의 개수는
$342-48=294$(개)이다.

🖺 294개

04

$24=2^3 \times 3$과 x의 최대공약수가 12이어야 한다.
① $36=2^2 \times 3^2$이므로 36과 24의 최대공약수는
$2^2 \times 3=12$

05

두 수의 최대공약수가 $2^2 \times 3^2 \times 5 \times 7^2$이므로
$x=2$, $y=1$, $z=2$
$\therefore x+y+z=5$ 🖺 5

06

❶ $480=2^5 \times 3 \times 5$
❷ 세 수의 최대공약수는 $2^2 \times 3 \times 5$
❸ 공약수의 개수는 최대공약수의 약수의 개수와 같으므로 세 수의 공약수의 개수는
$(2+1) \times (1+1) \times (1+1)=12$(개)이다. 🖺 12개

채점기준	배점
❶ 480을 소인수분해하기	30 %
❷ 세 수의 최대공약수 구하기	30 %
❸ 세 수의 공약수의 개수 구하기	40 %

07

전략 소인수끼리 맞춰 쓴 후, 공통인 소인수 중 지수가 같으면 그대로, 다르면 큰 것을 택하여 곱한다. 이때 공통이 아닌 소인수도 모두 곱한다.

$$2^2 \times 3^2 \times 5$$
$$2 \times 3^3 \quad\quad \times 7$$
$$3^2 \times 5 \times 7^2$$
$$\overline{\text{(최소공배수)}=2^2 \times 3^3 \times 5 \times 7^2}$$

④ $2^2 \times 3^2 \times 5 \times 7^3 \times 11$은 $2^2 \times 3^3 \times 5 \times 7^2$의 배수가 아니다.

🖺 ④

08

전략 공배수는 최소공배수의 배수이다.

$54=2 \times 3^3$이므로 세 수의 최소공배수는 $2^2 \times 3^3=108$이다.
$1000 \div 108=9.2\cdots$이므로 1000 이하의 공배수의 개수는 9개이다.

🖺 ①

09

$$
\begin{array}{r|ccc}
x) & 3 \times x & 10 \times x & 18 \times x \\
3) & 3 & 10 & 18 \\
2) & 1 & 10 & 6 \\
\hline
& 1 & 5 & 3
\end{array}
$$
$$x \times 3 \times 2 \times 1 \times 5 \times 3=360$$

$$x \times 90 = 360$$
$$\therefore x = 4$$
답 4

10

① 1은 약수가 1개이다.
답 ①

11

$$\begin{array}{r} 2^a \times 3^4 \\ 2^2 \times 3^b \\ \hline (\text{최소공배수}) = 2^3 \times 3^7 \end{array}$$

$a=3$, $b=7$이므로

$a+b = 3+7 = 10$
답 10

12

$144 = 2^4 \times 3^2$

① $25 = 5^2$이므로 25와 144의 최소공배수는 $2^4 \times 3^2 \times 5^2$

② $50 = 2 \times 5^2$이므로 50과 144의 최소공배수는
  $2^4 \times 3^2 \times 5^2$

③ $75 = 3 \times 5^2$이므로 75와 144의 최소공배수는
  $2^4 \times 3^2 \times 5^2$

④ $90 = 2 \times 3^2 \times 5$이므로 90과 144의 최소공배수는
  $2^4 \times 3^2 \times 5$

⑤ $150 = 2 \times 3 \times 5^2$이므로 150과 144의 최소공배수는
  $2^4 \times 3^2 \times 5^2$
답 ④

같은문제 다른풀이

A와 $144 = 2^4 \times 3^2$의 최소공배수는 $2^4 \times 3^2 \times 5^2$이므로 A를 소인수분해했을 때 소인수 5의 지수가 반드시 2이어야 한다.

즉, $A = 5^2$ 또는 $A = 2^a \times 5^2 (a=1, 2, 3, 4)$

또는 $A = 3^b \times 5^2 (b=1, 2)$

또는 $A = 2^a \times 3^b \times 5^2 (a=1, 2, 3, 4, b=1, 2)$의 꼴이어야 한다.

따라서 A의 값이 될 수 없는 것은 ④ $90 = 2 \times 3^2 \times 5$이다.

13

$$\begin{array}{r} 2^2 \times 3^2 \times 5 \\ 3^3 \times 5 \\ 3 \times 5^2 \times 7 \\ \hline (\text{최대공약수}) = \quad\ 3 \times 5 \\ (\text{최소공배수}) = 2^2 \times 3^3 \times 5^2 \times 7 \end{array}$$
답 ③

14

$$\begin{array}{r} 2^a \times 3^3 \times 5^b \\ 2^4 \quad\ \times 5 \times 7 \\ 2^4 \times 3^c \times 5 \\ \hline (\text{최대공약수}) = 2^3 \quad\ \times 5 \\ (\text{최소공배수}) = 2^4 \times 3^4 \times 5^2 \times 7 \end{array}$$

세 수의 최대공약수가 $2^3 \times 5$이므로 $a=3$

세 수의 최소공배수가 $2^4 \times 3^4 \times 5^2 \times 7$이므로 $b=2$, $c=4$

$\therefore a+b-c = 3+2-4 = 1$
답 1

15

❶ 135를 소인수분해하면 $135 = 3^3 \times 5$
  $2^2 \times 3^a \times 5^2$, $3^4 \times 5^b \times 11$의 최대공약수가 $3^3 \times 5$이므로
  $3^a = 3^3$에서 $a=3$, $5^b = 5$에서 $b=1$

❷ 두 수는 $2^2 \times 3^3 \times 5^2$, $3^4 \times 5 \times 11$이므로 최소공배수
  $2^2 \times 3^4 \times 5^2 \times 11$에서 $c=4$, $d=2$

❸ $a+b+c+d = 3+1+4+2 = 10$
답 10

채점기준	배점
❶ a, b의 값 구하기	40 %
❷ c, d의 값 구하기	40 %
❸ $a+b+c+d$의 값 구하기	20 %

16

되도록 많은 사람들에게 똑같이 나누어
주려면 사람 수는 108, 90, 54의
최대공약수이어야 하므로
$2 \times 3 \times 3 = 18$(명)

$$\begin{array}{r} 2\,)\underline{108 \quad 90 \quad 54} \\ 3\,)\underline{\ 54 \quad 45 \quad 27} \\ 3\,)\underline{\ 18 \quad 15 \quad\ 9} \\ 6 \quad\ 5 \quad\ 3 \end{array}$$

따라서 최대 18명에게 나누어 줄 수 있다.
답 ④

17

색종이의 한 변의 길이는 96, 120의
최대공약수이어야 하므로
$2 \times 2 \times 2 \times 3 = 24$(cm)
따라서 필요한 색종이의 장수는
가로 방향으로 $96 \div 24 = 4$(장),
세로 방향으로 $120 \div 24 = 5$(장)이므로
총 장수는 $4 \times 5 = 20$(장)이다.

$$\begin{array}{r} 2\,)\underline{96 \quad 120} \\ 2\,)\underline{48 \quad\ 60} \\ 2\,)\underline{24 \quad\ 30} \\ 3\,)\underline{12 \quad\ 15} \\ 4 \quad\ 5 \end{array}$$
답 20장

18

어떤 수로 20을 나누면 2가 남으므로 $(20-2)$를 나누면 나누어떨어진다.

또 어떤 수로 56을 나누면 1이 부족하므로 $(56+1)$을 나누면 나누어떨어진다.

따라서 구하는 수는 18, 57의
최대공약수이므로 3이다.

$$\begin{array}{r} 3\,)\underline{18 \quad 57} \\ 6 \quad 19 \end{array}$$
답 3

> ● Sub Note ●
>
> (1) 어떤 수 x로 P를 나누면 나머지가 r이다.
> ⇨ x로 $P-r$를 나누면 나누어떨어진다.
> ⇨ x는 $P-r$의 약수이다.
>
> (2) 어떤 수 x로 P를 나누면 s가 부족하다.
> ⇨ x로 $P+s$를 나누면 나누어떨어진다.
> ⇨ x는 $P+s$의 약수이다.

19

정육면체 모양의 주사위의
크기를 최대로 하려면
주사위의 한 모서리의
길이는 56, 48, 100의
최대공약수이어야 하므로 $2^2=4(\text{cm})$
따라서 필요한 주사위의 개수는
가로 방향으로 $56 \div 4=14(\text{개})$,
세로 방향으로 $48 \div 4=12(\text{개})$,
높이로 $100 \div 4=25(\text{개})$이므로
총 개수는 $14 \times 12 \times 25=4200(\text{개})$이다.

$$56=2^3 \qquad \times 7$$
$$48=2^4 \times 3$$
$$\underline{100=2^2 \qquad \times 5^2}$$
$$(\text{최대공약수})=2^2$$

🔲 4200개

20

찍는 점의 개수를 최소로
하려면 점 사이의 간격은
36, 60, 72의 최대공약수
이어야 하므로
$2^2 \times 3=12(\text{cm})$
이때 $36 \div 12=3$, $60 \div 12=5$, $72 \div 12=6$이므로
찍어야 하는 점의 개수는 $3+5+6=14(\text{개})$이다.

$$36=2^2 \times 3^2$$
$$60=2^2 \times 3 \times 5$$
$$\underline{72=2^3 \times 3^2}$$
$$(\text{최대공약수})=2^2 \times 3$$

🔲 14개

21

❶ 공책은 2권이 남고, 볼펜은 3자루가 남고, 형광펜은 1자루가 부족하므로 공책이 $80-2=78(\text{권})$, 볼펜이 $105-3=102(\text{자루})$, 형광펜이 $89+1=90(\text{자루})$이면 학생들에게 똑같이 나누어 줄 수 있다.
따라서 받을 수 있는 학생 수는 78, 102, 90의 최대공약수이므로 $2 \times 3=6(\text{명})$이다.

$$78=2 \times 3 \qquad \times 13$$
$$102=2 \times 3 \qquad \times 17$$
$$\underline{90=2 \times 3^2 \times 5}$$
$$(\text{최대공약수})=2 \times 3$$

❷ 한 학생이 받을 수 있는 볼펜의 수는
$(105-3) \div 6=17(\text{자루})$이다.

🔲 6명, 17자루

채점기준	배점
❶ 받을 수 있는 학생 수 구하기	80 %
❷ 한 학생이 받을 수 있는 볼펜의 수 구하기	20 %

22

태영이와 도연이가 처음으로 다시 출발점에서 만나게 될 때까지 걸리는 시간은
18과 30의 최소공배수이므로
$2 \times 3^2 \times 5=90(\text{분})$이다.
따라서 다시 만나게 되는 것은 태영이가
운동장을 $90 \div 18=5(\text{바퀴})$ 돌았을 때이다.

$$2) \underline{18 \quad 30}$$
$$3) \underline{9 \quad 15}$$
$$\quad 3 \quad 5$$

🔲 5바퀴

23

되도록 벽돌을 적게 사용하려면
정육면체의 한 모서리의 길이는
6, 12, 10의 최소공배수이어야 하므로
한 모서리의 길이는 $2^2 \times 3 \times 5=60(\text{cm})$이다.

$$2) \underline{6 \quad 12 \quad 10}$$
$$3) \underline{3 \quad 6 \quad 5}$$
$$\quad 1 \quad 2 \quad 5$$

🔲 ③

24

어떤 수를 □라 하면 □-1은 3, 5, 7의 공배수이고 최소공배수는 105이므로
□$-1=105, 210, 315, \cdots$
∴ □$=106, 211, 316, \cdots$
따라서 가장 작은 세 자리 자연수는 106이다.

🔲 106

25

두 톱니바퀴가 처음으로
다시 같은 톱니에서
맞물릴 때까지 돌아간
톱니바퀴 A의 톱니의 개수는
150과 120의 최소공배수이므로
$2^3 \times 3 \times 5^2=600(\text{개})$이다.

$$150=2 \times 3 \times 5^2$$
$$\underline{120=2^3 \times 3 \times 5}$$
$$(\text{최소공배수})=2^3 \times 3 \times 5^2$$

🔲 ⑤

26

혜랑이는 5일을 일하고 하루를 쉬고, 준혁이는 7일을 일하고 하루를 쉬므로 두 사람은 $5+1$, $7+1$, 즉 6일, 8일에 하루를 쉰다. 따라서 혜랑이와 준혁이가 그 다음에 처음으로 같이 쉬는 날은 6과 8의 최소공배수인 24일 후이다.
이때 $24=3 \times 7+3$이므로 두 사람은 월요일로부터 3일 후인 목요일에 처음으로 같이 쉰다.

🔲 ②

27

❶ 구하는 분수를 $\dfrac{a}{b}$라 하면
a는 25와 40의 최소공배수이므로 $a=2^3 \times 5^2=200$

$$25=\qquad 5^2$$
$$\underline{40=2^3 \times 5}$$
$$(\text{최소공배수})=2^3 \times 5^2$$

❷ b는 12와 9의 최대공약수이므로
$b=3$

$$12=2^2 \times 3$$
$$\underline{9=\qquad 3^2}$$
$$(\text{최대공약수})=\qquad 3$$

❸ 구하는 분수는 $\dfrac{200}{3}$이다.

🔲 $\dfrac{200}{3}$

채점기준	배점
❶ 구하는 분수의 분자 구하기	45 %
❷ 구하는 분수의 분모 구하기	45 %
❸ 구하는 분수 구하기	10 %

28

최대공약수를 G라 하면
(두 수의 곱)$=$(최대공약수)$\times$(최소공배수)이므로

$1280 = G \times 160$　　$\therefore G = 8$　　　　　　　　**탑 8**

29

$$15)\underline{A\qquad 165}$$
$$a\qquad 11$$

$A = 15 \times a(a$와 11은 서로소)라 하면

최소공배수가 1320이므로 $15 \times a \times 11 = 1320$

$\therefore a = 8$

따라서 $A = 15 \times 8 = 120 = 2^3 \times 3 \times 5$이므로 소인수들의 합은 $2 + 3 + 5 = 10$이다.　　**탑 10**

같은문제 다른풀이

(두 수의 곱) = (최대공약수) × (최소공배수)이므로

$A \times 165 = 15 \times 1320$　　$\therefore A = 120 = 2^3 \times 3 \times 5$

따라서 120의 소인수들의 합은 $2 + 3 + 5 = 10$이다.

30

어떤 자연수를 A라 하면

(두 수의 곱) = (최대공약수) × (최소공배수)이므로

$2^2 \times 3^4 \times 7 \times A = (2 \times 3^2) \times (2^2 \times 3^4 \times 5 \times 7)$

$\therefore A = 2 \times 3^2 \times 5 = 90$　　　　　　**탑 90**

B 실격완성문제

■ 본문 25~28쪽 ●

01 53개	**02** 5	**03** 91	**04** 8	**05** 144
06 44	**07** 3개	**08** 3개	**09** $\dfrac{63}{4}$	**10** 420
11 54	**12** 3	**13** 40개	**14** 34개	**15** 36
16 10700원		**17** 108	**18** 270	
19 $A = 4, B = 180, C = 720$		**20** 9명	**21** 28번	
22 15	**23** $A = 60, B = 84$	**24** 2번		

01

$15 = 3 \times 5$에서 15와 서로소인 자연수는 3의 배수도 아니고 5의 배수도 아니다. 100 이하의 자연수 중 15와 서로소인 자연수의 개수는 $100 - (3$의 배수의 개수$) - (5$의 배수의 개수$) + (3$과 5의 공배수의 개수$)$이다.

이때 3과 5의 공배수는 15의 배수이고

100 이하의 자연수 중 3의 배수는 33개, 5의 배수는 20개, 15의 배수는 6개이다.

따라서 100 이하의 자연수 중 15와 서로소인 자연수의 개수는 $100 - 33 - 20 + 6 = 53$(개)이다.　　**탑 53개**

02

❶ 36과 420의 최대공약수는 $2^2 \times 3$이다.

　　　　　　$36 = 2^2 \times 3^2$
　　　　　　$420 = 2^2 \times 3 \times 5 \times 7$
　　　　　$\overline{(최대공약수) = 2^2 \times 3}$

❷ 공약수는 최대공약수의 약수이므로 $2^2 \times 3$의 약수 중에서 어떤 자연수의 제곱이 되는 수는 1, 2^2이다.

❸ 그 합은 $1 + 4 = 5$이다.　　　　　**탑 5**

채점기준	배점
❶ 36과 420의 최대공약수 구하기	40 %
❷ 공약수 중 어떤 자연수의 제곱이 되는 수 구하기	40 %
❸ 그 합 구하기	20 %

03

$78 = 2 \times 3 \times 13$이므로 78과 최대공약수가 13인 자연수는 $13 \times n(n$은 2의 배수도 아니고 3의 배수도 아닌 자연수)의 꼴이다.

따라서 13, 13×5, 13×7, 13×11, … 중에서 가장 큰 두 자리 자연수는 $13 \times 7 = 91$이다.　　**탑 91**

04

$72 \triangle 68 = (2^3 \times 3^2) \triangle (2^2 \times 17) = 2^3 \times 3^2 \times 17$

$\therefore 40 \circledcirc (72 \triangle 68) = (2^3 \times 5) \circledcirc (2^3 \times 3^2 \times 17) = 2^3 = 8$

탑 8

05

세 자연수를 $2 \times x$, $3 \times x$, $7 \times x(x$는 자연수)라 하면

$$x)\underline{2 \times x \quad 3 \times x \quad 7 \times x}$$
$$\quad\ 2 \qquad\ 3 \qquad\ 7$$

최소공배수가 504이므로

$x \times 2 \times 3 \times 7 = 504$

$\therefore x = 12$

따라서 세 자연수는 $2 \times 12 = 24$, $3 \times 12 = 36$, $7 \times 12 = 84$이므로 그 합은 $24 + 36 + 84 = 144$이다.

탑 144

06

전략 어떤 수들의 공약수의 개수는 최대공약수의 약수의 개수와 같다.

❶ $108 = 2^2 \times 3^3$, $150 = 2 \times 3 \times 5^2$, $360 = 2^3 \times 3^2 \times 5$이므로 세 수의 최대공약수는 2×3
세 수의 공약수의 개수는 최대공약수의 약수의 개수와 같으므로
$a = (1+1) \times (1+1) = 4$

❷ 세 수의 최소공배수는 $2^3 \times 3^3 \times 5^2$이므로
$b = (3+1) \times (3+1) \times (2+1) = 48$

❸ $b - a = 48 - 4 = 44$　　　　　　**탑 44**

채점기준	배점
❶ a의 값 구하기	40 %
❷ b의 값 구하기	40 %
❸ $b-a$의 값 구하기	20 %

07

$9=3^2$, $49=7^2$이고 9, 49, a의 최소공배수가 $2\times3^3\times7^2$이므로 a는 $2\times3^3\times7^2$의 약수이면서 2×3^3의 배수이어야 한다.

따라서 a의 값이 될 수 있는 자연수는 2×3^3, $2\times3^3\times7$, $2\times3^3\times7^2$의 3개이다.　　　　　　　　　　　　　　**답** 3개

08

n은 $24=2^3\times3$, $252=2^2\times3^2\times7$의 공약수이면서 3의 배수가 되어야 한다.

즉 n은 24, 252의 최대공약수 $2^2\times3$의 약수이면서 3의 배수가 되어야 하므로 n이 될 수 있는 수는 3, 2×3, $2^2\times3$의 3개이다.　　　　　　　　　　　　　**답** 3개

09

$A=\dfrac{a}{b}$라 하면 a는 3, 7, 9의 최소공배수이므로 $a=63$

b는 4, 8, 20의 최대공약수이므로 $b=4$

$\therefore A=\dfrac{63}{4}$　　　　　　　　　　　**답** $\dfrac{63}{4}$

10

$12=12\times1$, $48=12\times4$이고 $A=12\times a$라 하면

최소공배수 $240=12\times2^2\times5$이므로

$a=5$ 또는 $a=2\times5$ 또는 $a=2^2\times5$

$\therefore A=12\times5=60$ 또는 $A=12\times10=120$ 또는 $A=12\times20=240$

따라서 가능한 모든 A의 값의 합은 $60+120+240=420$이다.　　　　　　　　　　　　　　　　**답** 420

11

두 분수 $\dfrac{25}{18}$, $\dfrac{20}{27}$ 중 어느 것에 곱해도 그 결과가 자연수가 되는 분수의 분모는 두 분수에서 분자의 공약수이고, 분자는 두 분수에서 분모의 공배수이어야 한다.

즉, $\dfrac{(18과\ 27의\ 공배수)}{(25와\ 20의\ 공약수)}$의 꼴이어야 한다. 이 중 가장 작은

분수는 $\dfrac{(18과\ 27의\ 최소공배수)}{(25와\ 20의\ 최대공약수)}=\dfrac{54}{5}$

또, 두 번째와 세 번째로 작은 분수를 구하기 위해

$\dfrac{(18과\ 27의\ 공배수)}{(25와\ 20의\ 공약수)}$, 즉 $\dfrac{(54의\ 배수)}{(5의\ 약수)}$를 작은 수부터 나열

해 보면 $\dfrac{54}{5}$, $\dfrac{108}{5}$, $\dfrac{162}{5}$, $\cdots$

두 번째로 작은 분수는 $\dfrac{108}{5}$, 세 번째로 작은 분수는 $\dfrac{162}{5}$이

므로 $\dfrac{108}{5}+\dfrac{162}{5}=54$이다.　　　　　　　　**답** 54

12

❶ 보트의 대수를 최대로 하여 태우려면 보트의 수는

$$156=2^2\times3\qquad\times13$$
$$120=2^3\times3\times5$$
$$\overline{(최대공약수)=2^2\times3}$$

156과 120의 최대공약수이어야 하므로 $2^2\times3=12$(대)이다.

❷ 한 대에 태워야 하는 남학생 수는 $156\div12=13$(명)

여학생 수는 $120\div12=10$(명)

❸ $a-b=13-10=3$　　　　　　　　　　　**답** 3

채점기준	배점
❶ 보트의 수 구하기	50 %
❷ 보트 한 대에 태워야 하는 남학생, 여학생 수 구하기	40 %
❸ $a-b$의 값 구하기	10 %

13

모두 같게 배정한다면

남학생 수는 $122-2=120$(명),

여학생 수는 $76+4=80$(명)

따라서 모둠의 개수는 120과 80의 최대공약수이므로

$2^3\times5=40$(개)이다.

$$\begin{array}{r|rr}2&120&80\\\hline2&60&40\\\hline2&30&20\\\hline5&15&10\\\hline&3&2\end{array}$$

답 40개

14

깃발을 일정한 간격으로 설치해야 하므로 깃발 사이의 간격은 120과 84의 공약수이어야 한다.

$$120=2^3\times3\times5$$
$$84=2^2\times3\qquad\times7$$
$$\overline{(최대공약수)=2^2\times3}$$

이때 깃발의 개수를 최소로 하려면 깃발 사이의 간격은 최대가 되어야 하므로 깃발 사이의 간격은 120과 84의 최대공약수인 $2^2\times3=12$(m)이어야 한다.

따라서 $120\div12=10$, $84\div12=7$이므로 필요한 깃발의 개수는 $(10+7)\times2=34$(개)이다.　　　　　　**답** 34개

15

❶ $\dfrac{2A+7}{2B+10}=\dfrac{A}{B}$에서 $2AB+7B=2AB+10A$,

$10A=7B$이므로 $A:B=7:10$

❷ $A=7\times x$, $B=10\times x$ (x는 자연수)라 하면

$$\begin{array}{r|rr}x&7\times x&10\times x\\\hline&7&10\end{array}$$

두 수의 최소공배수가 840이므로

$x\times7\times10=840$　　$\therefore x=12$

$\therefore A=84$, $B=120$

❸ A와 B의 값의 차는 $120-84=36$ 🖹 36

채점기준	배점
❶ A와 B의 값의 비 구하기	40 %
❷ A, B의 값 각각 구하기	50 %
❸ A와 B의 차 구하기	10 %

16

전략 최대한 많은 봉지에 넣어야 하므로 최대공약수를 이용한다.

120, 105, 45의
최대공약수는 $3\times5=15$
이므로 한 바구니에 넣을
자두, 귤, 사과의

$$\begin{array}{r} 120=2^3\times3\ \times5 \\ 105=\qquad3\times5\times7 \\ 45=\qquad3^2\times5 \\ \hline (최대공약수)=\qquad3\ \times5 \end{array}$$

개수는 각각 $120\div15=8$(개), $105\div15=7$(개),
$45\div15=3$(개)이다.
따라서 한 바구니에 넣을 과일들의 가격의 합은
$600\times8+500\times7+800\times3=10700$(원)이다.

🖹 10700원

17

A와 C의 최대공약수는 24이므로
$A=24\times a$, $C=24\times c$
(단, $a<c$, a와 c는 서로소)
A와 C의 최소공배수는 48이므로
$24\times a\times c=48$, $a\times c=2$
$\therefore a=1$, $c=2$ ($\because a<c$)
$\therefore A=24$, $C=48$
B와 C의 최대공약수는 12이므로
$B=12\times b$, $C=12\times4$
(단, $b<4$, b와 4는 서로소)
B와 C의 최소공배수는 144이므로
$12\times b\times4=144$ $\therefore b=3$
$\therefore B=36$
$\therefore A+B+C=24+36+48=108$

$$\begin{array}{r} 24)\underline{A\quad C} \\ a\quad c \end{array}$$

$$\begin{array}{r} 12)\underline{B\quad C} \\ b\quad 4 \end{array}$$

🖹 108

18

조건 ㄱ에서 $36=18\times2$이므로
$N=18\times a$(a와 2는 서로소)   ······ ㉠
조건 ㄴ에서 $70=10\times7$이므로
$N=10\times b$(b와 7은 서로소)   ······ ㉡
N은 ㉠, ㉡을 모두 만족시켜야 하므로
$N=90\times k$(k는 2, 7과 서로소)
따라서 조건 ㄷ을 만족시키는 가장 작은 자연수
N은 $90\times3=270$이다.   🖹 270

19

전략 (두 수의 곱)=(최대공약수)×(최소공배수)

❶ $48=2^4\times3$, $12=2^2\times3$, $720=2^4\times3^2\times5$, $16=2^4$
$2^4\times3$과 B의 최대공약수가 $2^2\times3$,
최소공배수가 $2^4\times3^2\times5$이므로
$(2^4\times3)\times B=(2^2\times3)\times(2^4\times3^2\times5)$
$\therefore B=2^2\times3^2\times5=180$
❷ A는 $2^2\times3^2\times5$와 2^4의 최대공약수이므로
$A=2^2=4$
❸ C는 $2^2\times3^2\times5$와 2^4의 최소공배수이므로
$C=2^4\times3^2\times5=720$ 🖹 $A=4$, $B=180$, $C=720$

채점기준	배점
❶ B의 값 구하기	40 %
❷ A의 값 구하기	30 %
❸ C의 값 구하기	30 %

20

학생들에게 똑같이 나누어 준 장미는
빨간색 장미 $114-6=108$(송이),
보라색 장미 $75-3=72$(송이),
노란색 장미 $56-2=54$(송이)이다.

$$\begin{array}{r} 108=2^2\times3^3 \\ 72=2^3\times3^2 \\ 54=2\times3^3 \\ \hline (최대공약수)=2\times3^2 \end{array}$$

이때 학생 수는 108, 72, 54의 공약수이므로 최대공약수인
18의 약수이다.
이때 11송이의 장미를 학생들에게 나누어 주어도 장미가 남
았으므로 학생 수는 11보다 작다.
또한 가장 큰 나머지 6보다는 커야 하므로
학생 수는 9명이다.   🖹 9명

21

A가 14번 회전하는 동안 B는 6번 회전하고, B가 24번 회전
하는 동안 C는 8번 회전한다.
이때 B의 회전수인 6, 24의 최소공배수는 24이므로
B가 24번 회전하는 동안 A는 $14\times4=56$(번), C는 8번 회
전한다.
따라서 C가 8번 회전하는 동안 A는 56번 회전하므로
C가 4번 회전하는 동안 A는 $56\div2=28$(번) 회전한다.

🖹 28번

22

$A=15\times a$, $B=15\times b$(a, b는 서로소, $a>b$)라 하면
$15\times a\times b=300$에서 $a\times b=20$
이때 a, b는 서로소이고, $a>b$이므로 $a\times b=20$을 만족시키
는 a, b를 (a, b)로 나타내면
$(20, 1)$, $(5, 4)$
(i) $a=20$, $b=1$일 때, $A=300$, $B=15$
(ii) $a=5$, $b=4$일 때, $A=75$, $B=60$
이때 A, B는 두 자리 자연수이므로 $A=75$, $B=60$
$\therefore A-B=75-60=15$ 🖹 15

23

❶ 최대공약수를 G라 하면 $5040=G\times 420$ $\therefore G=12$

따라서 $A=12\times a$, $B=12\times b$ (a, b는 서로소, $a<b$)라 하면

$A+B=12\times a+12\times b=144$

$12(a+b)=144$ $\therefore a+b=12$

❷ 이때 a, b는 서로소이고 $a<b$이므로

$a=1$, $b=11$ 또는 $a=5$, $b=7$

이 중에서 최소공배수가 $12\times a\times b=420$이므로

$a\times b=35$를 만족시키는

a, b의 값은 $a=5$, $b=7$이다.

❸ $A=12\times 5=60$, $B=12\times 7=84$

            📋 $A=60$, $B=84$

채점기준	배점
❶ $a+b$의 값 구하기	40 %
❷ a, b의 값 구하기	50 %
❸ A, B의 값 구하기	10 %

24

두 열차가 다시 동시에 $16=2^4$

출발할 때까지 걸리는 시간은 $50=2\ \times 5^2$

16과 50의 최소공배수이므로   (최소공배수)$=2^4\times 5^2$

$2^4\times 5^2=400$(분)이다.

즉, 두 열차는 동시에 출발한 후 400분마다 다시 동시에 출발한다.

이때 오전 8시부터 오후 10시까지 14시간이고,

$14\times 60=840$(분)이므로 두 열차가 오전 8시부터 오후 10시까지 다시 동시에 출발하는 것은 $\frac{840}{400}=2.1$에서 2번이다.

            📋 2번

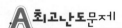 최고난도문제

           ▌본문 29~30쪽

01 $A=150$, $B=60$, $C=48$	**02** 33000원
03 오전 11시 56분 **04** 88명	**05** 840 m
06 2, 7, 14	

01

A, B, C의 최대공약수가 6이고, A, B의 최대공약수가 30이므로 $A=30\times a$, $B=30\times b$, $C=6\times c$ (a, b는 서로소, $a>b$이고 c는 5와 서로소)

A, B의 최소공배수가 300이므로 $30\times a\times b=300$

$\therefore a\times b=10$

$\therefore a=10$, $b=1$ 또는 $a=5$, $b=2$

(i) $a=10$, $b=1$일 때, $A=300$, $B=30$

이때 B, C의 최소공배수가 240이므로

       $B=30=2\ \times 3\times 5$

         $\underline{C=6\times c=2\ \times 3\times c}$

    (최소공배수)$=2^4\times 3\times 5$

$\therefore c=2^3$

$C=6\times 2^3=48$에서 $A>C>B$이므로 조건을 만족시키지 않는다.

(ii) $a=5$, $b=2$일 때, $A=150$, $B=60$

       $B=60=2^2\times 3\times 5$

         $\underline{C=6\times c=2\ \times 3\times c}$

    (최소공배수)$=2^4\times 3\times 5$

$\therefore c=2^3$

$\therefore C=6\times 2^3=48$

(i), (ii)에서 $A=150$, $B=60$, $C=48$

        📋 $A=150$, $B=60$, $C=48$

02

저금통 ①에 들어 있는 동전의 금액은 두 동전의 개수가 서로 같으므로

$100+500=600$의 배수이고, 저금통 ②에 들어 있는 동전의 금액은 두 동전의 금액이 서로 같으므로

$100\times 5+500\times 1=1000$의 배수이다.

또한, 두 저금통에 들어 있는 금액은 서로 같으므로 금액의 합은

600, 1000의 최소공배수인

$2^3\times 3\times 5^3=3000$의 배수이다.

이때 금액의 합은 30000원 초과 35000원 이하이므로 $3000\times 11=33000$(원)이다.

```
2) 600   1000
2) 300    500
2) 150    250
5)  75    125
5)  15     25
     3      5
```

        📋 33000원

03

두 셔틀버스 A, B가 처음으로 다시 $18=2\ \times 3^2$

종점에서 만날 때까지 걸리는 $24=2^3\times 3$

시간은 18과 24의 최소공배수인   (최소공배수)$=2^3\times 3^2$

$2^3\times 3^2=72$(분)이다.

동시에 도착할 때마다 10분씩 쉬므로 종점에서 세 번째로 만날 때까지 걸리는 시간은

$(72+10)+(72+10)+72=236$(분)

$236=60\times 3+56$에서 구하는 시각은 오전 8시로부터 3시간 56분 후인 오전 11시 56분이다.   📋 오전 11시 56분

04

참가자 수를 x명이라 하면

$x+2$는 5와 9의 공배수이다.

이때 5와 9의 공배수는 45이므로

$x+2=45, 90, 135, 180, \cdots$

$\therefore x=43, 88, 133, 178, \cdots$

이 중 11로 나누어떨어지는 가장 작은 수는 88이므로 참가자 수는 최소 88명이다.

目 88명

05

12와 15의 최소공배수는 60이므로 호수의 둘레의 길이는 60의 배수이다.

① 호수의 둘레의 길이가 60 m인 경우

가로등을 12 m 간격으로 세울 때, 필요한 가로등의 수는

$60 \div 12 = 5$(개)

가로등을 15 m 간격으로 세울 때, 필요한 가로등의 수는

$60 \div 15 = 4$(개)

따라서 필요한 가로등의 수의 차는 $5-4=1$(개)이다.

② 호수의 둘레의 길이가 $60 \times 2 = 120$(m)인 경우

가로등을 12 m 간격으로 세울 때, 필요한 가로등의 수는

$120 \div 12 = 10$(개)

가로등을 15 m 간격으로 세울 때, 필요한 가로등의 수는

$120 \div 15 = 8$(개)

따라서 필요한 가로등의 수의 차는 $10-8=2$(개)이다.

⋮

①, ②, $\cdots$에서 호수의 둘레의 길이가 60 m씩 늘어날수록 필요한 가로등의 수의 차가 1개씩 늘어난다.

따라서 필요한 가로등의 수의 차가 14개이려면 호수의 둘레의 길이는 $60 \times 14 = 840$(m)이다.

目 840 m

06

네 수 A, B, C, D를 동일한 자연수 Q로 나누었을 때 모두 같은 나머지 r가 나온다고 하면

$A=Qa+r$, $B=Qb+r$, $C=Qc+r$, $D=Qd+r$로 나타낼 수 있다.

이때 $A-B=Q(a-b)$, $A-C=Q(a-c)$,

$A-D=Q(a-d)$, $B-C=Q(b-c)$,

$B-D=Q(b-d)$, $C-D=Q(c-d)$이므로 Q는

$A-B, A-C, A-D, B-C, B-D, C-D$의 공약수이다.

네 수 2033, 1403, 1333, 955에 대하여 $2033-1403$,

$2033-1333$, $2033-955$, $1403-1333$, $1403-955$,

$1333-955$는 순서대로 630, 700, 1078, 70, 448, 378이고

이들의 최대공약수는 14이므로 공약수는 1, 2, 7, 14이다.

이 공약수들로 나누면 나머지가 같으나 1로 나누면 나머지가 0이므로 조건을 만족시키지 않는다. 따라서 Q가 될 수 있는 수는 2, 7, 14이다.

目 2, 7, 14

01 정수와 유리수

C 주제별 필수문제

| 본문 34~37쪽

01 ②	**02** ⑤	**03** $+4\,^\circ\text{C}$, -10일, $+20\,\%$	
04 ③	**05** 6	**06** ③	**07** 재현, 래오
08 ④	**09** A: $-\dfrac{11}{3}$, B: $-\dfrac{3}{2}$, C: -1, D: $\dfrac{3}{4}$		
10 $a=-4$, $b=3$	**11** $a=-6$, $b=4$		
12 ③	**13** ④	**14** -14, 14	**15** -3
16 -9	**17** ⑤	**18** ③	**19** ④ **20** ⑤
21 6개	**22** $-2, -1, 0, 1$		

01

① $+200$ m   ③ -8 m   ④ $+20$점   ⑤ $+4$일

目 ②

• **Sub Note** •

어떤 기준에 대하여 서로 반대가 되는 성질을 갖는 양을 수로 나타낼 때, 기준이 되는 수를 0으로 두고 한쪽에는 양의 부호 $+$, 다른 한쪽에는 음의 부호 $-$를 붙여서 나타낼 수 있다.

$+$	영상	증가	이익	해발	수입	~ 후
$-$	영하	감소	손해	해저	지출	~ 전

02

⑤ $+800$ m

目 ⑤

03

目 $+4\,^\circ\text{C}$, -10일, $+20\,\%$

04

-5, $\dfrac{15}{3}=5$, $-\dfrac{48}{8}=-6$의 3개이다.

目 ③

05

양의 유리수는 $+\dfrac{1}{8}$, 3, $\dfrac{35}{7}$의 3개이고, 음의 유리수는

-2.5, $-\dfrac{1}{20}$, -12의 3개이다.

따라서 $a=3$, $b=3$이므로 $a+b=6$이다.

目 6

06

㈎는 정수가 아닌 유리수이므로 ③ $\dfrac{1}{5}$, $\dfrac{11}{3}$, $\dfrac{8}{21}$

目 ③

07

성민: 0은 정수이다.

규민: 유리수는 양의 유리수, 0, 음의 유리수로 이루어져 있다.

따라서 옳은 설명을 한 사람은 재현, 래오이다.

🔳 재현, 래오

08

④ 음이 아닌 정수는 0이거나 자연수이다. 🔳 ④

• Sub Note •

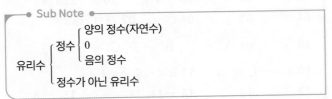

09

🔳 A: $-\dfrac{11}{3}$, B: $-\dfrac{3}{2}$, C: -1, D: $\dfrac{3}{4}$

10

$-\dfrac{7}{2}$, $\dfrac{9}{4}$를 수직선 위에 나타내면 다음 그림과 같다.

$-\dfrac{7}{2}$보다 작은 수 중에서 가장 큰 정수는 -4이므로

$a=-4$, $\dfrac{9}{4}$보다 큰 수 중에서 가장 작은 정수는 3이므로

$b=3$이다. 🔳 $a=-4$, $b=3$

11

❶ a, b를 나타내는 두 점 사이의 거리가 10이므로 두 수 a, b를 나타내는 두 점은 -1을 나타내는 점으로부터 각각 5만큼 떨어져 있다.

❷ $a<0$이므로 $a=-6$, $b=4$ 🔳 $a=-6$, $b=4$

채점기준	배점
❶ a, b와 1을 나타내는 점 사이의 거리 구하기	50 %
❷ a, b의 값 구하기	50 %

12

전략 주어진 수의 절댓값을 구하여 크기를 비교해 본다.

① $|-3.4|=3.4$ ② $|-1.8|=1.8$

③ $|1|=1$ ④ $|-4|=4$

⑤ $\left|\dfrac{7}{3}\right|=\dfrac{7}{3}$

0을 나타내는 점에서 가장 가까운 점이 나타내는 수는 절댓값이 가장 작은 수이다.

따라서 $|1|<|-1.8|<\left|\dfrac{7}{3}\right|<|-3.4|<|-4|$이므로 0

에 가장 가까운 것은 ③ 1이다. 🔳 ③

13

전략 절댓값이 a $(a>0)$인 수는 a, $-a$임을 이용한다.

$|x|<4$이고 x는 정수이므로 $|x|=0, 1, 2, 3$

$|x|=0$일 때, $x=0$

$|x|=1$일 때, $x=1, -1$

$|x|=2$일 때, $x=2, -2$

$|x|=3$일 때, $x=3, -3$

따라서 조건을 만족시키는 정수 x는 7개이다. 🔳 ④

14

절댓값이 같고 부호가 반대인 두 수를 나타내는 두 점 사이의 거리가 28이므로 두 점은 0을 나타내는 점으로부터 각각

$28\times\dfrac{1}{2}=14$만큼 떨어진 점이다.

따라서 절댓값이 14이므로 구하는 두 수는 -14, 14이다.

🔳 -14, 14

15

전략 주어진 수의 절댓값을 구하여 절댓값이 큰 수부터 차례대로 나열해 본다.

주어진 수의 절댓값을 구하면

$|-3|=3$, $\left|\dfrac{14}{5}\right|=\dfrac{14}{5}$, $|2.3|=2.3$

$|0|=0$, $\left|-\dfrac{9}{2}\right|=\dfrac{9}{2}$, $\left|+\dfrac{10}{3}\right|=\dfrac{10}{3}$

이때 절댓값이 큰 수부터 차례대로 나열하면

$-\dfrac{9}{2}$, $+\dfrac{10}{3}$, -3, $\dfrac{14}{5}$, 2.3, 0

따라서 세 번째에 오는 수는 -3이다. 🔳 -3

16

$|-9|=9$, $|-4|=4$, $|7|=7$이므로

$(-9)\bigcirc\{(-4)\triangle7\}=(-9)\bigcirc(-4)=-9$ 🔳 -9

17

① $\left|-\dfrac{3}{4}\right|>0$ ② $-\dfrac{1}{2}>-\dfrac{2}{3}$ ③ $-12<10$

④ $\dfrac{3}{4}=\dfrac{9}{12}$ ⑤ $\left|-\dfrac{4}{3}\right|>\left|-\dfrac{5}{4}\right|$ 🔳 ⑤

18

전략 수직선 위에 점으로 나타낼 때, 가장 왼쪽에 있는 수가 가장 작은 수이다.

$-5<-\dfrac{17}{4}<\dfrac{2}{5}<\dfrac{6}{5}<3.2$이므로 수직선 위에 점으로 나타낼 때 가장 왼쪽에 있는 것은 ③ -5이다. 🔳 ③

19

④ $+5.2 > 1.5 > 0 > -\dfrac{3}{4} > -\dfrac{7}{3} > -3$이므로 네 번째로 큰 수는 $-\dfrac{3}{4}$이다.

답 ④

20

전략 크지 않다.=작거나 같다.=이하
작지 않다.=크거나 같다.=이상

⑤ $-2 \leq a \leq 5$

답 ⑤

21

$-\dfrac{13}{4} \leq a < 2.8$을 만족시키는 정수는

$-3, -2, -1, 0, 1, 2$의 6개이다.

답 6개

22

❶ 조건 ㄱ에서 $-3 < a < 3$이므로
정수 a는 $-2, -1, 0, 1, 2$

❷ 조건 ㄴ에서 $-\dfrac{7}{2} \leq a < 1.4$이므로 정수 a는

$-3, -2, -1, 0, 1$

❸ 두 조건을 모두 만족시키는 a의 값은 $-2, -1, 0, 1$이다.

답 $-2, -1, 0, 1$

채점기준	배점
❶ ㄱ을 만족시키는 정수 a의 값 구하기	40 %
❷ ㄴ을 만족시키는 정수 a의 값 구하기	40 %
❸ 두 조건을 모두 만족시키는 a의 값 구하기	20 %

B 실격완성문제

본문 38~41쪽

01 ⑤	**02** ③	**03** ②, ⑤	**04** ②	**05** ⑤
06 B: 1, C: 4, E: 10			**07** D: 0, E: 12	
08 ㄴ, ㄹ	**09** 36	**10** 4개	**11** $-\dfrac{7}{2}$	**12** 11
13 $-5, -4, -3, -2, 2$			**14** 10개	**15** 15
16 $a=6, b=-12$		**17** 28	**18** 5	
19 $31 \leq x < 32$		**20** z, y, x		**21** ④
22 3개	**23** $ab, b, -a, a, -b, -ab$			
24 $-151, -157$				

01

⑤ 모든 유리수는 분자가 정수이고 분모가 0이 아닌 정수인 분수로 나타낼 수 있다.

답 ⑤

02

$-\dfrac{10}{3}$은 정수가 아닌 유리수이므로 $\left\langle -\dfrac{10}{3} \right\rangle = 1$

$0, -\dfrac{8}{4} = -2$는 정수이므로 $\langle 0 \rangle = 0$, $\left\langle -\dfrac{8}{4} \right\rangle = 0$

$\left\langle -\dfrac{10}{3} \right\rangle + \langle 0 \rangle + \left\langle -\dfrac{8}{4} \right\rangle + \langle a \rangle = 1 + 0 + 0 + \langle a \rangle = 2$

$\therefore \langle a \rangle = 1$

따라서 a는 정수가 아닌 유리수이므로 a가 될 수 없는 것은 ③ $-\dfrac{6}{3} = -2$이다.

답 ③

03

①, ② 네 점 A, B, C, D가 나타내는 수는 다음과 같다.

A: $-\dfrac{9}{2}$, B: -3, C: $-\dfrac{1}{2}$, D: $\dfrac{2}{3}$

③ 정수는 한 개이다.

④ 음의 유리수는 3개이다.

⑤ $\left| -\dfrac{1}{2} \right| < \left| \dfrac{2}{3} \right| < |-3| < \left| -\dfrac{9}{2} \right|$이므로 점 C가 나타내는 수의 절댓값이 가장 작다.

답 ②, ⑤

04

(i) $|a| = 0$, $|b| = 3$일 때 (a, b)는 $(0, 3)$, $(0, -3)$

(ii) $|a| = 1$, $|b| = 2$일 때 (a, b)는 $(1, 2)$, $(1, -2)$, $(-1, 2)$, $(-1, -2)$

(iii) $|a| = 2$, $|b| = 1$일 때 (a, b)는 $(2, 1)$, $(2, -1)$, $(-2, 1)$, $(-2, -1)$

(iv) $|a| = 3$, $|b| = 0$일 때 (a, b)는 $(3, 0)$, $(-3, 0)$

(i)~(iv)에서 (a, b)는 12개이다.

답 ②

05

점 A가 나타내는 수는 5 또는 -5
점 B가 나타내는 수는 16 또는 -2
따라서 두 점 A, B가 나타내는 수가 각각 -5, 16일 때 두 점 A, B 사이의 거리가 최대이므로 구하는 거리는 21이다.

답 ⑤

06

전략 먼저 두 점 A, D 사이의 거리를 구하여 간격의 수로 나눈다.

두 점 A, D 사이의 거리가 9이므로 5개의 점 A, B, C, D, E 사이의 간격은 모두 $\dfrac{9}{3} = 3$이다.

따라서 세 점 B, C, E가 나타내는 수는 각각 1, 4, 10이다.

답 B: 1, C: 4, E: 10

07

ㄱ에서 점 B는 점 A보다 5만큼 오른쪽에 있으므로 점 B가 나타내는 수는 9이다.

ㄴ에서 점 F는 점 B보다 1만큼 오른쪽에 있으므로 점 F가 나타내는 수는 10이고 점 F는 점 E보다 2만큼 왼쪽에 있으므로 점 E가 나타내는 수는 12이다.

ㄷ에서 점 C는 점 F보다 7만큼 왼쪽에 있으므로 점 C가 나타내는 수는 3이고 점 C는 점 D보다 3만큼 오른쪽에 있으므로 점 D가 나타내는 수는 0이다.

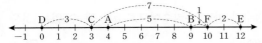

답 D: 0, E: 12

08

전략 절댓값은 0또는 양수이다.

ㄱ. $|-a|>0$

ㄴ. $|a|>0$, $b<0$이므로 $|a|>b$

ㄷ. $|a|>0$, $|b|>0$이므로 $|a|+|b|>0$

ㄹ. $|a|<|b|$이므로 $|a|-|b|<0$ 답 ㄴ, ㄹ

09

❶ $-\dfrac{22}{3}=-7.33\cdots$에 가장 가까운 정수는 -7이므로 $x=-7$

❷ $\dfrac{40}{7}=5.7\cdots$에 가장 가까운 정수는 6이므로 $y=6$

❸ -7과 6 사이에 있는 정수는 -6, -5, -4, -3, -2, -1, 0, 1, 2, 3, 4, 5이므로 절댓값의 합은 36이다.

답 36

채점기준	배점
❶ x의 값 구하기	40 %
❷ y의 값 구하기	40 %
❸ x와 y 사이에 있는 모든 정수의 절댓값의 합 구하기	20 %

10

$-\dfrac{3}{4}=-\dfrac{9}{12}$, $\dfrac{1}{3}=\dfrac{4}{12}$이므로

$-\dfrac{9}{12}$와 $\dfrac{4}{12}$ 사이에 있는 정수가 아닌 유리수 중에서 기약분수로 나타낼 때, 분모가 12인 수는

$-\dfrac{7}{12}$, $-\dfrac{5}{12}$, $-\dfrac{1}{12}$, $\dfrac{1}{12}$의 4개이다.   답 4개

11

❶ $|-2|=2$, $\left|-\dfrac{7}{2}\right|=\dfrac{7}{2}=3.5$이므로 $|-2|<\left|-\dfrac{7}{2}\right|$

∴ $(-2)\triangle\left(-\dfrac{7}{2}\right)=-\dfrac{7}{2}$

❷ $\left|-\dfrac{11}{3}\right|=\dfrac{11}{3}=3.66\cdots$, $\left|-\dfrac{16}{9}\right|=\dfrac{16}{9}=1.77\cdots$이므로 $\left|-\dfrac{11}{3}\right|>\left|-\dfrac{16}{9}\right|$

∴ $\left(-\dfrac{11}{3}\right)\triangle\left(-\dfrac{16}{9}\right)=-\dfrac{11}{3}$

❸ $\left|-\dfrac{7}{2}\right|=\dfrac{7}{2}=3.5$, $\left|-\dfrac{11}{3}\right|=\dfrac{11}{3}=3.66\cdots$이므로

$\left|-\dfrac{7}{2}\right|<\left|-\dfrac{11}{3}\right|$

∴ $\left\{(-2)\triangle\left(-\dfrac{7}{2}\right)\right\}\odot\left\{\left(-\dfrac{11}{3}\right)\triangle\left(-\dfrac{16}{9}\right)\right\}$

$=\left(-\dfrac{7}{2}\right)\odot\left(-\dfrac{11}{3}\right)=-\dfrac{7}{2}$ 답 $-\dfrac{7}{2}$

채점기준	배점
❶ $(-2)\triangle\left(-\dfrac{7}{2}\right)$의 값 구하기	40 %
❷ $\left(-\dfrac{11}{3}\right)\triangle\left(-\dfrac{16}{9}\right)$의 값 구하기	40 %
❸ $\left\{(-2)\triangle\left(-\dfrac{7}{2}\right)\right\}\odot\left\{\left(-\dfrac{11}{3}\right)\triangle\left(-\dfrac{16}{9}\right)\right\}$의 값 구하기	20 %

12

$-2\dfrac{3}{5}$과 $\dfrac{15}{4}$ 사이에 있는 정수는 -2, -1, 0, 1, 2, 3의 6개이므로 $a=6$

이때 자연수는 3개이므로 $b=3$

음의 정수는 2개이므로 $c=2$

∴ $a+b+c=6+3+2=11$ 답 11

13

$-5\le x<\dfrac{9}{4}$이고, $\dfrac{9}{4}=2.25$이므로

정수 x가 될 수 있는 수는 -5, -4, -3, $\cdots$, 1, 2이다.

$|x|\ge2$이므로 구하는 정수 x는 -5, -4, -3, -2, 2이다.   답 -5, -4, -3, -2, 2

14

❶ (i) $\left|\dfrac{a}{3}\right|\le2$이므로 $-2\le\dfrac{a}{3}\le2$

$-6\le a\le6$이므로 이를 만족시키는 정수 a는 -6, -5, -4, $\cdots$, 4, 5, 6이다.

❷ (ii) $-\dfrac{18}{5}\le a<8$이므로 이를 만족시키는 정수 a는 -3, -2, $\cdots$, 6, 7이다.

❸ (i), (ii)에서 정수 a는 -3, -2, -1, 0, 1, 2, 3, 4, 5, 6의 10개이다.   답 10개

채점기준	배점
❶ $\left|\dfrac{a}{3}\right|\le2$를 만족시키는 a의 값 구하기	40 %
❷ $-\dfrac{18}{5}\le a<8$을 만족시키는 a의 값 구하기	40 %
❸ 정수 a의 개수 구하기	20 %

15

-3과 a를 나타내는 두 점 사이의 거리가 6이므로

$a=3$ 또는 $a=-9$

(i) $a=3$이면 3과 3을 나타내는 두 점 사이의 거리가 0이므로 $b=3$

　　이때 a와 b가 서로 다른 수라는 조건을 만족시키지 않는다.

(ii) $a=-9$이면 -9와 3을 나타내는 두 점 사이의 거리가 12이므로 $b=15$

(i), (ii)에서 $b=15$ 　　　　　　　　　　　　　　　답 15

16

ㄱ에서 수직선에서 0을 나타내는 점과 b를 나타내는 점 사이의 거리는 0을 나타내는 점과 a를 나타내는 점 사이의 거리의 2배이고, ㄴ에서 b는 음수이다.

또, ㄷ에서 두 점 사이의 거리는 18이라 했으므로 수직선 위에 나타내어 보면 다음과 같다.

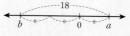

따라서 $a=6$, $b=-12$이다. 　　　　　　　답 $a=6$, $b=-12$

17

$|x-3|=6$에서 $x-3=-6$ 또는 $x-3=6$

$\therefore x=-3$ 또는 $x=9$

$|y-5|=2$에서 $y-5=-2$ 또는 $y-5=2$

$\therefore y=3$ 또는 $y=7$

(i) $x=-3$, $y=3$일 때, $2x+y=-6+3=-3$

(ii) $x=-3$, $y=7$일 때, $2x+y=-6+7=1$

(iii) $x=9$, $y=3$일 때, $2x+y=18+3=21$

(iv) $x=9$, $y=7$일 때, $2x+y=18+7=25$

(i)~(iv)에서 $2x+y$의 값 중 가장 작은 수는 -3, 가장 큰 수는 25이다.

따라서 그 차는 28이다. 　　　　　　　　　　　　답 28

18

❶ -5.4보다 크지 않은 정수는 -6, -7, -8, $\cdots$이므로
$a=[-5.4]=-6$

❷ 4보다 크지 않은 정수는 4, 3, 2, $\cdots$이므로
$b=[4]=4$

❸ 3.2보다 크지 않은 정수는 3, 2, 1, $\cdots$이므로
$c=[3.2]=3$

❹ $|a|-b+c=6-4+3=5$ 　　　　　　　　　　답 5

채점기준	배점
❶ a의 값 구하기	30 %
❷ b의 값 구하기	30 %
❸ c의 값 구하기	30 %
❹ $|a|-b+c$의 값 구하기	10 %

19

전략 절댓값이 0, 1, 2, $\cdots$, n인 정수를 구한다.

절댓값이 0인 정수는 0

절댓값이 1인 정수는 -1, 1

절댓값이 2인 정수는 -2, 2
　　　　　$\vdots$

절댓값이 n인 정수는 $-n$, n

따라서 절댓값이 x 이하인 정수가 63개이므로 이 중 0을 제외한 정수는 62개이다.

$n=\dfrac{62}{2}=31$이므로 x의 값의 범위를 부등호를 사용하여 나타내면 $31\leq x<32$ 　　　　　　　답 $31\leq x<32$

20

ㄱ, ㄷ에서 x는 -3보다 크면서 절댓값이 3보다 크므로

$x>3$

ㄱ, ㄹ에서 z는 -3보다 크면서 음수이므로

$-3<z<0$

ㄴ에서 $z<y<3$

즉, $-3<z<y<3<x$이므로 $z<y<x$

따라서 작은 수부터 차례대로 나열하면 z, y, x이다.

답 z, y, x

21

① $x=-1$, $y=-2$이면 $|-1|<|-2|$이지만 $-1>-2$이다.

② $x=1$, $y=-2$이면 $|1|<|-2|$이지만 x는 양수, y는 음수이다.

③ $x=0$, $y=-1$이면 $0<|-1|$이지만 y는 음수이다.

⑤ $x=-1$, $y=-2$이면 $|-1|<|-2|$이지만 수직선에서 x를 나타내는 점이 y를 나타내는 점보다 오른쪽에 있다.

답 ④

22

ㄱ에서 $-\dfrac{9}{5}\leq a\leq\dfrac{17}{2}$이므로

$a=-1$, 0, 1, 2, 3, $\cdots$, 7, 8

ㄴ에서 $1\leq|a|<3$이므로

$a=-2$, -1, 1, 2

따라서 두 조건을 모두 만족시키는 정수 a의 값은 -1, 1, 2의 3개이다. 　　　　　　　　　답 3개

23

$a>0$, $b<0$이므로 $-a<0$, $-b>0$, $ab<0$, $-ab>0$

또 $a+b<0$이므로 $|a|<|b|$

(i) a, $-b$, $-ab$는 양수이고, 양수끼리는 절댓값이 큰 수가 더 크므로 $a<-b<-ab$

(ii) $-a$, b, ab는 음수이고, 음수끼리는 절댓값이 큰 수가 더 작으므로 $ab<b<-a$

(i), (ii)에서 $ab<b<-a<a<-b<-ab$

答 ab, b, $-a$, a, $-b$, $-ab$

같은문제 다른풀이

$a>0$, $b<0$, $a+b<0$이므로 $a=2$, $b=-3$이라 하면

$-a=-2$, $-b=3$, $ab=-6$, $-ab=6$

$-6<-3<-2<2<3<6$이므로

$ab<b<-a<a<-b<-ab$

24

ㄱ에서 $y<x<0$

ㄴ에서 $150\leq|x|\leq160$이므로 x가 될 수 있는 수는 -150, -151, $\cdots$, -159, -160

ㄷ에서 $|x|$는 소수이므로 x가 될 수 있는 수는 -151, -157이다.

答 -151, -157

A 최고난도문제 ▌본문 42~43쪽

| **01** 30 | **02** a, d, b, c | **03** 18 |
| **04** ③ | **05** $-a^2$ | **06** 7개 |

01

0보다 크고 n보다 작거나 같은 유리수 중 분모가 7인 수는 $\dfrac{1}{7}$, $\dfrac{2}{7}$, $\dfrac{3}{7}$, $\cdots$, $\dfrac{7\times n}{7}(=n)$의 $(7\times n)$개이다.

이 중 정수는 분자가 7의 배수인 수이고 그 개수는 $\dfrac{7}{7}$, $\dfrac{14}{7}$, $\dfrac{21}{7}$, $\cdots$, $\dfrac{7\times n}{7}$의 n개이다.

따라서 정수가 아닌 유리수 중 분모가 7인 수의 개수는 $(7\times n-n)=6\times n$(개)이다.

$6\times n=180$이므로 $n=30$

答 30

02

ㄷ에서 $a<0<b$ 또는 $b<0<a$

ㄱ, ㄴ에서 $a<0<b<c$

또는 $c<b<0<a$

ㅁ에서 $a<0<b<c$

ㄹ에서 $a<0<d<b<c$

따라서 작은 수부터 차례로 쓰면 a, d, b, c이다.

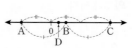

答 a, d, b, c

03

전략 $\dfrac{18}{a}$, $\dfrac{24}{a}$가 양의 정수가 되게 하는 정수 a의 값을 먼저 구한다.

$\dfrac{18}{a}$, $\dfrac{24}{a}$가 양의 정수이므로 a의 값은 18과 24의 공약수인 1, 2, 3, 6 중 하나이다.

또 $\dfrac{b}{a}$는 $1<\left|\dfrac{b}{a}\right|<4$를 만족시키는 정수이므로 $\dfrac{b}{a}$의 값은 -3, -2, 2, 3이다.

$\dfrac{b}{a}$의 값이 최대일 때는 $\dfrac{b}{a}=3$일 때이고, a의 값이 클수록 b의 값도 커진다.

따라서 $a=6$일 때, b의 최댓값은 18이다.

答 18

04

$ab<0$이므로 a, b의 부호가 다르고 $a>b$이므로 $a>0$, $b<0$

① $a^2>0$, $b^2>0$이므로 $a^2+b^2>0$

② $a=3$, $b=-5$라 하면 $\dfrac{a}{b}=-\dfrac{3}{5}$, $ab=-15$이므로 $\dfrac{a}{b}>ab$

③ $a-b>0$, $a+b<0$이므로 $(a-b)(a+b)<0$

④ $a=1$, $b=-3$이라 하면 $5a+3b=5-9=-4$이므로 $5a+3b<0$

⑤ $a=1$, $b=-3$이라 하면 $a^2=1$, $b^2=9$에서 $\dfrac{a^2}{b^2}=\dfrac{1}{9}$이므로 $\dfrac{a^2}{b^2}<1$

答 ③

05

전략 $-1<a<0$을 만족시키는 수 중 적당한 수를 하나 정하여 직접 대입해 본다.

$-1<a<0$이므로 $a=-\dfrac{1}{2}$이라 하면

$a^2=\left(-\dfrac{1}{2}\right)^2=\dfrac{1}{4}$, $|a|=\left|-\dfrac{1}{2}\right|=\dfrac{1}{2}$,

$-a^3=-\left(-\dfrac{1}{2}\right)^3=-\left(-\dfrac{1}{8}\right)=\dfrac{1}{8}$,

$-a^2=-\left(-\dfrac{1}{2}\right)^2=-\dfrac{1}{4}$, $-\dfrac{1}{a}=-\dfrac{1}{\left(-\dfrac{1}{2}\right)}=2$,

$\dfrac{1}{a^3}=\dfrac{1}{\left(-\dfrac{1}{2}\right)^3}=\dfrac{1}{-\dfrac{1}{8}}=-8$

$-8<-\dfrac{1}{4}<\dfrac{1}{8}<\dfrac{1}{4}<\dfrac{1}{2}<2$이므로

$\dfrac{1}{a^3}<-a^2<-a^3<a^2<|a|<-\dfrac{1}{a}$이다.

즉 $x=-\dfrac{1}{a}$, $y=\dfrac{1}{a^3}$에서 $\dfrac{x}{y}=\left(-\dfrac{1}{a}\right)\times\dfrac{1}{\dfrac{1}{a^3}}$

答 $-a^2$

06

두 점 A와 C 사이의 거리가 8이고, 두 점 A와 C 사이를 점 B가 같은 간격으로 나누고 있으므로 이웃하는 두 점 사이의 거리는 $\dfrac{8}{2}=4$

즉, 두 점 B와 D가 나타내는 수는 각각 8, 16이므로

$x=8$, $y=16$

이때 $\dfrac{8}{5}<\dfrac{20}{z}<\dfrac{16}{4}$이므로 세 분수의 분자를 40이 되게 하면 $\dfrac{40}{25}<\dfrac{40}{2z}<\dfrac{40}{10}$, $10<2z<25$

$\therefore 5<z<\dfrac{25}{2}$

따라서 이를 만족시키는 자연수 z는 6, 7, 8, $\cdots$, 12의 7개이다.

답 7개

02 정수와 유리수의 계산

주제별필수문제

▌본문 46~49쪽 •

01 ③	**02** $-\dfrac{26}{15}$	**03** $\dfrac{43}{21}$	**04** $\dfrac{43}{12}$
05 $\dfrac{31}{6}$	**06** ③	**07** ⑤	
08 ㉠ 교환 ㉡ 결합 ㉢ $+11$ ㉣ -42.9		**09** -4	
10 $-\dfrac{23}{5}$	**11** $\dfrac{1}{5}$	**12** 8	**13** $-\dfrac{3}{7}$
14 ④	**15** $-\dfrac{20}{3}$	**16** $\dfrac{3}{4}$	**17** 0	**18** 2
19 (1) ㉣, ㉤, ㉢, ㉡, ㉠ (2) $\dfrac{25}{7}$		**20** ㄹ, ㄴ, ㄱ, ㄷ, ㅁ	
21 ④	**22** 2	**23** $\dfrac{11}{18}$	

01

① $(-5.9)+(+3.2)=-(5.9-3.2)=-2.7$

② $(+4.1)-(+6.2)=(+4.1)+(-6.2)$
$=-(6.2-4.1)=-2.1$

④ $(-3.7)+(-2.3)-(+5.6)$
$=-(3.7+2.3)-(+5.6)=(-6)-(+5.6)$
$=(-6)+(-5.6)=-(6+5.6)=-11.6$

⑤ $\left(+\dfrac{5}{4}\right)-\left(+\dfrac{1}{5}\right)+\left(+\dfrac{3}{2}\right)$
$=\left(+\dfrac{5}{4}\right)+\left(-\dfrac{1}{5}\right)+\left(+\dfrac{3}{2}\right)$
$=+\left(\dfrac{5}{4}-\dfrac{1}{5}\right)+\left(+\dfrac{3}{2}\right)=+\left(\dfrac{25}{20}-\dfrac{4}{20}\right)+\left(+\dfrac{3}{2}\right)$
$=\left(+\dfrac{21}{20}\right)+\left(+\dfrac{3}{2}\right)=+\left(\dfrac{21}{20}+\dfrac{30}{20}\right)$

$=\dfrac{51}{20}$

답 ③

02

$x=0.8-\left(-\dfrac{4}{5}\right)=\dfrac{8}{10}+\left(+\dfrac{4}{5}\right)=\dfrac{8}{10}+\dfrac{8}{10}$
$=\dfrac{16}{10}=\dfrac{8}{5}$

$y=-\dfrac{9}{2}+\dfrac{7}{6}=-\left(\dfrac{27}{6}-\dfrac{7}{6}\right)=-\dfrac{20}{6}=-\dfrac{10}{3}$

$\therefore x+y=\dfrac{8}{5}+\left(-\dfrac{10}{3}\right)=\dfrac{24}{15}+\left(-\dfrac{50}{15}\right)$
$=-\left(\dfrac{50}{15}-\dfrac{24}{15}\right)=-\dfrac{26}{15}$

답 $-\dfrac{26}{15}$

03

❶ $\dfrac{1}{3}+a=\dfrac{2}{7}$에서

$a=\dfrac{2}{7}-\dfrac{1}{3}=\dfrac{6}{21}-\dfrac{7}{21}=-\left(\dfrac{7}{21}-\dfrac{6}{21}\right)=-\dfrac{1}{21}$

❷ $-\dfrac{6}{5}+b+\left(-\dfrac{1}{10}\right)=\dfrac{7}{10}$에서

$b-\left(\dfrac{6}{5}+\dfrac{1}{10}\right)=\dfrac{7}{10}$, $b-\left(\dfrac{12}{10}+\dfrac{1}{10}\right)=\dfrac{7}{10}$,

$b-\dfrac{13}{10}=\dfrac{7}{10}$이므로

$b=\dfrac{7}{10}+\dfrac{13}{10}=2$

❸ $b-a=2-\left(-\dfrac{1}{21}\right)=2+\left(+\dfrac{1}{21}\right)$
$=\dfrac{42}{21}+\left(+\dfrac{1}{21}\right)=\dfrac{43}{21}$

답 $\dfrac{43}{21}$

채점기준	배점
❶ a의 값 구하기	40 %
❷ b의 값 구하기	40 %
❸ $b-a$의 값 구하기	20 %

04

어떤 수를 $\square$라 하면 잘못 계산한 식은

$\square+\left(-\dfrac{5}{6}\right)=\dfrac{23}{12}$이므로

$\square=\dfrac{23}{12}-\left(-\dfrac{5}{6}\right)=\dfrac{23}{12}+\left(+\dfrac{5}{6}\right)=\dfrac{23}{12}+\left(+\dfrac{10}{12}\right)$
$=\dfrac{33}{12}=\dfrac{11}{4}$

따라서 바르게 계산하면

$\dfrac{11}{4}-\left(-\dfrac{5}{6}\right)=\dfrac{11}{4}+\left(+\dfrac{5}{6}\right)=\dfrac{33}{12}+\left(+\dfrac{10}{12}\right)=\dfrac{43}{12}$이다.

답 $\dfrac{43}{12}$

05

$a=\dfrac{7}{4}$ 또는 $a=-\dfrac{7}{4}$, $b=\dfrac{5}{6}$ 또는 $b=-\dfrac{5}{6}$

$a-b$의 값 중 가장 큰 값은

$\dfrac{7}{4}-\left(-\dfrac{5}{6}\right)=\dfrac{7}{4}+\left(+\dfrac{5}{6}\right)=\dfrac{21}{12}+\left(+\dfrac{10}{12}\right)=\dfrac{31}{12}$,

가장 작은 값은

$$-\frac{7}{4}-\frac{5}{6}=-\left(\frac{7}{4}+\frac{5}{6}\right)=-\left(\frac{21}{12}+\frac{10}{12}\right)=-\frac{31}{12}$$

이므로

$$M=\frac{31}{12},\ m=-\frac{31}{12}$$

$$\therefore M-m=\frac{31}{12}-\left(-\frac{31}{12}\right)=\frac{31}{12}+\left(+\frac{31}{12}\right)$$

$$=\frac{62}{12}=\frac{31}{6}$$

답 $\dfrac{31}{6}$

06

-5의 오른쪽의 수는 $-5-(-3)=-2$,

-2의 오른쪽의 수는 $-2-(-5)=3$,

3의 오른쪽의 수는 $3-(-2)=5$

따라서 $-2,\ 3,\ 5,\ 2,\ -3,\ -5$의 여섯 개의 수가 반복되고 $25=6\times4+1$이므로 25번째 나오는 수는 -2이다.

답 ③

07

① $(-3)\times(+16)=-(3\times16)=-48$

② $(+4)\times(-12)=-(4\times12)=-48$

③ $(-2)\times(+24)=-(2\times24)=-48$

④ $(+3)\times(+4)\times(-4)=-(3\times4\times4)=-48$

⑤ $(+2)\times(-2)\times(+6)=-(2\times2\times6)=-24$

따라서 계산 결과가 다른 것은 ⑤이다.

답 ⑤

08

$$(+5)\times(-3.9)\times(+2.2)$$

$$=(+5)\times(+2.2)\times(-3.9)\quad\text{↘ 곱셈의 교환법칙}$$

$$=\{(+5)\times(+2.2)\}\times(-3.9)\quad\text{↘ 곱셈의 결합법칙}$$

$$=(+11)\times(-3.9)$$

$$=-42.9$$

답 ㉠ 교환 ㉡ 결합 ㉢ $+11$ ㉣ -42.9

09

$$a=\frac{5}{7}\times\left(-\frac{14}{15}\right)=-\left(\frac{5}{7}\times\frac{14}{15}\right)=-\frac{2}{3}$$

$$b=\left(-\frac{9}{4}\right)\times\left(-\frac{8}{3}\right)=+\left(\frac{9}{4}\times\frac{8}{3}\right)=6$$

$$\therefore a\times b=\left(-\frac{2}{3}\right)\times6=-\left(\frac{2}{3}\times6\right)=-4$$

답 -4

10

전략 분배법칙을 이용하여 $x\times(y-z)$를 먼저 푼다.

$x\times(y-z)=x\times y-x\times z$이므로

$$\frac{12}{5}-x\times z=7$$

$$\therefore x\times z=\frac{12}{5}-7=-\frac{23}{5}$$

답 $-\dfrac{23}{5}$

11

$$\left(\frac{1}{5}-1\right)\times\left(\frac{1}{6}-1\right)\times\left(\frac{1}{7}-1\right)\times\cdots$$

$$\times\left(\frac{1}{19}-1\right)\times\left(\frac{1}{20}-1\right)$$

$$=\left(-\frac{4}{5}\right)\times\left(-\frac{5}{6}\right)\times\left(-\frac{6}{7}\right)\times\cdots$$

$$\times\left(-\frac{18}{19}\right)\times\left(-\frac{19}{20}\right)$$

$$=\frac{4}{5}\times\frac{5}{6}\times\frac{6}{7}\times\cdots\times\frac{18}{19}\times\frac{19}{20}\quad(\text{5부터 20까지는}$$

$\qquad$ $20-5+1=16$(개)이므로 곱해지는 음수가 짝수 개이다.)

$$=\frac{4}{20}=\frac{1}{5}$$

답 $\dfrac{1}{5}$

12

전략 서로 다른 세 수를 뽑아 곱이 가장 큰 경우는 절댓값이 가장 큰 양수와 절댓값이 큰 음수를 짝수 개 뽑는 경우이다.

주어진 네 유리수 중 세 수를 뽑아 곱한 값이 가장 크게 하려면 (양수)×(음수)×(음수)이어야 하고, 곱해지는 세 수의 절댓값의 곱이 가장 커야 한다.

이때 양수 $4,\ \dfrac{1}{5}$ 중에서 절댓값이 큰 수는 4이고, 음수는 $-\dfrac{3}{2},\ -\dfrac{4}{3}$이므로 곱한 값 중 가장 큰 수는

$$4\times\left(-\frac{3}{2}\right)\times\left(-\frac{4}{3}\right)=8\text{이다.}$$

답 8

13

$1.4=\dfrac{7}{5}$의 역수는 $\dfrac{5}{7}$이므로 $a=\dfrac{5}{7}$

$-1\dfrac{2}{3}=-\dfrac{5}{3}$의 역수는 $-\dfrac{3}{5}$이므로 $b=-\dfrac{3}{5}$

$$\therefore a\times b=\frac{5}{7}\times\left(-\frac{3}{5}\right)=-\left(\frac{5}{7}\times\frac{3}{5}\right)=-\frac{3}{7}$$

답 $-\dfrac{3}{7}$

14

① $12\div(-3)\times(-2)=-(12\div3)\times(-2)$

$\qquad\qquad\qquad\qquad\quad =(-4)\times(-2)$

$\qquad\qquad\qquad\qquad\quad =+(4\times2)=8$

② $\left(-\dfrac{7}{10}\right)\times\dfrac{8}{3}\div\left(-\dfrac{14}{15}\right)=\left(-\dfrac{7}{10}\right)\times\dfrac{8}{3}\times\left(-\dfrac{15}{14}\right)$

$\qquad\qquad\qquad\qquad\qquad\quad =+\left(\dfrac{7}{10}\times\dfrac{8}{3}\times\dfrac{15}{14}\right)$

$\qquad\qquad\qquad\qquad\qquad\quad =2$

③ $\left(-\dfrac{1}{3}\right)\div\left(-\dfrac{7}{12}\right)\times\dfrac{14}{5}=\left(-\dfrac{1}{3}\right)\times\left(-\dfrac{12}{7}\right)\times\dfrac{14}{5}$

$\qquad\qquad\qquad\qquad\qquad\quad =+\left(\dfrac{1}{3}\times\dfrac{12}{7}\times\dfrac{14}{5}\right)$

$\qquad\qquad\qquad\qquad\qquad\quad =\dfrac{8}{5}$

④ $\dfrac{6}{5}\div\left(\dfrac{2}{3}\right)^{2}\div\left(-\dfrac{15}{2}\right)=\dfrac{6}{5}\div\dfrac{4}{9}\div\left(-\dfrac{15}{2}\right)$

$$=\frac{6}{5}\times\frac{9}{4}\times\left(-\frac{2}{15}\right)$$
$$=-\left(\frac{6}{5}\times\frac{9}{4}\times\frac{2}{15}\right)=-\frac{9}{25}$$

⑤ $\left(-\frac{7}{4}\right)\times\left(-\frac{4}{5}\right)\div\frac{7}{11}=\left(-\frac{7}{4}\right)\times\left(-\frac{4}{5}\right)\times\frac{11}{7}$
$$=+\left(\frac{7}{4}\times\frac{4}{5}\times\frac{11}{7}\right)=\frac{11}{5}$$

답 ④

15

❶ $A=\frac{3}{7}\div\left(-\frac{5}{2}\right)\div\left(-\frac{4}{5}\right)=\frac{3}{7}\times\left(-\frac{2}{5}\right)\times\left(-\frac{5}{4}\right)$
$$=+\left(\frac{3}{7}\times\frac{2}{5}\times\frac{5}{4}\right)=\frac{3}{14}$$

❷ $B=\frac{12}{5}\div\frac{21}{4}\times\left(-\frac{25}{8}\right)=\frac{12}{5}\times\frac{4}{21}\times\left(-\frac{25}{8}\right)$
$$=-\left(\frac{12}{5}\times\frac{4}{21}\times\frac{25}{8}\right)=-\frac{10}{7}$$

❸ $B\div A=\left(-\frac{10}{7}\right)\div\frac{3}{14}=\left(-\frac{10}{7}\right)\times\frac{14}{3}$
$$=-\left(\frac{10}{7}\times\frac{14}{3}\right)=-\frac{20}{3}$$

답 $-\frac{20}{3}$

채점기준	배점
❶ A의 값 구하기	40 %
❷ B의 값 구하기	40 %
❸ $B\div A$의 값 구하기	20 %

16

$\left(-\frac{1}{2}\right)^2=\frac{1}{4}$, $\left(-\frac{1}{2}\right)^3=-\frac{1}{8}$, $-\left(-\frac{1}{2}\right)^4=-\frac{1}{16}$

가장 큰 수는 $\left(-\frac{1}{2}\right)^2$, 가장 작은 수는 $-\frac{1}{2}$이므로
$$\frac{1}{4}-\left(-\frac{1}{2}\right)=\frac{1}{4}+\left(+\frac{1}{2}\right)=\frac{1}{4}+\frac{2}{4}=\frac{3}{4}$$

답 $\frac{3}{4}$

17

$(-1)+(-1)^2+(-1)^3+\cdots+(-1)^{150}$
$$=\{(-1)+1\}+\{(-1)+1\}+\cdots+\{(-1)+1\}=0$$

답 0

18

n이 홀수이므로 $n+1$, $n+3$은 짝수이고, $n+2$, $n+4$는 홀수이다.
$-(-1)^{n+1}-(-1)^{n+2}+(-1)^{n+3}-(-1)^{n+4}$
$$=-1-(-1)+1-(-1)=-1+(+1)+1+(+1)$$
$$=2$$

답 2

19

⑴ (거듭제곱) → (괄호) → (곱셈, 나눗셈) → (덧셈, 뺄셈)
의 순서대로 계산해야 하므로 계산 순서는 ㉣, ㉤, ㉢,

㉡, ㉠이다.

⑵ $10\div\left[8-\left\{4+\left(-\frac{3}{2}\right)^2\times\frac{8}{15}\right\}\right]$
$$=10\div\left\{8-\left(4+\frac{9}{4}\times\frac{8}{15}\right)\right\}$$
$$=10\div\left\{8-\left(4+\frac{6}{5}\right)\right\}$$
$$=10\div\left(8-\frac{26}{5}\right)$$
$$=10\div\frac{14}{5}=10\times\frac{5}{14}=\frac{25}{7}$$

답 ⑴ ㉣, ㉤, ㉢, ㉡, ㉠ ⑵ $\frac{25}{7}$

20

ㄱ. $(-5+7)\div4\times3=2\times\frac{1}{4}\times3=\frac{3}{2}$

ㄴ. $\frac{7}{4}\div\left(-\frac{7}{8}\right)+\frac{13}{5}=\frac{7}{4}\times\left(-\frac{8}{7}\right)+\frac{13}{5}$
$$=-2+\frac{13}{5}=\frac{3}{5}$$

ㄷ. $(-3)^3\div9\times(-12)-19$
$$=(-27)\div9\times(-12)-19$$
$$=(-3)\times(-12)-19$$
$$=36-19=17$$

ㄹ. $40\times\left(-\frac{1}{2}\right)^3-128\times\left(-\frac{1}{2}\right)^4$
$$=40\times\left(-\frac{1}{8}\right)-128\times\frac{1}{16}$$
$$=-5-8=-13$$

ㅁ. $\left(-\frac{3}{4}\right)^3\times(-128)+\left(-\frac{3}{5}\right)\div0.6$
$$=\left(-\frac{27}{64}\right)\times(-128)+\left(-\frac{3}{5}\right)\times\frac{10}{6}$$
$$=54-1=53$$

따라서 계산 결과가 작은 순서대로 기호를 쓰면 ㄹ, ㄴ, ㄱ, ㄷ, ㅁ이다.

답 ㄹ, ㄴ, ㄱ, ㄷ, ㅁ

21

① $4^2+3\times(-12)\div6-5=16+3\times(-12)\times\frac{1}{6}-5$
$$=16-6-5=5$$

② $\frac{2}{3}+\left(-\frac{1}{3}\right)^2\times\frac{6}{5}=\frac{2}{3}+\frac{1}{9}\times\frac{6}{5}=\frac{2}{3}+\frac{2}{15}$
$$=\frac{10}{15}+\frac{2}{15}=\frac{12}{15}=\frac{4}{5}$$

③ $2-\frac{3}{2}\div\left\{7\times\left(-\frac{1}{2}\right)+1\right\}=2-\frac{3}{2}\div\left(-\frac{7}{2}+1\right)$
$$=2-\frac{3}{2}\div\left(-\frac{5}{2}\right)$$
$$=2-\frac{3}{2}\times\left(-\frac{2}{5}\right)$$
$$=2+\frac{3}{5}=\frac{13}{5}$$

④ $\left\{(-3)^2 \div \left(-\dfrac{3}{5}\right) - 7\right\} \times (-1)^3 - 11$

$= \left\{9 \times \left(-\dfrac{5}{3}\right) - 7\right\} \times (-1) - 11$

$= (-15 - 7) \times (-1) - 11$

$= (-22) \times (-1) - 11$

$= 22 - 11 = 11$

⑤ $\left\{\dfrac{3}{4} \times \left(1 - \dfrac{1}{3}\right) - 2\right\} \div \dfrac{1}{2} = \left(\dfrac{3}{4} \times \dfrac{2}{3} - 2\right) \div \dfrac{1}{2}$

$= \left(\dfrac{1}{2} - 2\right) \div \dfrac{1}{2}$

$= -\dfrac{3}{2} \times 2 = -3$

따라서 계산 결과가 가장 큰 것은 ④ 11이다.　　　🖎 ④

22

$A = 3 - \left[\dfrac{3}{4} + \left\{\dfrac{6}{5} - \left(\dfrac{3}{2}\right)^2\right\} \div \dfrac{1}{2}\right] \times \left(-\dfrac{8}{9}\right)$

$= 3 - \left\{\dfrac{3}{4} + \left(\dfrac{6}{5} - \dfrac{9}{4}\right) \div \dfrac{1}{2}\right\} \times \left(-\dfrac{8}{9}\right)$

$= 3 - \left\{\dfrac{3}{4} + \left(\dfrac{24}{20} - \dfrac{45}{20}\right) \div \dfrac{1}{2}\right\} \times \left(-\dfrac{8}{9}\right)$

$= 3 - \left\{\dfrac{3}{4} + \left(-\dfrac{21}{20}\right) \times 2\right\} \times \left(-\dfrac{8}{9}\right)$

$= 3 - \left(\dfrac{3}{4} - \dfrac{21}{10}\right) \times \left(-\dfrac{8}{9}\right)$

$= 3 - \left(\dfrac{15}{20} - \dfrac{42}{20}\right) \times \left(-\dfrac{8}{9}\right)$

$= 3 - \left(-\dfrac{27}{20}\right) \times \left(-\dfrac{8}{9}\right)$

$= 3 - \dfrac{6}{5} = \dfrac{9}{5}$

따라서 A의 값에 가장 가까운 정수는 2이다.　　🖎 2

23

$-\dfrac{4}{9} + \left\{\dfrac{5}{3} - \left(-\dfrac{4}{9}\right)\right\} \times \dfrac{1}{2} = -\dfrac{4}{9} + \left(\dfrac{15}{9} + \dfrac{4}{9}\right) \times \dfrac{1}{2}$

$= -\dfrac{4}{9} + \dfrac{19}{9} \times \dfrac{1}{2}$

$= -\dfrac{4}{9} + \dfrac{19}{18} = \dfrac{11}{18}$　　🖎 $\dfrac{11}{18}$

실력완성문제 B실력완성문제　　　■ 본문 50~54쪽 ●

01 147.36 cm	**02** 2개	**03** $\dfrac{4}{3}$	**04** $\dfrac{7}{2}$
05 $-\dfrac{11}{2}$	**06** $-a+b$	**07** -1331	
08 ③	**09** $\dfrac{17}{90}$	**10** -11	**11** 2　　**12** ②
13 331	**14** $\dfrac{166}{15}$	**15** $\dfrac{19}{12}$	**16** $\dfrac{1}{5}$
17 $-\dfrac{102}{5}$	**18** $\dfrac{5}{8}$	**19** ㄷ	

20 n이 짝수일 때: 0, n이 홀수일 때: 1

21 -13　　**22** $\dfrac{1}{3}$　　**23** 6개　　**24** $a<c<b$

25 11　　**26** $\dfrac{95}{12}$

27 $\left[\left\{(-2)^3 + \dfrac{11}{4}\right\} \div \left(-\dfrac{7}{5}\right) - \dfrac{23}{6}\right] \times \dfrac{4}{3} = -\dfrac{1}{9}$

28 5　　**29** $\dfrac{6}{7}$

30 가장 큰 수: $\dfrac{5}{4}$, 가장 작은 수: $-\dfrac{10}{3}$

01

(찬영이의 키)$= 154 + 2.56 = 156.56$(cm)

(영웅이의 키)$= 156.56 - 4.58 = 151.98$(cm)

(가영이의 키)$= 151.98 - 7.23 = 144.75$(cm)

(민정이의 키)$= 144.75 + 2.61 = 147.36$(cm)

🖎 147.36 cm

02

$a = \dfrac{3}{4} - \left(-\dfrac{4}{3}\right) = \dfrac{3}{4} + \dfrac{4}{3} = \dfrac{9}{12} + \dfrac{16}{12} = \dfrac{25}{12}$

$b = \dfrac{5}{2} + \dfrac{12}{5} = \dfrac{25}{10} + \dfrac{24}{10} = \dfrac{49}{10}$

$\dfrac{25}{12} < x < \dfrac{49}{10}$인 정수 x는 3, 4의 2개이다.　🖎 2개

03

$d = \dfrac{13}{12} - \left(-\dfrac{2}{3}\right) = \dfrac{13}{12} + \left(+\dfrac{8}{12}\right) = \dfrac{7}{4}$

$c = -\dfrac{1}{4} - \left(-\dfrac{5}{2}\right) = -\dfrac{1}{4} + \left(+\dfrac{10}{4}\right) = \dfrac{9}{4}$

$b = \dfrac{13}{12} + \dfrac{9}{4} = \dfrac{13}{12} + \dfrac{27}{12} = \dfrac{40}{12} = \dfrac{10}{3}$

$a = \dfrac{10}{3} + \left(-\dfrac{1}{4}\right) = \dfrac{40}{12} + \left(-\dfrac{3}{12}\right) = \dfrac{37}{12}$

$\therefore a - d = \dfrac{37}{12} - \dfrac{7}{4} = \dfrac{37}{12} - \dfrac{21}{12} = \dfrac{16}{12} = \dfrac{4}{3}$　🖎 $\dfrac{4}{3}$

04

❶ ㄱ. $a = \dfrac{2}{5} + \left(-\dfrac{3}{4}\right) = \dfrac{8}{20} + \left(-\dfrac{15}{20}\right) = -\dfrac{7}{20}$

26 Ⅱ. 정수와 유리수

❷ ㄴ. $-\dfrac{59}{7}=-8.4\cdots$이므로 이에 가장 가까운 정수는

-8이다. $\quad\therefore b=-8$

❸ ㄷ. $c=1.3-\dfrac{7}{20}=\dfrac{13}{10}-\dfrac{7}{20}=\dfrac{26}{20}-\dfrac{7}{20}$

$=\dfrac{19}{20}$

❹ ㄹ. d는 b의 역수이므로 $d=-\dfrac{1}{8}$

❺ $ab+c+2d=\left(-\dfrac{7}{20}\right)\times(-8)+\dfrac{19}{20}+2\times\left(-\dfrac{1}{8}\right)$

$=\dfrac{14}{5}+\dfrac{19}{20}-\dfrac{1}{4}=\dfrac{56}{20}+\dfrac{19}{20}-\dfrac{5}{20}$

$=\dfrac{70}{20}=\dfrac{7}{2}$ **답** $\dfrac{7}{2}$

채점기준	배점
❶ a의 값 구하기	20 %
❷ b의 값 구하기	20 %
❸ c의 값 구하기	20 %
❹ d의 값 구하기	20 %
❺ $ab+c+2d$의 값 구하기	20 %

05

$|-1|<\left|\dfrac{7}{5}\right|<\left|-\dfrac{3}{2}\right|<|1.7|<|2.1|<\left|-\dfrac{9}{4}\right|$

따라서 $a=-\dfrac{9}{4}$, $b=-1$이므로

$2a-b^2=2\times\left(-\dfrac{9}{4}\right)-(-1)^2=-\dfrac{9}{2}-1=-\dfrac{11}{2}$이다.

답 $-\dfrac{11}{2}$

06

$a\times b<0$에서 a와 b는 다른 부호

$a-b<0$에서 $a<b$이므로 $a<0$, $b>0$

$a\div b<0$

$-a>0$, $b>0$이므로 $-a+b>b$

따라서 가장 큰 수는 $-a+b$이다. **답** $-a+b$

07

주어진 수는 -1, 2, -3, 1, -2, -1의 수의 배열이 반복된다.

2000개의 수를 나열하면 $2000=333\times6+2$에서

-1, 2, -3, 1, -2, -1이 모두 333번 반복되고, 숫자 2개가 남게 되므로 2000번째 수까지의 합은

$333\times(-1+2-3+1-2-1)+(-1)+2$

$=333\times(-4)+(-1)+2=-1331$ **답** -1331

08

$a\le-4$이고 $|a|=\left|\dfrac{1}{b}\right|$, $ab<0$이므로 $b=-\dfrac{1}{a}$

$a=-5$라 하면 $b=\dfrac{1}{5}$

① $ab=-1$ ② $b^2=\left(\dfrac{1}{5}\right)^2=\dfrac{1}{25}$

③ $b=\dfrac{1}{5}$ ④ $\left|\dfrac{b}{a}\right|=\left|-\dfrac{1}{25}\right|=\dfrac{1}{25}$

⑤ $\dfrac{a}{b}=-25$

따라서 가장 큰 수는 ③이다. **답** ③

> • Sub Note •
>
> 두 유리수 a, b에서
> (1) $a\times b>0$이거나 $a\div b>0$이면 두 유리수 a, b는 서로 같은 부호이다.
> $\Rightarrow a>0$, $b>0$ 또는 $a<0$, $b<0$
> (2) $a\times b<0$이거나 $a\div b<0$이면 두 유리수 a, b는 서로 다른 부호이다.
> $\Rightarrow a>0$, $b<0$ 또는 $a<0$, $b>0$

09

$\dfrac{1}{2}\triangle\dfrac{4}{3}=\left(\dfrac{3}{2}-\dfrac{4}{3}\right)\div3=\left(\dfrac{9}{6}-\dfrac{8}{6}\right)\div3=\dfrac{1}{6}\times\dfrac{1}{3}=\dfrac{1}{18}$

$\therefore\left(\dfrac{1}{2}\triangle\dfrac{4}{3}\right)\triangle\left(-\dfrac{2}{5}\right)=\dfrac{1}{18}\triangle\left(-\dfrac{2}{5}\right)$

$=\left\{3\times\dfrac{1}{18}-\left(-\dfrac{2}{5}\right)\right\}\div3$

$=\left(\dfrac{1}{6}+\dfrac{2}{5}\right)\div3$

$=\left(\dfrac{5}{30}+\dfrac{12}{30}\right)\div3$

$=\dfrac{17}{30}\times\dfrac{1}{3}=\dfrac{17}{90}$ **답** $\dfrac{17}{90}$

10

전략 $|A+B|=C$일 때, $A+B=C$ 또는 $A+B=-C$이다.

$|a+2|=5$에서 $a+2=5$ 또는 $a+2=-5$

$\therefore a=3$ 또는 $a=-7$

$|3-b|=1$에서 $3-b=1$ 또는 $3-b=-1$

$\therefore b=2$ 또는 $b=4$

$M=3-2=1$, $m=-7-4=-11$이므로

$M\times m=-11$ **답** -11

11

A: $\left(-\dfrac{5}{3}+\dfrac{3}{4}\right)\times6=\left(-\dfrac{20}{12}+\dfrac{9}{12}\right)\times6$

$=-\dfrac{11}{12}\times6=-\dfrac{11}{2}$

B: $\left(-\dfrac{11}{2}-2\right)\div\left(-\dfrac{6}{7}\right)=\left(-\dfrac{15}{2}\right)\times\left(-\dfrac{7}{6}\right)=\dfrac{35}{4}$

C: $\dfrac{35}{4}\times\dfrac{1}{5}+\dfrac{1}{4}=\dfrac{7}{4}+\dfrac{1}{4}=2$ **답** 2

12

$A=6\div\left(-\dfrac{3}{4}\right)-\left[\left(-\dfrac{1}{2}\right)^3+\dfrac{5}{9}\times\left\{2+\left(-\dfrac{2}{5}\right)^2\right\}\right]$

$=6\times\left(-\dfrac{4}{3}\right)-\left\{-\dfrac{1}{8}+\dfrac{5}{9}\times\left(2+\dfrac{4}{25}\right)\right\}$

$=-8-\left(-\dfrac{1}{8}+\dfrac{5}{9}\times\dfrac{54}{25}\right)$

$$= -8 - \left(-\frac{1}{8} + \frac{6}{5} \right)$$

$$= -8 - \frac{43}{40}$$

$$= -9\frac{3}{40}$$

따라서 A의 값에 가장 가까운 정수는 -9이다.   답 ②

13

$$\frac{1324 \times 480 + 993 \times (-320) + 331 \times (-10)^3}{(-2)^3 \times 5}$$

$$= \frac{331 \times 4 \times 480 + 331 \times 3 \times (-320) + 331 \times (-1000)}{(-8) \times 5}$$

$$= \frac{331 \times 1920 + 331 \times (-960) + 331 \times (-1000)}{-40}$$

$$= \frac{331 \times (1920 - 960 - 1000)}{-40}$$

$$= \frac{331 \times (-40)}{-40}$$

$$= 331$$ 답 331

14

가장 큰 수가 되는 경우는 절댓값이 가장 크게 되도록 양수 1개, 음수 2개를 선택하는 경우이므로

$$a = \frac{7}{15} \times \left(-\frac{4}{3} \right) \times (-6) = \frac{56}{15}$$

가장 작은 수가 되는 경우는 음수 3개를 모두 선택하면 되므로

$$b = \left(-\frac{4}{3} \right) \times (-6) \times \left(-\frac{11}{12} \right) = -\frac{22}{3}$$

$$\therefore a - b = \frac{56}{15} - \left(-\frac{22}{3} \right) = \frac{56}{15} + \left(+\frac{110}{15} \right) = \frac{166}{15}$$

답 $\dfrac{166}{15}$

15

$a = -\dfrac{8}{3}$, $b = -1$, $c = -\dfrac{1}{2}$, $d = \dfrac{7}{4}$ 이므로

$$(a-b) \div c - d = \left\{ \left(-\frac{8}{3} \right) - (-1) \right\} \div \left(-\frac{1}{2} \right) - \frac{7}{4}$$

$$= \left\{ \left(-\frac{8}{3} \right) + (+1) \right\} \div \left(-\frac{1}{2} \right) - \frac{7}{4}$$

$$= \left(-\frac{5}{3} \right) \times (-2) - \frac{7}{4}$$

$$= \frac{10}{3} - \frac{7}{4} = \frac{40}{12} - \frac{21}{12} = \frac{19}{12}$$ 답 $\dfrac{19}{12}$

16

$$A = (-1)^2 - \frac{5}{8} \div \left(\frac{1}{6} - \frac{5}{3} \right) = 1 - \frac{5}{8} \div \left(\frac{1}{6} - \frac{10}{6} \right)$$

$$= 1 - \frac{5}{8} \div \left(-\frac{3}{2} \right) = 1 - \frac{5}{8} \times \left(-\frac{2}{3} \right) = 1 + \frac{5}{12}$$

$$= \frac{17}{12}$$

$$B = \frac{17}{12} \times \frac{6}{5} = \frac{17}{10}$$

$\dfrac{17}{10} \div C = \dfrac{17}{15}$ 에서

$$C = \frac{17}{10} \div \frac{17}{15} = \frac{17}{10} \times \frac{15}{17} = \frac{3}{2}$$

$$\therefore B - C = \frac{17}{10} - \frac{3}{2} = \frac{17}{10} - \frac{15}{10} = \frac{2}{10} = \frac{1}{5}$$ 답 $\dfrac{1}{5}$

17

전략 주사위끼리 맞붙는 면을 제외한 모든 면에 적힌 수의 합이 최대가 될 때는 맞붙는 면에 적힌 수의 합이 최소가 될 때이다.

4개의 주사위 중 3개의 주사위는 한 면이 가려지고, 1개의 주사위는 세 면이 가려진다.

가려진 면에 적힌 수의 합이 최소가 되려면 한 면이 가려지는 3개의 주사위의 가려진 면에는 각각 -5가, 세 면이 가려지는 1개의 주사위의 가려진 면에는 -5, $-\dfrac{2}{5}$, 0이 적혀 있으면 된다.

$$\therefore (-5) \times 4 + \left(-\frac{2}{5} \right) + 0 = -20 - \frac{2}{5} = -\frac{102}{5}$$

답 $-\dfrac{102}{5}$

18

전략 x는 $-\dfrac{5}{6}$ 와 $\dfrac{1}{3}$ 의 한가운데에 있는 점이고, z는 $-\dfrac{5}{6}$ 와 y의 한가운데에 있는 점이다.

$$x = -\frac{5}{6} + \left\{ \frac{1}{3} - \left(-\frac{5}{6} \right) \right\} \times \frac{1}{2}$$

$$= -\frac{5}{6} + \left\{ \frac{2}{6} + \left(+\frac{5}{6} \right) \right\} \times \frac{1}{2}$$

$$= -\frac{5}{6} + \frac{7}{12} = -\frac{3}{12} = -\frac{1}{4}$$

$$y = \frac{1}{3} + \frac{7}{12} = \frac{4}{12} + \frac{7}{12} = \frac{11}{12}$$

$$z = -\frac{5}{6} + \left\{ \frac{11}{12} - \left(-\frac{5}{6} \right) \right\} \times \frac{1}{2}$$

$$= -\frac{5}{6} + \left\{ \frac{11}{12} + \left(+\frac{10}{12} \right) \right\} \times \frac{1}{2} = -\frac{5}{6} + \frac{21}{12} \times \frac{1}{2}$$

$$= -\frac{5}{6} + \frac{21}{24} = -\frac{20}{24} + \frac{21}{24} = \frac{1}{24}$$

$$\therefore x + y - z = -\frac{1}{4} + \frac{11}{12} - \frac{1}{24} = -\frac{6}{24} + \frac{22}{24} - \frac{1}{24}$$

$$= \frac{15}{24} = \frac{5}{8}$$ 답 $\dfrac{5}{8}$

19

$|b| = |c|$ 에서 b와 c는 절댓값이 같고 서로 다른 유리수이므로 $b + c = 0$이다.

$a + b + c = a < 0$

$c < a$이므로 $c < 0$

$c < 0$이므로 $b > 0$

ㄱ. $b > 0$, $c < 0$이므로 $c < b$

ㄴ. $abc > 0$

ㄷ. $ac>0$, $b>0$이므로 $ac+b>0$

ㄹ. $-b<0$이므로 $a-b+c<0$　　　　　　　답 ㄷ

20

전략 $(-1)^{(\text{짝수})}=1$, $(-1)^{(\text{홀수})}=-1$임을 이용한다.

n의 값에 관계없이

$(-1)+(-1)^2+\cdots+(-1)^{2n-2}+(-1)^{2n-1}$

$=(-1)+1+(-1)+1+\cdots+(-1)+1+(-1)$

$=-1$

n이 짝수일 때 $n-1$은 홀수이므로

$(-1)+(-1)^2+\cdots+(-1)^{n-1}+(-1)^n$

$=(-1)+1+(-1)+1+\cdots+(-1)+1=0$

n이 홀수일 때 $n-1$은 짝수이므로

$(-1)+(-1)^2+\cdots+(-1)^{n-1}+(-1)^n$

$=(-1)+1+(-1)+1+\cdots+(-1)+1+(-1)$

$=-1$

따라서 n이 짝수일 때

$$\dfrac{(-1)+(-1)^2+\cdots+(-1)^{n-1}+(-1)^n}{(-1)+(-1)^2+\cdots+(-1)^{2n-2}+(-1)^{2n-1}}=0$$

n이 홀수일 때

$$\dfrac{(-1)+(-1)^2+\cdots+(-1)^{n-1}+(-1)^n}{(-1)+(-1)^2+\cdots+(-1)^{2n-2}+(-1)^{2n-1}}=1$$

답 n이 짝수일 때: 0, n이 홀수일 때: 1

21

ㄴ에서 세 수의 합이 양수이고 ㄷ에서 세 수의 곱이 음수이므로 a, b, c 중 한 수는 음수, 두 수는 양수이다.

ㄷ에서 세 수의 절댓값의 곱이 45이고 ㄱ에서 세 수의 절댓값이 모두 다르므로

$|a|=1$, $|b|=15$, $|c|=3$ 또는 $|a|=1$, $|b|=9$, $|c|=5$

이 중 $a+b+c=5$를 만족시키는 것은

$a=1$, $b=9$, $c=-5$일 때이다.

$\therefore a-b+c=1-9-5=-13$　　　　　　　답 -13

22

전략 $●÷▲=■ \Rightarrow ●=■×▲$, $▲=●÷■$

$\dfrac{2}{3}×(-1)^3-\left\{\dfrac{3}{4}×(1-\square)+(-2)\right\}÷\dfrac{3}{10}=\dfrac{13}{3}$에서

$-\dfrac{2}{3}-\left\{\dfrac{3}{4}×(1-\square)+(-2)\right\}÷\dfrac{3}{10}=\dfrac{13}{3}$

$\left\{\dfrac{3}{4}×(1-\square)+(-2)\right\}÷\dfrac{3}{10}=-\dfrac{2}{3}-\dfrac{13}{3}$

$\left\{\dfrac{3}{4}×(1-\square)+(-2)\right\}÷\dfrac{3}{10}=-5$

$\dfrac{3}{4}×(1-\square)+(-2)=-5×\dfrac{3}{10}$

$\dfrac{3}{4}×(1-\square)+(-2)=-\dfrac{3}{2}$

$\dfrac{3}{4}×(1-\square)=-\dfrac{3}{2}+2=\dfrac{1}{2}$

$1-\square=\dfrac{1}{2}×\dfrac{4}{3}=\dfrac{2}{3}$

$\therefore \square=1-\dfrac{2}{3}=\dfrac{1}{3}$　　　　　　　답 $\dfrac{1}{3}$

23

(ⅰ) $|a|=0$, $|b|=5$일 때, $(a,\,b)$는 $(0,\,5)$

(ⅱ) $|a|=1$, $|b|=4$일 때, $(a,\,b)$는 $(1,\,4)$, $(-1,\,4)$

(ⅲ) $|a|=2$, $|b|=3$일 때, $(a,\,b)$는 $(2,\,3)$, $(-2,\,3)$

(ⅳ) $|a|=3$, $|b|=2$일 때, $(a,\,b)$는
　　$(-3,\,2)$, $(-3,\,-2)$

(ⅴ) $|a|=4$, $|b|=1$일 때, $(a,\,b)$는
　　$(-4,\,1)$, $(-4,\,-1)$

(ⅵ) $|a|=5$, $|b|=0$일 때, $(a,\,b)$는 $(-5,\,0)$

(ⅰ)~(ⅵ)에서 $a+b$의 값이 될 수 있는 수는

5, 3, 1, -1, -3, -5의 6개이다.　　　　답 6개

24

b는 c의 역수이므로 b와 c는 같은 부호이고, $bc=1$이다.

$bc=1$이므로 $abc=a<0$

양수가 반드시 존재하고 $a<0$이므로 $b>0$, $c>0$이다.

$|c|<1$이므로 $|b|>1$에서 $b>c$

$\therefore a<c<b$　　　　　　　답 $a<c<b$

25

합이 9인 두 자연수는 1과 8, 2와 7, 3과 6, 4와 5이므로 이 수들의 역수의 합을 각각 구해보면

$1+\dfrac{1}{8}=\dfrac{9}{8}$, $\dfrac{1}{2}+\dfrac{1}{7}=\dfrac{7}{14}+\dfrac{2}{14}=\dfrac{9}{14}$,

$\dfrac{1}{3}+\dfrac{1}{6}=\dfrac{2}{6}+\dfrac{1}{6}=\dfrac{3}{6}=\dfrac{1}{2}$,

$\dfrac{1}{4}+\dfrac{1}{5}=\dfrac{5}{20}+\dfrac{4}{20}=\dfrac{9}{20}$

따라서 가장 작은 값은 $\dfrac{9}{20}$이므로 분자와 분모의 차는

$20-9=11$이다.　　　　　　　답 11

26

❶ 15번의 가위바위보에서 민호는 10번 이겼으므로 5번 졌고, 태주는 5번 이겼으므로 10번 졌다.

❷ 수직선 위에서 오른쪽으로 가는 것은 $+$, 왼쪽으로 가는 것은 $-$를 의미하므로

민호의 위치는

$10×\dfrac{5}{6}+5×\left(-\dfrac{3}{4}\right)=\dfrac{25}{3}-\dfrac{15}{4}$

$\qquad\qquad\qquad =\dfrac{100}{12}-\dfrac{45}{12}=\dfrac{55}{12}$

❸ 태주의 위치는

$$5 \times \frac{5}{6} + 10 \times \left(-\frac{3}{4}\right) = \frac{25}{6} - \frac{15}{2} = \frac{25}{6} - \frac{45}{6}$$
$$= -\frac{20}{6} = -\frac{10}{3}$$

❹ 민호와 태주 사이의 거리는

$$\frac{55}{12} - \left(-\frac{10}{3}\right) = \frac{55}{12} + \left(+\frac{40}{12}\right) = \frac{95}{12}$$이다.

閏 $\dfrac{95}{12}$

채점기준	배점
❶ 민호와 태주의 승패 구하기	20 %
❷ 민호의 위치 구하기	30 %
❸ 태주의 위치 구하기	30 %
❹ 민호와 태주 사이의 거리 구하기	20 %

27

계산 순서에 맞게 식으로 나타내어 계산하면

$$\left[\left\{(-2)^3 + \frac{11}{4}\right\} \div \left(-\frac{7}{5}\right) - \frac{23}{6}\right] \times \frac{4}{3}$$
$$= \left\{\left(-8 + \frac{11}{4}\right) \div \left(-\frac{7}{5}\right) - \frac{23}{6}\right\} \times \frac{4}{3}$$
$$= \left\{\left(-\frac{21}{4}\right) \times \left(-\frac{5}{7}\right) - \frac{23}{6}\right\} \times \frac{4}{3}$$
$$= \left(\frac{15}{4} - \frac{23}{6}\right) \times \frac{4}{3}$$
$$= \left(\frac{45}{12} - \frac{46}{12}\right) \times \frac{4}{3}$$
$$= -\frac{1}{12} \times \frac{4}{3} = -\frac{1}{9}$$

閏 $\left[\left\{(-2)^3 + \dfrac{11}{4}\right\} \div \left(-\dfrac{7}{5}\right) - \dfrac{23}{6}\right] \times \dfrac{4}{3} = -\dfrac{1}{9}$

28

$$a = \left\{2 - \left(\frac{3}{5}\right)^2 \div \left(-\frac{3}{10}\right)\right\} \times \frac{9}{8}$$
$$= \left\{2 - \frac{9}{25} \div \left(-\frac{3}{10}\right)\right\} \times \frac{9}{8}$$
$$= \left\{2 - \frac{9}{25} \times \left(-\frac{10}{3}\right)\right\} \times \frac{9}{8}$$
$$= \left(2 + \frac{6}{5}\right) \times \frac{9}{8}$$
$$= \frac{16}{5} \times \frac{9}{8} = \frac{18}{5}$$
$$b = -\frac{13}{4} - \left\{-1 + \frac{4}{9} \times \left(-\frac{1}{2}\right)^2 \div \left(-\frac{2}{3}\right)^3\right\}$$
$$= -\frac{13}{4} - \left\{-1 + \frac{4}{9} \times \frac{1}{4} \div \left(-\frac{8}{27}\right)\right\}$$
$$= -\frac{13}{4} - \left\{-1 + \frac{1}{9} \times \left(-\frac{27}{8}\right)\right\}$$
$$= -\frac{13}{4} - \left(-1 - \frac{3}{8}\right)$$
$$= -\frac{13}{4} + \frac{11}{8} = -\frac{26}{8} + \frac{11}{8}$$
$$= -\frac{15}{8}$$

$-\dfrac{15}{8} < x < \dfrac{18}{5}$, $-1\dfrac{7}{8} < x < 3\dfrac{3}{5}$이므로 이를 만족시키는

정수 x의 값은 $-1, 0, 1, 2, 3$이다.

따라서 그 합은 $-1 + 0 + 1 + 2 + 3 = 5$이다. 閏 5

29

$$\frac{1}{2} + \frac{1}{6} + \frac{1}{12} + \frac{1}{20} + \frac{1}{30} + \frac{1}{42}$$
$$= \frac{1}{1 \times 2} + \frac{1}{2 \times 3} + \frac{1}{3 \times 4} + \frac{1}{4 \times 5} + \frac{1}{5 \times 6} + \frac{1}{6 \times 7}$$
$$= \left(1 - \frac{1}{2}\right) + \left(\frac{1}{2} - \frac{1}{3}\right) + \left(\frac{1}{3} - \frac{1}{4}\right) + \left(\frac{1}{4} - \frac{1}{5}\right)$$
$$\quad + \left(\frac{1}{5} - \frac{1}{6}\right) + \left(\frac{1}{6} - \frac{1}{7}\right)$$
$$= 1 - \frac{1}{7} = \frac{6}{7}$$

閏 $\dfrac{6}{7}$

30

서로 다른 두 수를 a, b라 하자.

$a \div b$의 값이 가장 크려면 a, b의 부호가 같아야 하고, a의 절댓값이 가장 크며 b의 절댓값이 가장 작아야 한다. 즉,

$$(-2.5) \div (-2) = \left(-\frac{5}{2}\right) \times \left(-\frac{1}{2}\right) = \frac{5}{4}$$
$$\frac{5}{6} \div \frac{3}{4} = \frac{5}{6} \times \frac{4}{3} = \frac{10}{9}$$

$\dfrac{5}{4} = \dfrac{45}{36}$이고, $\dfrac{10}{9} = \dfrac{40}{36}$이므로 두 수를 선택하여

나눈 값 중 가장 큰 수는 $\dfrac{5}{4}$이다.

$a \div b$의 값이 가장 작으려면 a, b의 부호가 달라야 하고, (가장 작은 음수) ÷ (가장 작은 양수)이거나 (가장 큰 양수) ÷ (가장 큰 음수)이어야 한다. 즉,

$$(-2.5) \div \frac{3}{4} = \left(-\frac{5}{2}\right) \times \frac{4}{3} = -\frac{10}{3}$$
$$\frac{5}{6} \div (-2) = \frac{5}{6} \times \left(-\frac{1}{2}\right) = -\frac{5}{12}$$

$-\dfrac{10}{3} < -\dfrac{5}{12}$이므로 두 수를 선택하여 나눈 값 중 가장 작은 수는 $-\dfrac{10}{3}$이다.

閏 가장 큰 수: $\dfrac{5}{4}$, 가장 작은 수: $-\dfrac{10}{3}$

A 최고난도문제
본문 55~56쪽

01 n이 홀수일 때: -8, n이 짝수일 때: 8

02 $-\dfrac{19}{3}$ **03** $\dfrac{3}{20}$ **04** 14 **05** 0

06 가장 큰 수: $\dfrac{61}{6}$, 가장 작은 수: $-\dfrac{38}{21}$

01

전략 n이 홀수일 때와 짝수일 때로 나누어 생각해 본다.

(i) n이 홀수일 때

$n-1$, $n+3$은 짝수, $n+2$, $n+4$는 홀수이므로

$(-1)^{n-1}+2\times(-1)^{n+2}-3\times(-1)^{n+3}+4\times(-1)^{n+4}$

$=1+(-2)-3+(-4)=-8$

(ii) n이 짝수일 때

$n-1$, $n+3$은 홀수, $n+2$, $n+4$는 짝수이므로

$(-1)^{n-1}+2\times(-1)^{n+2}-3\times(-1)^{n+3}+4\times(-1)^{n+4}$

$=(-1)+2-(-3)+4=8$

(i), (ii)에서 n이 홀수일 때 -8, n이 짝수일 때 8이다.

답 n이 홀수일 때: -8, n이 짝수일 때: 8

02

$a=-5-\left(-\dfrac{7}{3}\right)=-5+\dfrac{7}{3}=-\dfrac{8}{3}$

$b=\dfrac{1}{4}+\left(-\dfrac{1}{3}\right)=\dfrac{3}{12}+\left(-\dfrac{4}{12}\right)=-\dfrac{1}{12}$

두 수 $-\dfrac{8}{3}$과 $-\dfrac{1}{12}$ 사이에 있는 기약분수 중

분모가 3인 수는 $-\dfrac{7}{3}$, $-\dfrac{5}{3}$, $-\dfrac{4}{3}$, $-\dfrac{2}{3}$, $-\dfrac{1}{3}$이다.

따라서 그 합은

$-\dfrac{7}{3}+\left(-\dfrac{5}{3}\right)+\left(-\dfrac{4}{3}\right)+\left(-\dfrac{2}{3}\right)+\left(-\dfrac{1}{3}\right)=-\dfrac{19}{3}$이다.

답 $-\dfrac{19}{3}$

03

전략 $\dfrac{\dfrac{B}{A}}{\dfrac{D}{C}}=\dfrac{B}{A}\div\dfrac{D}{C}=\dfrac{B}{A}\times\dfrac{C}{D}$

$\dfrac{1}{3}\blacklozenge\dfrac{3}{4}=\dfrac{\dfrac{1}{3}\times\dfrac{3}{4}-1}{\dfrac{1}{3}-\dfrac{3}{4}}=\dfrac{\dfrac{1}{4}-1}{\dfrac{4}{12}-\dfrac{9}{12}}=\dfrac{-\dfrac{3}{4}}{-\dfrac{5}{12}}$

$=-\dfrac{3}{4}\times\left(-\dfrac{12}{5}\right)=\dfrac{9}{5}$

$\dfrac{7}{4}\blacklozenge\dfrac{5}{8}=\dfrac{\dfrac{7}{4}\times\dfrac{5}{8}-1}{\dfrac{7}{4}-\dfrac{5}{8}}=\dfrac{\dfrac{35}{32}-1}{\dfrac{14}{8}-\dfrac{5}{8}}=\dfrac{\dfrac{3}{32}}{\dfrac{9}{8}}$

$=\dfrac{3}{32}\times\dfrac{8}{9}=\dfrac{1}{12}$

$\therefore\left(\dfrac{1}{3}\blacklozenge\dfrac{3}{4}\right)\times\left(\dfrac{7}{4}\blacklozenge\dfrac{5}{8}\right)=\dfrac{9}{5}\times\dfrac{1}{12}=\dfrac{3}{20}$

답 $\dfrac{3}{20}$

04

$\dfrac{31}{164}=\dfrac{1}{\dfrac{164}{31}}=\dfrac{1}{5+\dfrac{9}{31}}$

$=\dfrac{1}{5+\dfrac{1}{\dfrac{31}{9}}}=\dfrac{1}{5+\dfrac{1}{3+\dfrac{4}{9}}}$

$=\dfrac{1}{5+\dfrac{1}{3+\dfrac{1}{\dfrac{9}{4}}}}=\dfrac{1}{5+\dfrac{1}{3+\dfrac{1}{2+\dfrac{1}{4}}}}$

$a=5$, $b=3$, $c=2$, $d=4$이므로

$a+b+c+d=14$

답 14

05

전략 $a>0$일 때 $|a|=a$이고, $a<0$일 때 $|a|=-a$이다.

(i) $a>0$, $b>0$일 때, $5ab>0$이므로

$X=\dfrac{2a}{a}+\dfrac{3b}{b}+\dfrac{5ab}{ab}$

$=2+3+5=10$

(ii) $a>0$, $b<0$일 때, $5ab<0$이므로

$X=\dfrac{2a}{a}-\dfrac{3b}{b}-\dfrac{5ab}{ab}$

$=2-3-5=-6$

(iii) $a<0$, $b>0$일 때, $5ab<0$이므로

$X=-\dfrac{2a}{a}+\dfrac{3b}{b}-\dfrac{5ab}{ab}$

$=-2+3-5=-4$

(iv) $a<0$, $b<0$일 때, $5ab>0$이므로

$X=-\dfrac{2a}{a}-\dfrac{3b}{b}+\dfrac{5ab}{ab}$

$=-2-3+5=0$

(i)~(iv)에 의해 X의 값이 될 수 있는 수는 10, -6, -4, 0

이므로 그 합은 $10+(-6)+(-4)+0=0$

답 0

06

□ 안에 넣을 수를 왼쪽부터 차례대로 A, B, C라 하면

$A-B\div C$이다.

계산 결과가 가장 크려면 $B\div C$는 절댓값이 가장 큰 음수이

어야 하고, A는 남은 수 중 가장 큰 수이어야 하므로

$\dfrac{7}{2}-4\div\left(-\dfrac{3}{5}\right)=\dfrac{7}{2}-4\times\left(-\dfrac{5}{3}\right)=\dfrac{7}{2}+\dfrac{20}{3}$

$=\dfrac{21}{6}+\dfrac{40}{6}=\dfrac{61}{6}$

계산 결과가 가장 작으려면 A는 가장 작은 음수이고,

$B\div C$는 절댓값이 가장 큰 양수이어야 한다.

$-\dfrac{2}{3}-4\div\dfrac{7}{2}=-\dfrac{2}{3}-\dfrac{8}{7}=-\dfrac{14}{21}-\dfrac{24}{21}=-\dfrac{38}{21}$

따라서 계산 결과가 가장 큰 수는 $\dfrac{61}{6}$, 가장 작은 수는

$-\dfrac{38}{21}$이다.

답 가장 큰 수: $\dfrac{61}{6}$, 가장 작은 수: $-\dfrac{38}{21}$

01 문자와 식

주제별 필수문제

▌본문 60~63쪽

01 ③	**02** ⑤	**03** ④	**04** $\frac{5}{4}a$ %
05 $\frac{10a+9b}{19}$점	**06** ④	**07** ①	**08** -12
09 -4	**10** 1396 m		
11 (1) $(30000-200a-100b)$원 (2) 26500원			
12 ⑤	**13** ②, ③	**14** 3	**15** ⑤ **16** -1
17 7	**18** ④	**19** -48	**20** $14x-20y$
21 $x-3$	**22** $-7x-2$		**23** $21x-36y$

01

① $(a \div b) \times c = \frac{a}{b} \times c = \frac{ac}{b}$

② $(a \times b) \div c = ab \div c = \frac{ab}{c}$

③ $a \div (b \times c) = a \div bc = \frac{a}{bc}$

④ $a \times \left(b \div \frac{1}{c}\right) = a \times (b \times c) = a \times bc = abc$

⑤ $a \div \left(\frac{1}{b} \div \frac{1}{c}\right) = a \div \left(\frac{1}{b} \times c\right) = a \div \frac{c}{b}$
$= a \times \frac{b}{c} = \frac{ab}{c}$　　**답** ③

02

① $a \div b \times (-6) = a \times \frac{1}{b} \times (-6) = -\frac{6a}{b}$

② $2a \div \frac{5}{4}b = 2a \times \frac{4}{5b} = \frac{8a}{5b}$

③ $(x \div 8 - y \div z) \times 3 = \left(x \times \frac{1}{8} - y \times \frac{1}{z}\right) \times 3$
$= \left(\frac{x}{8} - \frac{y}{z}\right) \times 3$
$= \frac{3x}{8} - \frac{3y}{z}$

④ $7 \times (a+b) \div 5 = 7 \times (a+b) \times \frac{1}{5}$
$= \frac{7(a+b)}{5}$

⑤ $x \times (y-3) \div z \div \frac{1}{8} = x \times (y-3) \times \frac{1}{z} \times 8$
$= \frac{8x(y-3)}{z}$　　**답** ⑤

03

④ $x \times \left(1 - \frac{20}{100}\right) = 0.8x$(원)　　**답** ④

04

처음 400 g의 소금물에 들어 있던 소금의 양과 a %의 소금물 500 g에 들어 있는 소금의 양은 같으므로

$\dfrac{(처음\ 소금물의\ 농도)}{100} \times 400 = \dfrac{a}{100} \times 500$

∴ (처음 소금물의 농도) $= \dfrac{5}{4}a$(%)　　**답** $\frac{5}{4}a$ %

05

(평균) $= \dfrac{(점수의\ 총합)}{(총\ 학생\ 수)} = \dfrac{10 \times a + 9 \times b}{10 + 9} = \dfrac{10a+9b}{19}$(점)

답 $\frac{10a+9b}{19}$점

06

① $a^2 = (-3)^2 = 9$

② $-3a = -3 \times (-3) = 9$

③ $-\dfrac{a^3}{3} = -\dfrac{(-3)^3}{3} = 9$

④ $a^3 - 3a = (-3)^3 - 3 \times (-3) = -27 + 9 = -18$

⑤ $(-a)^2 = \{-(-3)\}^2 = 9$　　**답** ④

07

① $y - x = 1 - \left(-\dfrac{1}{4}\right) = \dfrac{5}{4}$

② $4x^2 - y = 4 \times \left(-\dfrac{1}{4}\right)^2 - 1 = \dfrac{1}{4} - 1 = -\dfrac{3}{4}$

③ $2xy = 2 \times \left(-\dfrac{1}{4}\right) \times 1 = -\dfrac{1}{2}$

④ $\dfrac{2}{x} + y = 2 \div x + y = 2 \div \left(-\dfrac{1}{4}\right) + 1$
$= 2 \times (-4) + 1 = -7$

⑤ $-x^3 - y = -\left(-\dfrac{1}{4}\right)^3 - 1 = \dfrac{1}{64} - 1$
$= -\dfrac{63}{64}$　　**답** ①

08

$\dfrac{5}{a} + \dfrac{2}{b} - \dfrac{1}{c} = 5 \div \left(-\dfrac{1}{4}\right) + 2 \div \dfrac{1}{5} - 1 \div \dfrac{1}{2}$
$= 5 \times (-4) + 2 \times 5 - 1 \times 2$
$= -20 + 10 - 2$
$= -12$　　**답** -12

09

$\left(a^2 - \dfrac{1}{b^2}\right) - (a + 4b)$
$= \left\{(-1)^2 - 1 \div \left(\dfrac{1}{2}\right)^2\right\} - \left\{(-1) + 4 \times \dfrac{1}{2}\right\}$
$= \left(1 - 1 \div \dfrac{1}{4}\right) - (-1 + 2)$
$= (1 - 1 \times 4) - 1$
$= -4$　　**답** -4

10

기온이 $30 \, ^\circ\!\text{C}$일 때의 소리의 속력은

초속 $331+0.6 \times 30 = 331+18 = 349 \, (\text{m})$이므로

4초 동안 소리가 전달되는 거리는 $349 \times 4 = 1396 \, (\text{m})$

답 1396 m

11

(1) 한 개에 20000원인 USB를 $a \, \%$ 할인한 가격은

$$20000 - 20000 \times \frac{a}{100} = 20000 - 200a \, (원),$$

한 개에 2000원인 볼펜을 $b \, \%$ 할인한 가격은

$$2000 - 2000 \times \frac{b}{100} = 2000 - 20b \, (원)$$이므로

지불한 금액은

$$(20000 - 200a) + (2000 - 20b) \times 5$$
$$= 30000 - 200a - 100b \, (원)$$이다.

(2) $a=10$, $b=15$일 때 지불한 금액은

$$30000 - 200 \times 10 - 100 \times 15$$
$$= 30000 - 2000 - 1500$$
$$= 26500 \, (원)$$

답 (1) $(30000-200a-100b)$원 (2) 26500원

12

① 항이 2개이므로 단항식이 아니다.

② $-x^2+x+1$은 차수가 2이므로 이차식이다.

③ 상수항은 -1이다.

④ x의 계수는 $\frac{1}{5}$이다.

답 ⑤

13

① 상수항은 일차식이 아니다.

④ 차수가 2인 다항식이다.

⑤ 분모에 문자가 있는 식은 일차식도 아니고 다항식도 아니다.

답 ②, ③

14

- Sub Note -

x에 대한 일차식은 $ax+b \, (a, b$는 상수, $a \neq 0)$의 꼴이다.

주어진 식이 x에 대한 일차식이 되려면 x^2의 계수가 0이어야 하므로

$a+1=0$ $\therefore a=-1$

따라서 이 식의 상수항은

$2a+5 = 2 \times (-1)+5 = 3$이다.

답 3

15

㉠ $-y+\frac{1}{2}x+5$, $\frac{x}{2}-5y+3$의 2개

㉡ a^2+2a의 1개

㉢ $-y+\frac{1}{2}x+5$, $\frac{10}{3}x-1$, $\frac{x}{2}-5y+3$의 3개

따라서 옳은 것은 ㉠, ㉡, ㉢이다.

답 ⑤

16

일차식은 $-4x+5$, $\frac{1}{3}x$, $\frac{2}{5}x-6$이고 상수항은 각각 5, 0, -6이다.

따라서 상수항의 합은 $5+0-6 = -1$이다.

답 -1

17

❶ x의 계수가 -3, 상수항이 1인 x에 대한 일차식은

$-3x+1$이다.

❷ $x=-\frac{1}{3}$일 때의 식의 값은

$$-3x+1 = -3 \times \left(-\frac{1}{3}\right)+1 = 1+1 = 2$$

$\therefore a=2$

❸ $x=2$일 때의 식의 값은

$$-3x+1 = -3 \times 2+1 = -5$$

$\therefore b=-5$

❹ $a-b = 2-(-5) = 7$

답 7

채점기준	배점
❶ x에 대한 일차식 구하기	30 %
❷ a의 값 구하기	30 %
❸ b의 값 구하기	30 %
❹ $a-b$의 값 구하기	10 %

18

④ $(6x-12) \div (-4) = (6x-12) \times \left(-\frac{1}{4}\right)$

$$= -\frac{3}{2}x+3$$

답 ④

19

$$\frac{5}{4}(-2x+8)-(6x-2) \div 3$$
$$= -\frac{5}{2}x+10-(6x-2) \times \frac{1}{3}$$
$$= -\frac{5}{2}x+10-\left(2x-\frac{2}{3}\right)$$
$$= -\frac{5}{2}x+10-2x+\frac{2}{3}$$
$$= -\frac{9}{2}x+\frac{32}{3}$$

따라서 $a=-\frac{9}{2}$, $b=\frac{32}{3}$이므로

$$ab = -\frac{9}{2} \times \frac{32}{3} = -48$$이다.

답 -48

20

전략 먼저 주어진 식을 간단히 한 후, 대입한다.

$$3A-B+2(A-B)=3A-B+2A-2B$$
$$=5A-3B$$
$$=5(4x-y)-3(2x+5y)$$
$$=20x-5y-6x-15y$$
$$=14x-20y \qquad \text{답 } 14x-20y$$

21

$A+(-x+1)=7x-5$에서

$A=7x-5-(-x+1)=7x-5+x-1=8x-6$

$4x-2-B=-3x+1$에서

$B=4x-2-(-3x+1)=4x-2+3x-1$
$$=7x-3$$

$\therefore A-B=8x-6-(7x-3)=8x-6-7x+3$
$$=x-3 \qquad \text{답 } x-3$$

22

어떤 일차식을 □라 하면

$□-(-5x+4)=3x-10$이므로

$□=3x-10+(-5x+4)=-2x-6$

따라서 바르게 계산한 식은

$-2x-6+(-5x+4)=-7x-2$이다. $\qquad$ 답 $-7x-2$

23

$3(x-2y)-2[5y-\{6x-y+3(x-3y)\}]$
$$=3x-6y-2\{5y-(6x-y+3x-9y)\}$$
$$=3x-6y-2\{5y-(9x-10y)\}$$
$$=3x-6y-2(5y-9x+10y)$$
$$=3x-6y-2(-9x+15y)$$
$$=3x-6y+18x-30y$$
$$=21x-36y \qquad \text{답 } 21x-36y$$

---

01 ㉢, ㉣, ㉤	**02** $\dfrac{4a+9b}{13}$ %
03 $\left(300+\dfrac{19}{20}a+3b\right)$명	
04 $\left(51x+\dfrac{51}{100}ax\right)$원	**05** 2

06 -2025	**07** $\dfrac{17}{30}$	**08** $\dfrac{39}{2}$	**09** $\dfrac{5}{2}$
10 4	**11** 6	**12** $-\dfrac{7}{10}$	**13** 3
14 $2x+13$	**15** $(6a-60)$칸		**16** $-\dfrac{1}{3}$
17 $-2x-10$	**18** $20a+2b+1$		
19 $-14x+12$	**20** $7x+1$		
21 $-13x+21$	**22** 7		**23** $\dfrac{15}{2}x+21$

24 A 마트: $48a$원, B 마트: $47.6a$원, B 마트

01

㉢ $a÷(10÷x)÷(-1)^2=a÷\dfrac{10}{x}÷(-1)^2$
$$=a×\dfrac{x}{10}×1=\dfrac{ax}{10}$$

㉣ $(a+b)÷x×y=(a+b)×\dfrac{1}{x}×y=\dfrac{(a+b)y}{x}$

㉤ $\{(-2)×a-b×b\}÷3÷(x+y)$
$$=(-2a-b^2)×\dfrac{1}{3}×\dfrac{1}{x+y}=\dfrac{-2a-b^2}{3(x+y)}$$

따라서 옳지 않은 것은 ㉢, ㉣, ㉤이다. $\qquad$ 답 ㉢, ㉣, ㉤

02

전략 농도가 다른 두 소금물을 섞는 경우

(섞기 전 두 소금물의 소금의 양의 합)=(섞은 후 소금물의 소금의 양)

(새로 만든 소금물에 들어 있는 소금의 양)

$$=\dfrac{a}{100}×200+\dfrac{b}{100}×450$$

$$=2a+\dfrac{9}{2}b(g)$$

$\therefore$ (새로 만든 소금물의 농도)

$$=\dfrac{2a+\dfrac{9}{2}b}{200+450}×100=\dfrac{4a+9b}{13}(\%) \qquad \text{답 } \dfrac{4a+9b}{13}\text{ %}$$

03

올해 남학생 수는 $300×\left(1+\dfrac{b}{100}\right)=300+3b$(명)

올해 여학생 수는 $a×\left(1-\dfrac{5}{100}\right)=\dfrac{19}{20}a$(명)

따라서 올해 전체 학생 수는 $\left(300+\dfrac{19}{20}a+3b\right)$명이다.

$$\text{답}\left(300+\frac{19}{20}a+3b\right)\text{명}$$

04

$$(\text{정가})=x\times\left(1+\frac{a}{100}\right)=x+\frac{ax}{100}\,(\text{원})$$

형광펜을 60자루 산다면 내야 할 금액은

$$60\times\left(x+\frac{ax}{100}\right)\times\left(1-\frac{15}{100}\right)=60\times\left(x+\frac{ax}{100}\right)\times\frac{17}{20}$$

$$=51x+\frac{51}{100}ax\,(\text{원})$$

$$\text{답}\left(51x+\frac{51}{100}ax\right)\text{원}$$

05

[상자 A]에 -3을 넣어서 나오는 수는

$$(-3)^2-11=-2$$

[상자 B]에 -2를 넣어서 나오는 수는

$$1-\frac{2}{-2}=1+1=2$$

$$\text{답}\,2$$

06

전략 $(-1)^{\text{홀수}}=-1$, $(-1)^{\text{짝수}}=1$

$$x-x^2+x^3-x^4+x^5-x^6+\cdots+x^{2025}$$

$$=(-1)-(-1)^2+(-1)^3-(-1)^4$$

$$\quad+(-1)^5-(-1)^6+\cdots+(-1)^{2025}$$

$$=\underbrace{-1-1-1-1-1-1\cdots-1}_{2025\text{개}}$$

$$=-1\times2025=-2025$$

$$\text{답}\,-2025$$

07

$x:y=4:1$이므로 $x=4y$

$x=4y$를 주어진 식에 대입하면

$$\frac{x}{x+4y}+\frac{y}{4x-y}=\frac{4y}{4y+4y}+\frac{y}{4\times4y-y}$$

$$=\frac{4y}{8y}+\frac{y}{15y}$$

$$=\frac{1}{2}+\frac{1}{15}=\frac{17}{30}$$

$$\text{답}\,\frac{17}{30}$$

08

$$\frac{6ab-2b-bc}{2bc}$$

$$=\left\{6\times(-3)\times\frac{1}{4}-2\times\frac{1}{4}-\frac{1}{4}\times\left(-\frac{1}{2}\right)\right\}$$

$$\div\left\{2\times\frac{1}{4}\times\left(-\frac{1}{2}\right)\right\}$$

$$=\left(-\frac{9}{2}-\frac{1}{2}+\frac{1}{8}\right)\div\left(-\frac{1}{4}\right)$$

$$=\left(-\frac{39}{8}\right)\times(-4)$$

$$=\frac{39}{2}$$

$$\text{답}\,\frac{39}{2}$$

09

$x:y:z=3:1:4$이므로 $x=3k$, $y=k$, $z=4k\,(k\neq0)$라 하면

$$\frac{3x^2+yz-z^2}{xy-y^2+yz}=\frac{27k^2+4k^2-16k^2}{3k^2-k^2+4k^2}=\frac{15k^2}{6k^2}=\frac{5}{2}$$

$$\text{답}\,\frac{5}{2}$$

10

$\dfrac{1}{x}+\dfrac{1}{y}=5$에서 $\dfrac{x+y}{xy}=5$ ∴ $5xy=x+y$

$$\therefore\frac{9x-5xy+5y}{4x-10xy+3y}=\frac{9x-x-y+5y}{4x-2x-2y+3y}$$

$$=\frac{4(2x+y)}{2x+y}=4$$

$$\text{답}\,4$$

11

❶ $\dfrac{1}{2}x^2-ax+4-bx^2+10x-9$

$$=\left(\frac{1}{2}-b\right)x^2+(-a+10)x-5$$가 x에 대한 일차식이므로

$$\frac{1}{2}-b=0 \quad \therefore b=\frac{1}{2}$$

❷ 또 x의 계수가 7이므로

$$-a+10=7 \quad \therefore a=3$$

❸ $\dfrac{a}{b}=3\div\dfrac{1}{2}=3\times2=6$

$$\text{답}\,6$$

채점기준	배점
❶ b의 값 구하기	40 %
❷ a의 값 구하기	40 %
❸ $\dfrac{a}{b}$의 값 구하기	20 %

12

$a=2$, $b=3$, $c=-5$이므로

$$\frac{a+3b-2c}{abc}=\frac{2+3\times3-2\times(-5)}{2\times3\times(-5)}=\frac{21}{-30}=-\frac{7}{10}$$

$$\text{답}\,-\frac{7}{10}$$

13

$-3(2x+1)=-6x-3$,

$$(4x-8)\div\left(-\frac{4}{5}\right)=(4x-8)\times\left(-\frac{5}{4}\right)=-5x+10$$

이므로

$$a=-6-5=-11,\ b=-3+10=7$$

$$\therefore a+2b=-11+14=3$$

$$\text{답}\,3$$

14

$\dfrac{1}{2}\bigstar x=\dfrac{1}{2}\times x-\dfrac{1}{2}+3=\dfrac{x}{2}+\dfrac{5}{2}$이므로

$$\left(\frac{1}{2}\bigstar x\right)\bigstar5=\left(\frac{x}{2}+\frac{5}{2}\right)\bigstar5$$

$$=\left(\frac{x}{2}+\frac{5}{2}\right)\times5-\left(\frac{x}{2}+\frac{5}{2}\right)+3$$

$$= \frac{5}{2}x + \frac{25}{2} - \frac{x}{2} - \frac{5}{2} + 3$$
$$= 2x + 13$$

🔲 $2x + 13$

15

전략 동현이가 a번 이기면 시윤이는 $(20-a)$번 이긴 것이다.

동현이가 a번 이겼을 때 시윤이가 이긴 횟수는 $(20-a)$번
이다.

동현이가 올라간 칸수는

$2 \times a - (20-a) = 2a - 20 + a = 3a - 20$(칸)

시윤이가 올라간 칸수는

$2 \times (20-a) - a = 40 - 2a - a = 40 - 3a$(칸)

따라서 구하는 칸수는

$(3a-20) - (40-3a) = 3a - 20 - 40 + 3a$
$$= 6a - 60 \text{(칸)이다.}$$

🔲 $(6a-60)$칸

16

전략 분모의 최소공배수로 통분하여 동류항끼리 계산한다.

$$\frac{-5x+7}{4} + \frac{x-2}{2} - \frac{-3x+5}{6}$$
$$= \frac{3(-5x+7) + 6(x-2) - 2(-3x+5)}{12}$$
$$= \frac{-15x+21+6x-12+6x-10}{12}$$
$$= \frac{-3x-1}{12}$$
$$= -\frac{1}{4}x - \frac{1}{12}$$

$a = -\frac{1}{4}$, $b = -\frac{1}{12}$ 이므로 $a+b = -\frac{1}{4} - \frac{1}{12} = -\frac{1}{3}$

🔲 $-\frac{1}{3}$

17

$A \div \left(-\frac{2}{3}\right) = 3x - 9$에서

$A = (3x-9) \times \left(-\frac{2}{3}\right) = -2x + 6$

$3B - (5x+9) = -2x+6$에서

$3B = -2x + 6 + (5x+9) = 3x + 15$

$\therefore B = x + 5$

$\frac{1}{2}(4x-12) - C = B$에서

$C = \frac{1}{2}(4x-12) - (x+5) = 2x - 6 - x - 5 = x - 11$

$\therefore A - B + C = (-2x+6) - (x+5) + (x-11)$
$$= -2x - 10$$

🔲 $-2x-10$

18

백의 자리의 숫자가 a, 십의 자리의 숫자가 b, 일의 자리의

숫자가 8인 세 자리 자연수는

$100a + 10b + 8$

이 수를 $5q + r$(q는 몫, r는 나머지, $0 \le r < 5$)의 꼴로 나타
내면

$100a + 10b + 8 = 5(20a + 2b + 1) + 3$

따라서 몫은 $20a + 2b + 1$이다.

🔲 $20a + 2b + 1$

19

$2(3B-2A) + \frac{1}{2}(5A+4B-13)$
$$= 6B - 4A + \frac{5}{2}A + 2B - \frac{13}{2}$$
$$= -\frac{3}{2}A + 8B - \frac{13}{2}$$
$$= -\frac{3}{2}(4x-7) + 8(-x+1) - \frac{13}{2}$$
$$= -6x + \frac{21}{2} - 8x + 8 - \frac{13}{2}$$
$$= -14x + 12$$

🔲 $-14x + 12$

20

❶ $A = 6x + a$, $B = bx - 2$(a, b는 상수, $b \ne 0$)로 놓으면

❷ $3A - (A-2B) + B$
$$= 2A + 3B = 2(6x+a) + 3(bx-2)$$
$$= 12x + 2a + 3bx - 6$$
$$= (12+3b)x + 2a - 6$$

$12 + 3b = 9$, $2a - 6 = -8$ $\quad \therefore a = -1$, $b = -1$

$\therefore A = 6x - 1$, $B = -x - 2$

❸ $A - B = (6x-1) - (-x-2) = 7x + 1$

🔲 $7x + 1$

채점기준	배점
❶ 일차식 A, B를 $ax+b$의 꼴로 각각 나타내기	30 %
❷ 일차식 A, B 구하기	50 %
❸ $A-B$를 x를 사용한 식으로 나타내기	20 %

21

$A = \frac{5x-3}{2} \div \left(-\frac{3}{4}\right) = \frac{5x-3}{2} \times \left(-\frac{4}{3}\right)$
$$= \frac{-10x+6}{3}$$

$B = \frac{x-2}{3} - \frac{3x+2}{2} = \frac{2(x-2)}{6} - \frac{3(3x+2)}{6}$
$$= \frac{2x-4-9x-6}{6}$$
$$= \frac{-7x-10}{6}$$

$\therefore 3A - \{-A + (6B-2A+1)\}$
$$= 3A - (-A + 6B - 2A + 1)$$
$$= 3A - (-3A + 6B + 1)$$
$$= 3A + 3A - 6B - 1$$
$$= 6A - 6B - 1$$

$$=6\times\left(\frac{-10x+6}{3}\right)-6\times\left(\frac{-7x-10}{6}\right)-1$$
$$=-20x+12+7x+10-1$$
$$=-13x+21$$

답 $-13x+21$

22

$2n+1$은 홀수, $2n$은 짝수이므로

$(-1)^{2n+1}=-1$, $(-1)^{2n}=1$

$(-1)^{2n+1}(x-3y)-(-1)^{2n}(-4x+7y)$

$=-(x-3y)-(-4x+7y)$

$=-x+3y+4x-7y=3x-4y$

$a=3$, $b=-4$이므로 $a-b=3-(-4)=7$

답 7

23

(색칠한 사각형의 넓이)

= (직사각형의 넓이)

　　－ (네 직각삼각형의 넓이의 합)

$=9\times(2x+6)$

　　$-\dfrac{1}{2}\times4\times(5-x)-\dfrac{1}{2}\times5\times9$

　　$-\dfrac{1}{2}\times2\times(2x-3)-\dfrac{1}{2}\times7\times(3x+1)$

$=18x+54-10+2x-\dfrac{45}{2}-2x+3-\dfrac{21}{2}x-\dfrac{7}{2}$

$=\dfrac{15}{2}x+21$

답 $\dfrac{15}{2}x+21$

24

❶ A 마트에서 사탕 6개를 한 묶음으로 사면 1개를 덤으로 주므로 7개를 산 것과 같다.

즉 A 마트에서 사탕 56개를 사려면 사탕 6개를 한 묶음으로 총 8묶음을 사면 되므로 그 가격은

$(a\times6)\times8=48a$(원)

❷ B 마트에서 사탕 56개를 사려면 사탕 8개를 한 묶음으로 총 7묶음을 사면 되므로 그 가격은

$\left\{a\times8\times\left(1-\dfrac{15}{100}\right)\right\}\times7=47.6a$(원)

❸ $a>0$이므로 $48a>47.6a$

따라서 B 마트에서 사는 것이 더 저렴하다.

답 A 마트: $48a$원, B 마트: $47.6a$원, B 마트

채점기준	배점
❶ A 마트에서의 가격을 a를 사용한 식으로 나타내기	40 %
❷ B 마트에서의 가격을 a를 사용한 식으로 나타내기	40 %
❸ A, B 마트 중 어느 마트에서 사는 것이 저렴한지 구하기	20 %

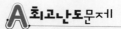

01 $\left(\dfrac{1}{15}a-\dfrac{1}{10}b+8\right)$문제	**02** -1016	
03 -9　**04** $(32a-28)$ cm		**05** 38
06 A: 40 %, B: 60 %		

01

10문제를 맞힌 학생 수가 a명, 5문제를 맞힌 학생 수가 b명이므로 8문제를 맞힌 학생 수는 $(30-a-b)$명이다.

즉, 전체 학생의 맞힌 문제 수의 총합은

$10\times a+5\times b+8\times(30-a-b)=2a-3b+240$(문제)

따라서 이 반 전체 학생들이 맞힌 평균 문제 수는

$\dfrac{2a-3b+240}{30}=\dfrac{1}{15}a-\dfrac{1}{10}b+8$(문제)이다.

답 $\left(\dfrac{1}{15}a-\dfrac{1}{10}b+8\right)$문제

02

$x+2x^2+3x^3+\cdots+2030x^{2030}+2031x^{2031}$

$=(-1)+2\times(-1)^2+3\times(-1)^3+\cdots$

　　$+2030\times(-1)^{2030}+2031\times(-1)^{2031}$

$=-1+2-3+\cdots+2030-2031$

$=\{(-1)+2\}+\{(-3)+4\}+\cdots$

　　$+\{(-2029)+2030\}-2031$

$=1\times1015-2031=-1016$

답 -1016

03

$x+y+z=0$이므로

$x+y=-z$, $y+z=-x$, $x+z=-y$

$\therefore x\left(\dfrac{3}{y}+\dfrac{3}{z}\right)+y\left(\dfrac{3}{z}+\dfrac{3}{x}\right)+z\left(\dfrac{3}{x}+\dfrac{3}{y}\right)$

$=\dfrac{3x}{y}+\dfrac{3x}{z}+\dfrac{3y}{z}+\dfrac{3y}{x}+\dfrac{3z}{x}+\dfrac{3z}{y}$

$=\dfrac{3(y+z)}{x}+\dfrac{3(x+z)}{y}+\dfrac{3(x+y)}{z}$

$=\dfrac{-3x}{x}+\dfrac{-3y}{y}+\dfrac{-3z}{z}$

$=-3-3-3=-9$

답 -9

04

종이를 한 장씩 이어 붙일 때마다 가로의 길이는

$(a-1)$ cm씩 늘어난다.

완성된 직사각형의 가로의 길이는

$a+14\times(a-1)=15a-14$(cm)

따라서 구하는 둘레의 길이는

$2\times(15a-14+a)=32a-28$(cm)이다.

답 $(32a-28)$ cm

05

전략 여러 개의 직사각형으로 나누어 넓이를 각각 구한다.

오른쪽 그림과 같이 주어진 도형
을 4개의 직사각형으로 나누면

(①의 넓이)
$=5\times(x+2)=5x+10$

(②의 넓이)
$=(9-5)\times\{(3x-2)+(x+2)\}=4\times4x=16x$

(③의 넓이)$=3\times\{(x+3)+(2x-1)\}$
$=3\times(3x+2)=9x+6$

(④의 넓이)$=\{11-3-(9-5)\}\times(2x-1)$
$=4\times(2x-1)=8x-4$

∴ (주어진 도형의 넓이)
$=(①의 넓이)+(②의 넓이)+(③의 넓이)+(④의 넓이)$
$=(5x+10)+16x+(9x+6)+(8x-4)$
$=38x+12$

따라서 x의 계수는 38이다.   답 **38**

06

A, B 두 물질을 만든 학생 수를 각각 a명, b명이라 하자.

A, B 두 물질을 모두 만든 학생 수는 $\dfrac{3}{10}a$명이므로

A 물질을 만들고 B 물질을 만들지 못한 학생 수는

$a-\dfrac{3}{10}a=\dfrac{7}{10}a$(명)

또 두 물질을 모두 만든 학생 수는 $\dfrac{1}{5}b$명이므로

$\dfrac{1}{5}b=\dfrac{3}{10}a$ ∴ $b=\dfrac{3}{2}a$

이때 B 물질을 만들고 A 물질을 만들지 못한 학생 수는

$\dfrac{3}{2}a-\dfrac{3}{10}a=\dfrac{6}{5}a$(명)

A, B 두 물질을 모두 만들지 못한 학생은 전체의 12 %이므로 적어도 한 개의 물질을 만든 학생 수는

$a+\dfrac{6}{5}a=\dfrac{11}{5}a$(명)으로 전체의 88 %이다.

따라서 $\dfrac{1}{5}a$명은 8 %이므로 A, B 물질을 만든 성공률은 각

각 $5\times8=40(\%)$, $40\times\dfrac{3}{2}=60(\%)$이다.

답 **A: 40 %, B: 60 %**

---

02 일차방정식의 풀이

C 주제별필수문제   ▌본문 72~75쪽 ◦

01 ③	**02** ㉡, ㉣	**03** -7	**04** ④	**05** 5
06 ③, ⑤	**07** $a\neq3$	**08** ②	**09** $-\dfrac{3}{7}$	
10 $x=-2$	**11** -1	**12** ②	**13** 1	
14 -3	**15** $x=-7$	**16** 4		
17 $a=6, b=-3$	**18** ①	**19** ⑤	**20** 9	
21 -1	**22** -2	**23** 7		

01

① $2\times3-6\neq5\times3+3$

② $-3-27\neq-4(-3+3)$

③ $\dfrac{2+2}{4}=3-2$

④ $-4+5\neq2(-4-1)$

⑤ $2-4\times(-1)\neq2\times(-1)+5$ 답 ③

02

x의 값에 관계없이 항상 참인 등식은 항등식이다.

㉠ (좌변)$\neq$(우변)이므로 항등식이 아니다.

㉡ (좌변)$=3(2x+1)=6x+3$에서 (좌변)$=$(우변)이므로 항등식이다.

㉢ (좌변)$=5-(x+2)=-x+3$에서 (좌변)$\neq$(우변)이므로 항등식이 아니다.

㉣ (우변)$=4(2-x)-5=-4x+3$에서 (좌변)$\neq$(우변)이므로 항등식이 아니다.

㉤ (좌변)$=-3(2x-4)=-6x+12$,
(우변)$=2(-3x+6)=-6x+12$에서 (좌변)$=$(우변)이므로 항등식이다.   답 ㉡, ㉣

03

$a(-x+4)+3=2x-b$에서 $-ax+4a+3=2x-b$
이 식이 x에 대한 항등식이므로 $-a=2$, $4a+3=-b$
∴ $a=-2$, $b=5$
∴ $a-b=-2-5=-7$ 답 -7

04

① $a+5=b+5$의 양변에서 5를 빼면 $a=b$이다.

② $a-3=b-3$의 양변에 4를 더하면 $a+1=b+1$

③ $\dfrac{a}{2}=-\dfrac{b}{3}$의 양변에 -6을 곱하면 $-3a=2b$

④ $a=3b$의 양변에서 3을 빼면 $a-3=3b-3$,
$a-3=3(b-1)$

⑤ $-4a+6=-2b+6$의 양변을 -2로 나누면
$2a-3=b-3$이다.
이 식의 양변에 3을 더하면 $2a=b$ 　　　답 ④

05

❶ $x-2=y$의 양변을 2로 나누면 $\frac{1}{2}x-1=\frac{1}{2}y$

이 식의 양변에서 $\frac{1}{2}y$를 빼면 $\frac{1}{2}x-\frac{1}{2}y-1=0$

이 식의 양변에 6을 더하면 $\frac{1}{2}x-\frac{1}{2}y+5=6$

$\therefore$ ㉠ $=6$

❷ $\frac{a}{3}=\frac{b}{3}$의 양변에 3을 곱하면 $a=b$

이 식의 양변을 b로 나누면 $\frac{a}{b}=1$ 　　 $\therefore$ ㉡ $=1$

❸ ㉠ $-$ ㉡ $=6-1=5$ 　　　답 5

채점기준	배점
❶ ㉠의 값 구하기	45 %
❷ ㉡의 값 구하기	45 %
❸ ㉠ $-$ ㉡의 값 구하기	10 %

06

① 분모에 미지수가 있으므로 일차방정식이 아니다.
② $6x^2=0$이므로 일차방정식이 아니다.
③ $13x-14=0$이므로 일차방정식이다.
④ $-8=0$이므로 일차방정식이 아니다.
⑤ $3x-2=0$이므로 일차방정식이다. 　　　답 ③, ⑤

07

$2(ax-3)=-(5-6x)+9$에서
$2ax-6=-5+6x+9$
$(2a-6)x-10=0$
x에 대한 일차방정식이려면 $2a-6\neq0$ 　　 $\therefore a\neq3$
　　　답 $a\neq3$

08

① $2x+9=5x$에서 $-3x=-9$ 　　 $\therefore x=3$

② $7x+10=8-3x$에서 $10x=-2$ 　　 $\therefore x=-\frac{1}{5}$

③ $27-x=4(x+3)$에서 $27-x=4x+12$, $-5x=-15$
　 $\therefore x=3$

④ $2(3x-2)=5x-1$에서 $6x-4=5x-1$ 　　 $\therefore x=3$

⑤ $4x+15=5x+12$ 　　 $\therefore x=3$ 　　　답 ②

09

❶ $2(x+3)=-3(4x-1)$에서

$2x+6=-12x+3$, $14x=-3$ 　　 $\therefore x=-\frac{3}{14}$

$\therefore a=-\frac{3}{14}$

❷ $4x+2=-2x+14$에서
$6x=12$ 　　 $\therefore x=2$
$\therefore b=2$

❸ $a=-\frac{3}{14}$, $b=2$이므로

$ab=-\frac{3}{14}\times2=-\frac{3}{7}$ 　　　답 $-\frac{3}{7}$

채점기준	배점
❶ a의 값 구하기	40 %
❷ b의 값 구하기	40 %
❸ ab의 값 구하기	20 %

10

$13-2(-3x-5)=x-7$에서 $13+6x+10=x-7$
$5x=-30$ 　　 $\therefore x=-6$
$ax-12=0$에 $a=-6$을 대입하면
$-6x-12=0$, $-6x=12$ 　　 $\therefore x=-2$
　　　답 $x=-2$

11

$-(3x-5)=7(1-x)$에서
$-3x+5=7-7x$
$4x=2$ 　　 $\therefore x=\frac{1}{2}$

$a=\frac{1}{2}$이므로

$|-2a|-|2a+1|=\left|-2\times\frac{1}{2}\right|-\left|2\times\frac{1}{2}+1\right|$
$=|-1|-|2|$
$=1-2$
$=-1$ 　　　답 -1

12

① $3x-(x-4)=6(x+2)$에서
　 $3x-x+4=6x+12$, $-4x=8$ 　　 $\therefore x=-2$

② $0.06x+0.2=0.02x-0.12$의 양변에 100을 곱하면
　 $6x+20=2x-12$, $4x=-32$ 　　 $\therefore x=-8$

③ $0.4(6-x)=0.2(3x+2)$의 양변에 5를 곱하면
　 $2(6-x)=3x+2$, $12-2x=3x+2$, $5x=10$
　 $\therefore x=2$

④ $x-\frac{2x-1}{3}=2$의 양변에 3을 곱하면

　 $3x-(2x-1)=6$, $3x-2x+1=6$ 　　 $\therefore x=5$

⑤ $\frac{x-2}{3}=1+\frac{2x-5}{4}$의 양변에 12를 곱하면

　 $4(x-2)=12+3(2x-5)$, $4x-8=12+6x-15$

　 $-2x=5$ 　　 $\therefore x=-\frac{5}{2}$

따라서 해가 가장 작은 것은 ②이다. 　　　답 ②

13

전략 비례식 $a:b=c:d$는 $ad=bc$임을 이용한다.

$(3x-4):5=(x-2):3$에서

$3(3x-4)=5(x-2)$, $9x-12=5x-10$

$4x=2$ $\therefore x=\dfrac{1}{2}$

$a=\dfrac{1}{2}$이므로

$2a^2+a=2\times\dfrac{1}{4}+\dfrac{1}{2}=1$ **답** 1

14

가운데 두 칸은 차례로

$\dfrac{2}{3}x-1-(x+4)=-\dfrac{1}{3}x-5$,

$x+4-\left(-\dfrac{5}{4}x+2\right)=\dfrac{9}{4}x+2$이므로

$P=-\dfrac{1}{3}x-5-\left(\dfrac{9}{4}x+2\right)=-\dfrac{31}{12}x-7$

$-\dfrac{31}{12}x-7=\dfrac{3}{4}$에서

$-31x-84=9$, $-31x=93$

$\therefore x=-3$ **답** -3

15

$5x=a(x+6)$에 $x=4$를 대입하면

$20=10a$ $\therefore a=2$

$a(2x+3)+1=3x$에 $a=2$를 대입하면

$2(2x+3)+1=3x$,

$4x+6+1=3x$ $\therefore x=-7$ **답** $x=-7$

16

$4(x+2)-3=3(6-3x)$에서

$4x+8-3=18-9x$, $13x=13$ $\therefore x=1$

$ax-6=2x-a$에 $x=1$을 대입하면

$a-6=2-a$, $2a=8$ $\therefore a=4$ **답** 4

17

$\dfrac{2x-a}{3}+2=-\dfrac{x-10}{6}$에 $x=2$를 대입하면

$\dfrac{4-a}{3}+2=\dfrac{4}{3}$, $4-a+6=4$

$\therefore a=6$

$0.5(x-1)=\dfrac{2+bx}{8}+1$에 $x=2$를 대입하면

$0.5=\dfrac{2+2b}{8}+1$, $4=2+2b+8$, $2b=-6$

$\therefore b=-3$ **답** $a=6$, $b=-3$

18

$3x-1=x+9$에서 $2x=10$ $\therefore x=5$

$-2x+3a=-4x+5$에 $x=5$를 대입하면

$-10+3a=-20+5$

$3a=-5$ $\therefore a=-\dfrac{5}{3}$ **답** ①

19

$0.4(x+3)=3-\dfrac{2}{5}(x+7)$의 양변에 5를 곱하면

$2(x+3)=15-2(x+7)$, $2x+6=15-2x-14$,

$4x=-5$ $\therefore x=-\dfrac{5}{4}$

$ax+5=2(x+1)-a$에 $x=-\dfrac{5}{4}$를 대입하면

$-\dfrac{5}{4}a+5=2\left(-\dfrac{5}{4}+1\right)-a$

$-\dfrac{5}{4}a+5=-\dfrac{1}{2}-a$

$-\dfrac{1}{4}a=-\dfrac{11}{2}$ $\therefore a=22$ **답** ⑤

20

❶ $(x-1):3=-2(x+4):4$에서

$4(x-1)=-6(x+4)$, $4x-4=-6x-24$

$10x=-20$ $\therefore x=-2$

❷ $(1-2a)x=3a+7$에 $x=-2$를 대입하면

$-2+4a=3a+7$ $\therefore a=9$ **답** 9

채점기준	배점
❶ 비례식을 만족시키는 x의 값 구하기	50 %
❷ a의 값 구하기	50 %

21

$(a+3)x=4-2ax$에서 $(3a+3)x=4$

이 등식을 만족시키는 x의 값이 존재하지 않으므로

$3a+3=0$ $\therefore a=-1$ **답** -1

22

$x-a=bx+8$의 해가 무수히 많으므로 $a=-8$, $b=1$

$\therefore \dfrac{ab}{4}=\dfrac{-8\times1}{4}=-2$ **답** -2

23

$(1-2a)x=-(x+3)+7$에서 $(2-2a)x=4$

해가 없으려면 $2-2a=0$ $\therefore a=1$

$b(x-1)=6-c$에서 $bx-b=6-c$, $bx=b-c+6$

해가 모든 수이려면 $b=0$, $b-c+6=0$

$\therefore b=0$, $c=6$

$\therefore a-b+c=1-0+6=7$ **답** 7

01 -15	**02** $-\dfrac{1}{2}$	**03** $-\dfrac{11}{13}$	**04** ②
05 $2a-b+7$		**06** 10	**07** ⑤	**08** 3
09 -2	**10** 2	**11** -6	**12** $x=-\dfrac{24}{7}$
13 $\dfrac{3}{2}$	**14** $x=\dfrac{8}{3}$	**15** $\dfrac{5}{4}$	**16** $-\dfrac{33}{17}$
17 $x=-\dfrac{2}{3}$		**18** 4	**19** -6	**20** 3
21 -15	**22** $x=-\dfrac{5}{3}$		**23** 3	**24** $\dfrac{3}{2}$

01

$\dfrac{2x-a}{6}=\dfrac{bx-1}{3}+2$의 양변에 6을 곱하면

$2x-a=2bx-2+12,\ 2x-a=2bx+10$

x에 대한 항등식이므로 $2=2b,\ -a=10$

$\therefore a=-10,\ b=1$

$\therefore a-5b=-10-5=-15$ ▮답 -15

02

$3kx-b=8+2x-ak$에 $x=-1$을 대입하면

$-3k-b=-ak+6$

이 식이 k에 대한 항등식이므로

$-3=-a,\ -b=6$에서 $a=3,\ b=-6$

$\therefore \dfrac{a}{b}=\dfrac{3}{-6}=-\dfrac{1}{2}$ ▮답 $-\dfrac{1}{2}$

03

$\dfrac{x-2}{5}+3=ax+b$에서 $\dfrac{1}{5}x+\dfrac{13}{5}=ax+b$이므로

$a=\dfrac{1}{5},\ b=\dfrac{13}{5}$

$cx-2=4x-5$의 해가 $x=a$이므로

$ac-2=4a-5$

$\dfrac{1}{5}c-2=\dfrac{4}{5}-5$

$\dfrac{1}{5}c=-\dfrac{11}{5}$ $\therefore c=-11$

$\therefore \dfrac{ac}{b}=\dfrac{1}{5}\times(-11)\div\dfrac{13}{5}=\dfrac{1}{5}\times(-11)\times\dfrac{5}{13}$

$=-\dfrac{11}{13}$ ▮답 $-\dfrac{11}{13}$

04

① $2-3x-6=5-6 \Rightarrow -4-3x=-1$

② $\dfrac{2-3x}{9}=\dfrac{5}{9} \Rightarrow \dfrac{2}{9}-\dfrac{1}{3}x=\dfrac{5}{9}$

③ $2(2-3x)=5\times 2 \Rightarrow 4-6x=10$

$\Rightarrow 4-6x+1=10+1 \Rightarrow 5-6x=11$

④ $(2-3x)\times(-1)=5\times(-1) \Rightarrow 3x-2=-5$

$\Rightarrow 3x-2+9=-5+9 \Rightarrow 3x+7=4$

⑤ $2-3x-2=5-2 \Rightarrow -3x=3 \Rightarrow \dfrac{-3x}{-3}=\dfrac{3}{-3}$

$\Rightarrow x=-1$

▮답 ②

05

❶ $2a=b+4 \Rightarrow a=\dfrac{1}{2}b+2 \Rightarrow a-1=\dfrac{1}{2}b+1$

$\therefore ㉠=\dfrac{1}{2}b+1$

❷ $a+2=2b-3 \Rightarrow 2a+4=4b-6 \Rightarrow 2a+12=4b+2$

$\therefore ㉡=2a+12$

❸ $-3a+12=9b+6 \Rightarrow \dfrac{1}{2}a-2=-\dfrac{3}{2}b-1$

$\Rightarrow \dfrac{1}{2}a-7=-\dfrac{3}{2}b-6$

$\therefore ㉢=-\dfrac{3}{2}b-6$

❹ $㉠+㉡+㉢=\dfrac{1}{2}b+1+2a+12-\dfrac{3}{2}b-6$

$\qquad =2a-b+7$ ▮답 $2a-b+7$

채점기준	배점
❶ ㉠의 값 구하기	30 %
❷ ㉡의 값 구하기	30 %
❸ ㉢의 값 구하기	30 %
❹ ㉠+㉡+㉢의 값 구하기	10 %

06

$\dfrac{1}{4}(x-3)=\dfrac{2}{3}x-2$

$\dfrac{1}{4}(x-3)\times 12=\left(\dfrac{2}{3}x-2\right)\times 12$

$3x-9=8x-24$

$3x-9-8x=8x-24-8x$

$-5x-9=-24$

$-5x-9+9=-24+9$

$-5x=-15$

$-5x\div(-5)=-15\div(-5)$

$\therefore x=3$

$a=12,\ b=8,\ c=9,\ d=-5$이므로

$a-2b+c-d=12-16+9+5=10$ ▮답 10

07

$ax^2+5x-2ax-3=bx+4$에서

$ax^2+(5-2a-b)x-7=0$

이 방정식이 x에 대한 일차방정식이 되려면

$a=0,\ 5-2a-b\neq 0$이어야 한다.

$\therefore a=0,\ b\neq 5$ ▮답 ⑤

08

$5x+6=2x-a$에 $x=-3$을 대입하면

$-15+6=-6-a$ $\therefore a=3$

$x+\dfrac{1}{3}=b(5x-1)$에 $x=-3$을 대입하면

$-\dfrac{8}{3}=-16b$ $\therefore b=\dfrac{1}{6}$

$\therefore 6ab=6\times3\times\dfrac{1}{6}=3$ 답 3

09

$2x-\dfrac{1}{3}(x-4)=-2$의 양변에 3을 곱하면

$6x-(x-4)=-6,\ 6x-x+4=-6$

$5x=-10$ $\therefore x=-2$

이때 $7k+x=3k-6$의 해가 $x=2$이므로

$7k+2=3k-6,\ 4k=-8$

$\therefore k=-2$ 답 -2

10

❶ $\dfrac{2x-1}{4}=\dfrac{x-2a}{8}$에서 $2(2x-1)=x-2a$

$4x-2=x-2a,\ 3x=2-2a$ $\therefore x=\dfrac{2-2a}{3}$

$\therefore m=\dfrac{2-2a}{3}$

❷ $\dfrac{x+2a}{3}=1-\dfrac{1}{2}x$에서 $2(x+2a)=6-3x$

$2x+4a=6-3x,\ 5x=6-4a$ $\therefore x=\dfrac{6-4a}{5}$

$\therefore n=\dfrac{6-4a}{5}$

❸ $m:n=5:3$이므로 $\dfrac{2-2a}{3}:\dfrac{6-4a}{5}=5:3$

$6-4a=2-2a,\ -2a=-4$

$\therefore a=2$ 답 2

채점기준	배점
❶ m의 값 구하기	40 %
❷ n의 값 구하기	40 %
❸ a의 값 구하기	20 %

11

전략 a를 b에 대한 식으로 나타낸 후 $\dfrac{3a-2b}{a+2b}$에 대입하여 간단히 한다.

$2a-3b=b-8a$에서 $5a=2b$이므로

$\dfrac{3a-2b}{a+2b}=\dfrac{3a-5a}{a+5a}=\dfrac{-2a}{6a}=-\dfrac{1}{3}$

$m(x-1)+4x=6-2x$에 $x=-\dfrac{1}{3}$을 대입하면

$-\dfrac{4}{3}m-\dfrac{4}{3}=6+\dfrac{2}{3},\ -\dfrac{4}{3}m=8$

$\therefore m=-6$ 답 -6

12

$ax-2=\dfrac{x+4}{3}$에 $x=2$를 대입하면

$2a-2=2,\ 2a=4$ $\therefore a=2$

$0.4(x-5a)=1.1(x+4)-3a$에 $a=2$를 대입하면

$0.4(x-10)=1.1(x+4)-6$

양변에 10을 곱하면

$4(x-10)=11(x+4)-60$

$4x-40=11x-16,\ -7x=24$ $\therefore x=-\dfrac{24}{7}$

답 $x=-\dfrac{24}{7}$

13

$(2x-3):5=(-x+6):2$에서

$2(2x-3)=5(-x+6),\ 4x-6=-5x+30$

$9x=36$ $\therefore x=4$

$\dfrac{3x+8}{5}=(2a-1)x-4$에 $x=4$를 대입하면

$4=8a-4-4,\ 8a=12$ $\therefore a=\dfrac{3}{2}$ 답 $\dfrac{3}{2}$

14

$1+a(-x+5)=7-4x$의 해가 $x=-2$이므로

$1+7a=7+8,\ 7a=14$ $\therefore a=2$

$1-a(-x+5)=7-4x$에 $a=2$를 대입하면

$1+2x-10=7-4x,\ 6x=16$

$\therefore x=\dfrac{8}{3}$ 답 $x=\dfrac{8}{3}$

15

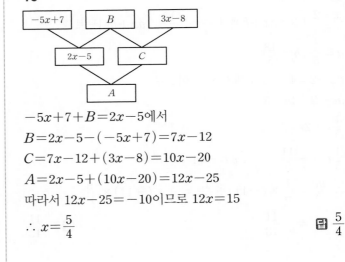

$-5x+7+B=2x-5$에서

$B=2x-5-(-5x+7)=7x-12$

$C=7x-12+(3x-8)=10x-20$

$A=2x-5+(10x-20)=12x-25$

따라서 $12x-25=-10$이므로 $12x=15$

$\therefore x=\dfrac{5}{4}$ 답 $\dfrac{5}{4}$

16

$\begin{vmatrix} 2x-1 & -2 \\ -\dfrac{1}{4} & \dfrac{1}{5} \end{vmatrix}=\begin{vmatrix} x+1 & 0.5 \\ 0.6 & 1.25 \end{vmatrix}$에서

$\dfrac{1}{5}(2x-1)-\dfrac{1}{2}=1.25(x+1)-0.3$이므로

양변에 100을 곱한다.

$$20(2x-1)-50=125(x+1)-30$$
$$40x-20-50=125x+125-30$$
$$-85x=165 \qquad \therefore x=-\frac{33}{17}$$

답 $-\dfrac{33}{17}$

17

전략 먼저 절댓값 기호 안의 식의 값이 양수인지 음수인지를 판단한다.

$-1<x<1$이므로 $x-1<0$, $x+1>0$

$3|x-1|-|x+1|=4-x$에서

$$3(-x+1)-(x+1)=4-x$$
$$-3x+3-x-1=4-x$$
$$-3x=2 \qquad \therefore x=-\frac{2}{3}$$

답 $x=-\dfrac{2}{3}$

18

전략 약분하면 $\dfrac{6}{7}$이 되는 분수를 $\dfrac{6k}{7k}$로 놓고 주어진 조건에 맞게 식을 세운다.

약분하면 $\dfrac{6}{7}$이 되는 분수를 $\dfrac{6k}{7k}$ (k는 자연수)라 하면

$$\frac{6k+12}{7k+(6k+12)-22}=\frac{6}{7},$$
$$\frac{6k+12}{13k-10}=\frac{6}{7}$$
$$7(6k+12)=6(13k-10)$$
$$42k+84=78k-60$$
$$36k=144 \qquad \therefore k=4$$

따라서 처음의 분수는 $\dfrac{a}{b}=\dfrac{6k}{7k}=\dfrac{6\times4}{7\times4}=\dfrac{24}{28}$이므로

$a=24$, $b=28$이다.

$\therefore b-a=28-24=4$

답 4

19

$$\frac{1}{3}x \odot 6=\frac{1}{3}x-6+2x=\frac{7}{3}x-6$$
$$2x \odot 3=2x-3+6x=8x-3$$
$$\left(\frac{1}{3}x \odot 6\right)-(2x \odot 3)=\left(\frac{7}{3}x-6\right)-(8x-3)$$
$$=-\frac{17}{3}x-3$$

이때 $-\dfrac{17}{3}x-3=1-5x$이므로

$$-\frac{2}{3}x=4 \qquad \therefore x=-6$$

답 -6

20

$2(x-3a)=5(2x+1)-4x$에서

$$2x-6a=10x+5-4x$$
$$4x=-6a-5 \qquad \therefore x=\frac{-6a-5}{4}$$

$\dfrac{-6a-5}{4}$가 -5보다 크므로 이를 만족시키는 자연수 a의 값은 1, 2이고 그 합은 $1+2=3$이다.

답 3

21

$ax+5=-3(2x-1)$에서 $ax+5=-6x+3$

$$(a+6)x=-2 \qquad \therefore x=-\frac{2}{a+6}$$

이때 주어진 방정식의 해가 자연수이려면 $a+6$이 -1, -2이어야 하므로 $a=-7$, -8

따라서 모든 a의 값의 합은 $-7-8=-15$이다.

답 -15

22

$\dfrac{x-a}{4}=\dfrac{b}{3}x-2$의 양변에 12를 곱하면

$$3x-3a=4bx-24$$

해가 무수히 많으므로 $3=4b$, $-3a=-24$

$\therefore a=8$, $b=\dfrac{3}{4}$

$a(x+1)-2x+5=4b$에 $a=8$, $b=\dfrac{3}{4}$을 대입하면

$$8x+8-2x+5=3, \quad 6x=-10 \qquad \therefore x=-\frac{5}{3}$$

답 $x=-\dfrac{5}{3}$

23

전략 해가 2개 이상이다. ⇨ 해가 무수히 많다.

❶ $(2a+3)x+4-b=a(x-1)$의 해는 2개 이상이므로 이 방정식은 해가 무수히 많다.

$2a+3=a$, $4-b=-a$ $\quad \therefore a=-3$, $b=1$

❷ 이때 $3(x+3)=c(2x+1)$의 해가 존재하지 않으므로

$3x+9=2cx+c$에서 $3=2c$, $9\neq c$ $\quad \therefore c=\dfrac{3}{2}$

❸ $a-3b+6c=-3-3+9=3$

답 3

채점기준	배점
❶ a, b의 값 구하기	50 %
❷ c의 값 구하기	40 %
❸ $a-3b+6c$의 값 구하기	10 %

24

$-2(x-k)-6=5(1-k)$에서

(ⅰ) $k=1$일 때, $-2(x_1-1)-6=5(1-1)$

$\quad -2x_1+2-6=0$, $-2x_1=4$ $\quad \therefore x_1=-2$

(ⅱ) $k=2$일 때, $-2(x_2-2)-6=5(1-2)$

$\quad -2x_2+4-6=-5$, $-2x_2=-3$ $\quad \therefore x_2=\dfrac{3}{2}$

(ⅲ) $k=3$일 때, $-2(x_3-3)-6=5(1-3)$

$\quad -2x_3+6-6=-10$, $-2x_3=-10$ $\quad \therefore x_3=5$

(ⅰ), (ⅱ), (ⅲ)에서

$$x_1 - x_2 + x_3 = -2 - \frac{3}{2} + 5 = \frac{3}{2}$$ 답 $\frac{3}{2}$

같은문제 다른풀이

먼저 x를 k에 대한 식으로 나타낸 후 k 대신 1, 2, 3을 각각 대입한다.

$-2(x-k)-6=5(1-k)$에서 $x=\dfrac{7k-11}{2}$

$x_1 = \dfrac{7 \times 1 - 11}{2} = -2$, $x_2 = \dfrac{7 \times 2 - 11}{2} = \dfrac{3}{2}$,

$x_3 = \dfrac{7 \times 3 - 11}{2} = 5$

$\therefore x_1 - x_2 + x_3 = \dfrac{3}{2}$

Ⓐ 최고난도문제

■ 본문 80~81쪽 ●

01 ④	**02** 30	**03** $x=-\dfrac{2}{3}$	**04** 14

05 $x=-\dfrac{13}{4}$

06 (1) $m=\dfrac{4}{3}$, $n=6$ (2) $m \neq \dfrac{4}{3}$, $n=6$

01

$2a+b=a+c$에서 $a+b=c$ (①)

$3a+2c=a+5b$ (③)

$3a+2c=a+5b$에 $c=a+b$를 대입하면

$3a+2a+2b=a+5b$ $\therefore 4a=3b$ (②)

$4a=3b$에서 $a=\dfrac{3}{4}b$

$c=a+b$에 $a=\dfrac{3}{4}b$를 대입하면 $c=\dfrac{3}{4}b+b=\dfrac{7}{4}b$

$\therefore 3a+c=\dfrac{9}{4}b+\dfrac{7}{4}b=4b$ (⑤)

$a+b=c$에서 $b=c-a$이므로

$-b=-c+a$

$\therefore 6a-b=6a-c+a=7a-c$

따라서 옳지 않은 것은 ④이다.   답 ④

02

$2x-2<2x+2$이므로 $(2x-2, 2x+2)=2x+2$

$3x-1>3x-6$이므로 $<3x-1, 3x-6>=3x-6$

$\dfrac{7}{2}>2.67$이므로 $\left(\dfrac{7}{2}, 2.67\right)=\dfrac{7}{2}$

따라서 주어진 방정식은 $\dfrac{2x+2}{4}-\dfrac{3x-6}{7}=\dfrac{7}{2}$이므로

양변에 28을 곱하면

$7(2x+2)-4(3x-6)=98$

$14x+14-12x+24=98$

$2x=60$ $\therefore x=30$ 답 30

03

$S(16)=S(2^4)=2$

$S(48)=S(2^4 \times 3)=2+3=5$

$S(50)=S(2 \times 5^2)=2+5=7$

$S(90)=S(2 \times 3^2 \times 5)=2+3+5=10$

즉 주어진 방정식은

$\dfrac{2x+1}{S(16)-S(48)}=1-\dfrac{x-2}{S(50)-S(90)}$에서

$\dfrac{2x+1}{2-5}=1-\dfrac{x-2}{7-10}$

$\dfrac{2x+1}{-3}=1-\dfrac{x-2}{-3}$ 의 양변에 -3을 곱하면

$2x+1=-3-(x-2)$, $2x+1=-3-x+2$

$3x=-2$ $\therefore x=-\dfrac{2}{3}$ 답 $x=-\dfrac{2}{3}$

04

선분 AB의 길이는 $2-(4-5x)=5x-2$

선분 BC의 길이는 $x+6-2=x+4$

선분 AB의 길이와 선분 BC의 길이의 비가 4 : 3이므로

$(5x-2):(x+4)=4:3$

$3(5x-2)=4(x+4)$, $15x-6=4x+16$

$11x=22$ $\therefore x=2$

선분 AC의 길이는

$(x+6)-(4-5x)=x+6-4+5x$

$\qquad\qquad = 6x+2=6 \times 2+2=14$ 답 14

05

전략 $\dfrac{1}{\frac{b}{a}}=1 \div \dfrac{b}{a}=1 \times \dfrac{a}{b}=\dfrac{a}{b}$

$2-\dfrac{3}{\dfrac{2x}{2x+3}-1}=x+\dfrac{2}{3-\dfrac{3x}{x-2}}$에서

$2-\dfrac{3}{\dfrac{2x-2x-3}{2x+3}}=x+\dfrac{2}{\dfrac{3x-6-3x}{x-2}}$

$2-\dfrac{3}{\dfrac{-3}{2x+3}}=x+\dfrac{2}{\dfrac{-6}{x-2}}$

$2-3 \div \left(\dfrac{-3}{2x+3}\right)=x+2 \div \left(\dfrac{-6}{x-2}\right)$

$2-3 \times \left(\dfrac{2x+3}{-3}\right)=x+2 \times \left(\dfrac{x-2}{-6}\right)$

$2+(2x+3)=x-\dfrac{1}{3}(x-2)$

$2+2x+3=x-\dfrac{1}{3}x+\dfrac{2}{3}$

$\dfrac{4}{3}x=-\dfrac{13}{3}$

$$\therefore x = -\frac{13}{4}$$

답 $x = -\frac{13}{4}$

06

$2 \circ \{3 \circ (x+m)\} = n \circ (x+1)$에서

$2 \circ \{3(x+m)-6+1\} = n(x+1)-2n+1$

$2 \circ (3x+3m-5) = nx-n+1$

$2(3x+3m-5)-4+1 = nx-n+1$

$6x+6m-13 = nx-n+1$

$\therefore (6-n)x = -6m-n+14$ ...... ㉠

(1) ㉠이 x에 대한 항등식이 되려면

$6-n=0$에서 $n=6$

$-6m-n+14=0$에서 $-6m-6+14=0$

$-6m=-8$ $\therefore m=\frac{4}{3}$

(2) ㉠을 만족시키는 x의 값이 존재하지 않으려면

$6-n=0$에서 $n=6$

$-6m-n+14 \neq 0$에서 $-6m-6+14 \neq 0$

$-6m \neq -8$ $\therefore m \neq \frac{4}{3}$

답 (1) $m=\frac{4}{3}$, $n=6$ (2) $m \neq \frac{4}{3}$, $n=6$

• Sub Note •

(1) $ax+b=0$이 x에 대한 항등식이다. ⇨ $a=0$, $b=0$

(2) x에 대한 방정식 $ax+b=0$에서 x의 값이 존재하지 않는다.
⇨ $a=0$, $b \neq 0$

03 일차방정식의 활용

주제별필수문제

▌본문 83~86쪽

01 15	**02** 52	**03** 16문제	**04** 8 cm
05 24 cm	**06** 10	**07** $\frac{10}{3}$ km	**08** 40 km
09 40분 후		**10** 315 g	**11** 40 g	**12** 600 g
13 2개의 쿠키가 남는다.		**14** ①	**15** 104명
16 5시간	**17** 1시간 40분	**18** 1시간 12분	
19 16000원		**20** 13000원	**21** 20
22 11세	**23** 43개	**24** 1150명	

01

연속하는 두 홀수를 x, $x+2$라 하면

$x+x+2 = 3(x+2)-7$, $2x+2 = 3x-1$

$\therefore x=3$

따라서 두 홀수는 3, 5이므로 그 곱은 $3 \times 5 = 15$이다.

답 15

02

이 자연수의 일의 자리의 숫자를 x라 하면

$50+x = 6(5+x)+10$, $50+x = 30+6x+10$,

$-5x = -10$ $\therefore x=2$

따라서 이 자연수는 52이다.

답 52

03

5점짜리 문제를 x문제 맞혔다고 하면 2점짜리 문제는

$(20-x)$문제 맞혔다.

$5x+2(20-x) = 88$, $3x+40 = 88$, $3x=48$

$\therefore x=16$

따라서 5점짜리 문제는 16문제 맞혔다.

답 16문제

04

사다리꼴의 윗변의 길이를 x cm라 하면 아랫변의 길이는

$(x+4)$ cm이므로

$\frac{1}{2}\{x+(x+4)\} \times 6 = 60$

$2x+4 = 20$, $2x=16$

$\therefore x=8$

따라서 윗변의 길이는 8 cm이다.

답 8 cm

05

가로와 세로의 길이를 각각 $3x$ cm, $2x$ cm라 하면

$2(3x+2x) = 80$, $10x=80$

$\therefore x=8$

따라서 가로의 길이는 $3 \times 8 = 24$(cm)이다.

답 24 cm

06

두 부분 A, B의 넓이가 같으므로 사다리꼴과 원을 4등분 한

조각의 넓이가 같다.

사다리꼴의 아랫변의 길이가 $16-x$이므로

$\frac{1}{2} \times \{(16-x)+18\} \times 16 = 3 \times 16^2 \times \frac{1}{4}$

$8(34-x) = 192$, $34-x = 24$ $\therefore x=10$

답 10

07

집에서 은행까지의 거리를 x km라 하면

$\frac{x}{5} + \frac{x}{4} + \frac{1}{2} = 2$, $4x+5x+10 = 40$, $9x=30$

$\therefore x = \frac{10}{3}$

따라서 집에서 은행까지의 거리는 $\frac{10}{3}$ km이다.

답 $\frac{10}{3}$ km

08

집에서 농장까지의 거리를 x km라 하면

$\dfrac{x}{80}-\dfrac{x}{120}=\dfrac{1}{6},\ 3x-2x=40$

$\therefore x=40$

따라서 집에서 농장까지의 거리는 40 km이다. 🔁 **40 km**

09

선영이가 출발한 지 x분 후에 진영이가 잡힌다고 하면

$60(x+20)=90x,\ 60x+1200=90x$

$-30x=-1200\quad \therefore x=40$

따라서 진영이는 선영이가 출발한 지 40분 후에 잡힌다.

🔁 **40분 후**

10

x g의 물을 증발시킨다고 하면 설탕의 양은 변하지 않으므로

$\dfrac{13}{100}\times 900=\dfrac{20}{100}\times(900-x),\ 11700=18000-20x$

$20x=6300\quad \therefore x=315$

따라서 물 315 g을 증발시켜야 한다. 🔁 **315 g**

11

더 넣는 소금의 양을 x g이라 하면

$\dfrac{20}{100}\times 600+x=\dfrac{25}{100}\times(600+x)$

$12000+100x=15000+25x$

$75x=3000\quad \therefore x=40$

따라서 소금 40 g을 더 넣어야 한다. 🔁 **40 g**

12

12 %의 소금물을 x g 섞는다고 하면

$\dfrac{7}{100}\times 400+\dfrac{12}{100}\times x=\dfrac{10}{100}\times(400+x)$

$2800+12x=4000+10x,\ 2x=1200$

$\therefore x=600$

따라서 12 %의 소금물 600 g을 섞어야 한다. 🔁 **600 g**

13

❶ 상자의 개수를 x개라 하면

$5x+8=7x-4,\ -2x=-12\quad \therefore x=6$

❷ 쿠키의 개수는 $5\times 6+8=38$(개)이다.

❸ 한 상자에 6개씩 담으면 $38-6\times 6=2$(개)의 쿠키가 남는다. 🔁 **2개의 쿠키가 남는다.**

채점기준	배점
❶ 상자의 개수 구하기	40 %
❷ 쿠키의 개수 구하기	30 %
❸ 6개씩 담으면 남는 쿠키의 개수 구하기	30 %

14

1학년 반 수를 x반이라 하면

$4x+5=3+5(x-1),\ 4x+5=3+5x-5\quad \therefore x=7$

따라서 독서 동아리 정원 수는 $4\times 7+5=33$(명)이다.

🔁 ①

15

전략 6명씩 앉는 경우와 7명씩 앉는 경우의 학생 수는 동일하다.

긴 의자의 개수를 x개라 하면

6명씩 앉을 때의 학생 수는 $(6x+14)$명

7명씩 앉을 때의 학생 수는 $\{7(x-1)+6\}$명

이때 학생 수는 같으므로

$6x+14=7(x-1)+6$

$6x+14=7x-1$

$\therefore x=15$

따라서 학생 수는 $6\times 15+14=104$(명)이다. 🔁 **104명**

16

전체 일의 양을 1이라 하면 지유와 정훈이가 한 시간 동안 하는 일의 양은 각각 $\dfrac{1}{4}$, $\dfrac{1}{10}$이다.

정훈이가 혼자 일한 시간을 x시간이라 하면

$\dfrac{1}{4}\times 2+\dfrac{1}{10}x=1,\ \dfrac{1}{10}x=\dfrac{1}{2}$

$\therefore x=5$

따라서 정훈이가 혼자 일한 시간은 5시간이다. 🔁 **5시간**

17

수영장에 가득 찬 물의 양을 1이라 하면 두 호스 A, B로 1시간 동안 채울 수 있는 물의 양은 각각 $\dfrac{1}{8}$, $\dfrac{1}{10}$이다.

두 호스를 동시에 틀어놓은 것을 x시간이라 하면

$\dfrac{1}{8}\times 5+\left(\dfrac{1}{8}+\dfrac{1}{10}\right)\times x=1,\ \dfrac{9}{40}x=\dfrac{3}{8}$

$\therefore x=\dfrac{5}{3}$

따라서 두 호스를 동시에 틀어놓은 것은

$\dfrac{5}{3}$시간$=1\dfrac{2}{3}$시간$=1$시간 40분이다. 🔁 **1시간 40분**

18

전체 일의 양을 1이라 하면 두 기계 A, B로 1시간 동안 하는 일의 양은 각각 $\dfrac{1}{4}$, $\dfrac{1}{6}$이다.

B 기계로 일한 시간을 x시간이라 하면

A 기계로 일한 시간은 $(x+2)$시간이므로

$\dfrac{1}{4}(x+2)+\dfrac{1}{6}x=1,\ \dfrac{5}{12}x=\dfrac{1}{2}\quad \therefore x=\dfrac{6}{5}$

따라서 B 기계로 일한 시간은

$\dfrac{6}{5}$시간$=1\dfrac{1}{5}$시간$=1$시간 12분이다.　　　　　 **답** 1시간 12분

19

원가를 x원이라 하면

$(정가)=x+\dfrac{15}{100}x=\dfrac{23}{20}x(원)$이므로

$(판매\ 가격)=\dfrac{23}{20}x-800(원)$

$(이익)=\dfrac{10}{100}x=\dfrac{1}{10}x$

이때 $(판매\ 가격)-(원가)=(이익)$이므로

$\left(\dfrac{23}{20}x-800\right)-x=\dfrac{1}{10}x,\ \dfrac{1}{20}x=800$　　$\therefore\ x=16000$

따라서 원가는 16000원이다.　　　　　　 **답** 16000원

20

원가를 x원이라 하면

$(정가)=x+\dfrac{30}{100}x=\dfrac{13}{10}x(원)$이므로

$(판매\ 가격)=\dfrac{13}{10}x-1300(원)$

$\left(\dfrac{13}{10}x-1300\right)-x=2000,\ \dfrac{3}{10}x=3300$

$\therefore\ x=11000$

따라서 판매 가격은 $11000+2000=13000(원)$이다.

답 13000원

21

정가는 $2000\times\dfrac{130}{100}=2600(원)$이고

정가에서 $x\ \%$ 할인한 가격은

$2600-2600\times\dfrac{x}{100}=2600-26x(원)$

전체 판매금이 478400원이므로

$2600\times120+(2600-26x)\times80=478400$

$312000+208000-2080x=478400$

$2080x=41600$　　　$\therefore\ x=20$　　　 **답** 20

22

현재 민우의 나이를 x세라 하면 이모의 나이는 $(49-x)$세
이므로

$(49-x)+10=2(x+10)+6$

$-x+59=2x+26,\ -3x=-33$　　　$\therefore\ x=11$

따라서 현재 민우는 11세이다.　　　　　 **답** 11세

23

정삼각형의 개수가 1개씩 늘어날 때마다 성냥개비는 2개씩
늘어나므로 n개의 정삼각형을 만드는 데 필요한 성냥개비의
개수는 $3+2(n-1)=3+2n-2=2n+1(개)$이다.

$2n+1=87,\ 2n=86$　　　$\therefore\ n=43$

따라서 43개의 정삼각형을 만들 수 있다.　　 **답** 43개

> **● Sub Note ●**
> 성냥개비를 이용하여 도형을 만드는 문제
> ⇨ 도형이 늘어날 때 사용된 성냥개비의 개수를 각각 구하여 규칙을 찾
> 아 방정식을 세워서 푼다.

24

작년의 남학생 수를 x명이라 하면 작년의 여학생 수는
$(2000-x)$명이다.

$\dfrac{110}{100}x+\dfrac{92}{100}(2000-x)=2047$

$110x+184000-92x=204700$

$18x=20700$　　　$\therefore\ x=1150$

따라서 작년의 남학생 수는 1150명이다.　　 **답** 1150명

B 실력완성문제

본문 87~90쪽 ●

01 20개월 후	**02** 478	**03** 50개
04 예준: 3900원, 건우: 4400원	**05** 29	**06** 72 cm²
07 9분 후 **08** 1시간 15분	**09** ③	**10** $\dfrac{450}{11}$ g
11 1 km **12** 초속 80 m	**13** 162명	**14** E
15 1시간 12분	**16** 4분 30초 후	**17** 2100원
18 700개 **19** 900명 **20** 160 g	**21** 4100원	
22 8시 $10\dfrac{10}{11}$분	**23** 50마리	**24** 60 %

01

x개월 후에 정연이의 예금액이 지호의 예금액의 3배가 된다
고 하면

$50000+20000x=3(30000+6000x)$

$50000+20000x=90000+18000x$

$2000x=40000$

$\therefore\ x=20$

따라서 20개월 후이다.　　　　　　　 **답** 20개월 후

02

백의 자리의 수를 x라 하면 일의 자리의 수는 $x+4$이고, 십
의 자리의 수는 $19-x-(x+4)=15-2x$이므로

$100(x+4)+10(15-2x)+x$

$=2\{100x+10(15-2x)+(x+4)\}-82$

$81x+550=2(81x+154)-82$

$81x+550=162x+226,\ -81x=-324$

$\therefore x=4$

따라서 처음 수는 478이다.   📋 478

03

선생님이 윤지에게 x개의 마카롱을 나누어주었다고 하면

$\dfrac{3}{4}(150-x)=25+x$

$450-3x=100+4x$

$-7x=-350 \quad \therefore x=50$

따라서 선생님은 윤지에게 50개의 마카롱을 나누어주었다.

📋 50개

04

예준이의 6개월 후 예금액은 $(10000+3x \times 6)$원

건우의 6개월 후 예금액은 $\{7000+(4x-800) \times 6\}$원

$10000+3x \times 6=7000+(4x-800) \times 6$

$10000+18x=7000+24x-4800$

$-6x=-7800 \quad \therefore x=1300$

따라서 예준이의 매달 예금액은 $3 \times 1300=3900$(원),

건우의 매달 예금액은 $4 \times 1300-800=4400$(원)이다.

📋 예준: 3900원, 건우: 4400원

05

선택한 여섯 개의 수 중 가장 작은 수를 x라 하면

나머지 수는 $x+1$, $x+8$, $x+9$, $x+14$, $x+15$이다.

$x+(x+1)+(x+8)+(x+9)+(x+14)+(x+15)$

$=131$

$6x+47=131, 6x=84 \quad \therefore x=14$

따라서 가장 큰 수는 $14+15=29$이다.   📋 29

06

두 점 P, Q가 x초 후에 점 R에서 만난다고 하면

(점 P가 움직인 거리)+(점 Q가 움직인 거리)

=(직사각형 ABCD의 둘레의 길이)이므로

$2x+3x=2 \times (12+18)$

$5x=60 \quad \therefore x=12$

이때 선분 BR의 길이는

$2x-12=2 \times 12-12=12$(cm)

$\therefore$ (삼각형 ABR의 넓이)$=\dfrac{1}{2} \times 12 \times 12=72$(cm²)

📋 72 cm²

07

출발한 지 x분 후에 두 사람이 만난다고 하면 x분 동안 수영

이와 시은이가 뛴 거리의 차는 호수의 둘레의 길이와 같으므

로

$210x-90x=1080, 120x=1080$

$\therefore x=9$

따라서 두 사람은 출발한 지 9분 후에 만난다.   📋 9분 후

┌─────── • Sub Note • ───────┐

서로 같은 지점에서 동시에 출발할 때

(1) 호수의 둘레를 반대 방향으로 도는 경우

  ⇨ (이동한 거리의 합)=(호수의 둘레의 길이)

(2) 호수의 둘레를 같은 방향으로 도는 경우

  ⇨ (이동한 거리의 차)=(호수의 둘레의 길이)

└────────────────────────────┘

08

시속 80 km로 달린 거리를 x km라 하면 시속 100 km로

달린 거리는 $(240-x)$ km이다.

2시간 39분$=2\dfrac{39}{60}$분$=\dfrac{159}{60}$분$=\dfrac{53}{20}$분이므로

$\dfrac{240-x}{100}+\dfrac{x}{80}=\dfrac{53}{20}$

$960-4x+5x=1060 \quad \therefore x=100$

따라서 시속 80 km로 달린 시간은

$\dfrac{100}{80}=\dfrac{5}{4}=1\dfrac{1}{4}=1\dfrac{15}{60}$(시간), 즉 1시간 15분이다.

📋 1시간 15분

09

처음 소금물의 농도를 x %라 하면 나중 소금물의 양은

$400+40+60=500$(g)이고, 농도는 $2x$ %이므로

$\dfrac{x}{100} \times 400+60=\dfrac{2x}{100} \times 500$

$4x+60=10x, 6x=60$

$\therefore x=10$

따라서 처음 소금물의 농도는 10 %이다.   📋 ③

10

농도가 16 %인 소금물 450 g에 들어 있는 소금의 양은

$\dfrac{16}{100} \times 450=72$(g)

여기에 소금 x g을 더 넣으면 소금물의 양은 $(450+x)$ g,

소금의 양은 $(72+x)$ g이다. 농도가 23 %가 되려면

$\dfrac{72+x}{450+x} \times 100=23$

$7200+100x=10350+23x$

$77x=3150 \quad \therefore x=\dfrac{450}{11}$

따라서 소금 $\dfrac{450}{11}$ g을 더 넣어야 한다.   📋 $\dfrac{450}{11}$ g

11

시속 6 km로 달린 거리를 x km라 하면 시속 4 km로 달린

거리는 $(5-x)$ km이다.

이때 나은이가 집에서 회사까지 가는데 걸린 시간은

9시$-$7시 50분=1시간 10분$=1\dfrac{1}{6}$시간$=\dfrac{7}{6}$시간이므로

$$\frac{5-x}{4}+\frac{x}{6}=\frac{7}{6}$$

$$3(5-x)+2x=14, \quad 15-x=14$$

$$\therefore x=1$$

따라서 나은이가 시속 6 km로 달린 거리는 1 km이다.

🔑 1 km

12

이 열차의 길이를 x m라 하면

$$\frac{1200+x}{26}=\frac{2800+x}{46}$$

$$27600+23x=36400+13x$$

$$10x=8800 \qquad \therefore x=880$$

따라서 열차의 속력은 초속 $\frac{1200+880}{26}=80(m)$이다.

🔑 초속 80 m

• Sub Note •

열차가 터널을 완전히 통과한다는 것은 열차의 맨 앞부분이 터널에 진입하기 시작한 때부터 맨 뒷부분이 터널을 벗어날 때까지이다.

⇨ (열차가 터널을 완전히 통과할 때까지 이동하는 거리)
 =(터널의 길이)+(열차의 길이)

13

6명씩 앉는 의자와 5명씩 앉는 의자의 개수를 각각 $2x$개, $3x$개라 하면

전체 의자의 개수는 $5x$개이므로 6명씩 앉았을 때의 청중은 $6(5x-3)$명,

$2x$개의 의자에는 6명씩 앉고 $3x$개의 의자에는 5명씩 앉았을 때의 청중은 $2x\times6+3x\times5=12x+15x=27x$(명)

청중 수는 변함없으므로

$$6(5x-3)=27x, \quad 30x-18=27x, \quad 3x=18$$

$$\therefore x=6$$

따라서 청중 수는 $27\times6=162$(명)이다.

🔑 162명

14

B의 개수를 x개라 하면

ㄱ에서 A의 개수는 $\left(\frac{1}{2}x+25\right)$개,

ㄹ에서 D의 개수는 $(3x-16)$개,

ㄴ에서 C의 개수는 $3x-16-8=3x-24$(개),

ㄷ에서 $x+$(E의 개수)$=2\times$(D의 개수)이므로

E의 개수는 $2(3x-16)-x=5x-32$(개)

전체 개수의 합에서

$$\left(\frac{1}{2}x+25\right)+x+(3x-24)+(3x-16)+(5x-32)=478$$

$$\frac{25}{2}x-47=478, \quad \frac{25}{2}x=525 \qquad \therefore x=42$$

A는 46개, B는 42개, C는 102개, D는 110개, E는 178개 이므로 개수가 가장 많은 과자는 E이다.

🔑 E

15

빈 수족관에 가득 채울 수 있는 물의 양을 1로 놓으면 A, B 수도꼭지로 1시간 동안 채울 수 있는 물의 양은 각각 $\frac{1}{3}$, 1 이고, 배수구로 1시간 동안 빼낼 수 있는 물의 양은 $\frac{1}{2}$이다.

빈 수족관에 물을 가득 채우는 데 걸리는 시간을 x시간이라 하면

$$\frac{1}{3}x+x-\frac{1}{2}x=1$$

$$2x+6x-3x=6, \quad 5x=6 \qquad \therefore x=\frac{6}{5}$$

따라서 빈 수족관에 물을 가득 채우는 데 걸리는 시간은

$$\frac{6}{5}\times60=72(분)=1시간 12분이다.$$

🔑 1시간 12분

16

전략 두 사람이 만날 때까지 두 사람이 이동한 거리의 합은 2.2 km=2200 m이다.

두 사람이 동시에 출발한 후 만날 때까지 걸린 시간을 x분이라 하면

두 사람이 만날 때까지 이동한 거리의 합이 2200 m이므로

$$240x+320(x-1)=2200$$

$$240x+320x-320=2200, \quad 560x=2520$$

$$\therefore x=\frac{9}{2}$$

따라서 두 사람은 출발한 지 $\frac{9}{2}$분=4분 30초 후에 만난다.

🔑 4분 30초 후

17

작년 찜질방 B의 요금을 x원이라 하면 찜질방 A의 요금은 $(x+500)$원이었다.

$$(x+500)\times\frac{120}{100}=x\times\frac{128}{100}$$

$$120x+60000=128x, \quad 8x=60000$$

$$\therefore x=7500$$

따라서 찜질방 B는 작년보다 요금이

$$7500\times\frac{28}{100}=2100(원) 올랐다.$$

🔑 2100원

18

❶ 사장님이 1분 동안 만들 수 있는 만두의 개수를 x개라 하면 알바생이 1분 동안 만들 수 있는 만두의 개수는 $(x-4)$개이다.

❷ $25\times x\times\frac{2}{3}=30(x-4)$

$$\frac{50}{3}x=30x-120, \quad -\frac{40}{3}x=-120$$

$$\therefore x=9$$

❸ 사장님과 알바생이 함께 50분 동안 만들 수 있는 만두의

개수는 $50 \times (9+9-4) = 700$(개)이다.

답 700개

채점기준	배점
❶ 사장님과 알바생이 1분 동안 만들 수 있는 만두의 개수를 각각 x를 사용한 식으로 나타내기	20 %
❷ 방정식을 세워 x의 값 구하기	40 %
❸ 두 사람이 50분 동안 만들 수 있는 만두의 개수의 합 구하기	40 %

19

전략 (응시생 수)=(합격자 수)+(불합격자 수)

남자 합격자는 $460 \times \dfrac{11}{23} = 220$(명)이고,

여자 합격자는 $460 \times \dfrac{12}{23} = 240$(명)이므로

남녀 불합격자 수를 각각 $7x$명, $4x$명이라 하면

$(220+7x):(240+4x)=5:4$

$4(220+7x)=5(240+4x)$

$880+28x=1200+20x,\ 8x=320$

$\therefore x=40$

따라서 응시생 수는 $460+11 \times 40 = 900$(명)이다.

답 900명

20

섞은 B 물감의 양을 x g이라 하면

섞은 A 물감의 양은 $(400-x)$ g이다.

A 물감에 들어 있는 흰색 물감의 양은 $\dfrac{2}{7}(400-x)$ g이고,

B 물감에 들어 있는 흰색 물감의 양은 $\dfrac{4}{7}x$ g이다.

이때 새로 만든 물감에 들어 있는 흰색 물감의 양은

$400 \times \dfrac{2}{5} = 160$(g)이므로

$\dfrac{2}{7}(400-x) + \dfrac{4}{7}x = 160$

$800 - 2x + 4x = 1120$

$2x = 320$

$\therefore x = 160$

따라서 섞은 B 물감의 양은 160 g이다.

답 160 g

21

원가를 a원이라 하면 10개를 팔 때마다 9000원의 이익이 생기므로 1개의 정가는 $(a+900)$원이다.

$(a+900) \times \left(1 - \dfrac{10}{100}\right) \times 60 - 60a$

$= (a+900-300) \times 40 - 40a$

$54a + 48600 - 60a = 40a + 24000 - 40a$

$-6a = -24600$

$\therefore a = 4100$

따라서 원가는 4100원이다.

답 4100원

22

전략 시침과 분침이 일치하는 경우는 시침과 분침이 이루는 각의 크기가 $0°$이고, 시침과 분침이 서로 반대 방향으로 일직선을 이루는 경우는 시침과 분침이 이루는 각의 크기가 $180°$이다.

8시 정각에 시침은 12시 정각일 때로부터 $240°$ 움직인 곳에서 출발한다.

8시 x분에 시계의 시침과 분침이 서로 반대 방향으로 일직선을 이룬다고 하면 시침이 분침보다 시계 방향으로 $180°$만큼 더 움직였으므로

$240 + 0.5x - 6x = 180,\ -5.5x = -60,$

$x = \dfrac{120}{11} = 10\dfrac{10}{11}$

따라서 8시와 9시 사이에 시침과 분침이 서로 반대 방향으로 일직선을 이루는 시각은 8시 $10\dfrac{10}{11}$분이다.

답 8시 $10\dfrac{10}{11}$분

> **Sub Note**
> 1시간, 즉 60분 동안
> (1) 시침은 $30°$를 움직이므로 1분에 $0.5°$씩 움직인다.
> (2) 분침은 $360°$를 움직이므로 1분에 $6°$씩 움직인다.
> ⇨ x분 동안 시침은 $0.5x°$, 분침은 $6x°$만큼 움직인다.

23

처음에 산 거피를 x마리라 하면

2개월째에 팔고 남은 거피는 $\left(\dfrac{120}{100}x - 20\right)$마리,

4개월째에 팔고 남은 거피는

$\left\{\dfrac{120}{100}\left(\dfrac{120}{100}x - 20\right) - 20\right\}$마리이다.

$\dfrac{120}{100}\left(\dfrac{120}{100}x - 20\right) - 20 = 28$

$\dfrac{120}{100}\left(\dfrac{120}{100}x - 20\right) = 48,\ \dfrac{120}{100}x - 20 = 40$

$\dfrac{120}{100}x = 60 \qquad \therefore x = 50$

따라서 처음에 산 거피는 50마리이다.

답 50마리

24

상인이 유리컵을 구입하는 데 든 총 비용은

$2000 \times 100 + 40000 = 240000$(원)

도매 가격에 x %의 이익을 붙여서 판매 가격을 정했다고 하면

$\left\{2000 \times \left(1 + \dfrac{x}{100}\right)\right\} \times (100 - 10) = 240000 \times \left(1 + \dfrac{20}{100}\right)$

$180000 + 1800x = 288000$

$1800x = 108000$

$\therefore x = 60$

따라서 도매 가격에 60 %의 이익을 붙여서 판매 가격을 정해야 한다.

답 60 %

01 21점   **02** $\dfrac{2000}{51}$ **03** 72개   **04** 3시 $34\dfrac{6}{11}$ 분

05 26.25 km   **06** $\dfrac{9}{11}$ 배

01

최저 합격 점수를 x점이라 하면 150명의 전체 평균은 $(x+3)$점, 합격자의 평균은 $(x+12)$점, 불합격자의 평균은 $\left(\dfrac{2}{3}x+4\right)$점이므로

150명의 전체 평균을 이용하여 식을 세우면

$$\dfrac{60(x+12)+90\left(\dfrac{2}{3}x+4\right)}{150}=x+3$$

$60x+720+60x+360=150x+450$

$-30x=-630$

$\therefore x=21$

따라서 최저 합격 점수는 21점이다.   **답** 21점

02

전략 소금을 넣으면 소금물의 양도 넣은 소금의 양만큼 늘어난다.

A 컵에서 소금물 100 g을 덜어 내어 B 컵에 부었을 때

A 컵에 들어 있는 소금의 양은 $\dfrac{12}{100}\times 500=60(\text{g})$

B 컵에 들어 있는 소금의 양은

$\dfrac{20}{100}\times 400+\dfrac{12}{100}\times 100=92(\text{g})$

B 컵의 소금물의 농도는 $\dfrac{92}{500}\times 100=18.4(\%)$이고

A 컵의 소금물의 농도를 18.4 %로 만들기 위해 소금 x g을 더 넣었으므로

$$\dfrac{60+x}{500+x}\times 100=18.4$$

$6000+100x=9200+18.4x$

$81.6x=3200$ $\therefore x=\dfrac{2000}{51}$ **답** $\dfrac{2000}{51}$

03

처음 세 상자 A, B, C에 들어 있던 사탕의 개수를 각각 a개, b개, c개라 하면

A 상자에 남은 사탕의 개수는 $\dfrac{6}{7}a$개이므로

$\dfrac{6}{7}a=120$ $\therefore a=140$

B 상자에 남은 사탕의 개수는 $\dfrac{5}{7}\left(b+\dfrac{1}{7}a\right)$개이므로

$\dfrac{5}{7}\left(b+\dfrac{1}{7}\times 140\right)=120,\ \dfrac{5}{7}(b+20)=120$

$b+20=168$ $\therefore b=148$

C 상자에 남은 사탕의 개수는

$c+\dfrac{2}{7}\left(b+\dfrac{1}{7}a\right)$개이므로

$c+\dfrac{2}{7}\left(148+\dfrac{1}{7}\times 140\right)=120$

$c+\dfrac{2}{7}\times 168=120,\ c+48=120$ $\therefore c=72$

따라서 처음 C 상자에 들어 있던 사탕의 개수는 72개이다.

답 72개

04

3시 정각에 시침은 12시 정각일 때로부터 90°만큼 움직인 곳에서 출발한다.

성준이가 편의점에 다녀온 후 시계를 본 시각을 3시 x분이라 하면 분침이 시침보다 시계 방향으로 100°만큼 더 움직였으므로

$6x-(0.5x+90)=100$

$5.5x=190,\ x=\dfrac{380}{11}=34\dfrac{6}{11}$

따라서 3시 $34\dfrac{6}{11}$ 분이다.   **답** 3시 $34\dfrac{6}{11}$ 분

05

전략 배가 강의 흐름과 같은 방향으로 이동할 때와 반대 방향으로 이동할 때의 속력은 서로 다르다.

출발점에서 반환점까지의 거리를 x km라 하자.

물이 흐르는 방향으로 갈 때의 배의 속력은 시속 $50+20=70(\text{km})$,

돌아올 때의 배의 속력은 시속 $50-20=30(\text{km})$이고,

명훈이가 지연이보다 12분 먼저 도착하였으므로

$\dfrac{x}{70}+\dfrac{x}{30}=\dfrac{x}{50}+\dfrac{x}{50}+\dfrac{12}{60}$,

$\dfrac{10}{210}x=\dfrac{2x+10}{50},\ \dfrac{x}{21}=\dfrac{2x+10}{50}$,

$50x=42x+210,\ 8x=210$

$\therefore x=26.25$

따라서 출발점에서 반환점까지의 거리는 26.25 km이다.

답 26.25 km

06

전체 일의 양을 1이라 하고, 수영, 민호, 동현이가 1시간 동안 하는 일의 양을 각각 a, b, c라 하면 수영, 민호, 동현이가 혼자서 일을 끝마치는 데 걸리는 시간은

$\dfrac{1}{a}$시간, $\dfrac{1}{b}$시간, $\dfrac{1}{c}$시간이다.

$\dfrac{1}{a}=3\times\dfrac{1}{b+c}$에서 $3a=b+c$ ······ ㉠

$\dfrac{1}{b}=4\times\dfrac{1}{a+c}$에서 $4b=a+c$ ······ ㉡

㉠, ㉡을 변끼리 빼면

$$3a-4b=b-a \qquad \therefore 4a=5b$$

$a=\dfrac{5}{4}b$를 ㉠에 대입하면

$$3\times\dfrac{5}{4}b=b+c,\ \dfrac{11}{4}b=c \qquad \therefore b=\dfrac{4}{11}c$$

$b=\dfrac{4}{5}a$를 ㉡에 대입하면

$$4\times\dfrac{4}{5}a=a+c,\ \dfrac{11}{5}a=c \qquad \therefore a=\dfrac{5}{11}c$$

동현이가 혼자서 일할 때 걸리는 시간은 수영이와 민호가 함께 일할 때 걸리는 시간의 x배라 하면

$$\dfrac{1}{c}=x\times\dfrac{1}{a+b} \qquad \therefore x=\dfrac{a+b}{c}$$

$a+b=\dfrac{5}{11}c+\dfrac{4}{11}c=\dfrac{9}{11}c$이므로

$$x=\dfrac{a+b}{c}=\dfrac{9}{11}$$

따라서 동현이가 혼자서 일할 때 걸리는 시간은 수영이와 민호가 함께 일할 때 걸리는 시간의 $\dfrac{9}{11}$배이다. **달 $\dfrac{9}{11}$배**

IV 좌표평면과 그래프

01 좌표평면과 그래프

C 주제별필수문제
본문 96~99쪽

01 12개	02 ②	03 2	04 5	05 $\dfrac{35}{2}$
06 12	07 ③	08 ⑤	09 ④	
10 제4사분면		11 제1사분면		12 ㉠, ㉢
13 4	14 $-\dfrac{3}{2}$	15 1	16 3분	
17 A: ㉠, B: ㉡, C: ㉢			18 ④	19 ②
20 ①	21 ④			

01

$ab=9$인 경우

$(1, 9)$, $(3, 3)$, $(9, 1)$, $(-1, -9)$, $(-3, -3)$,

$(-9, -1)$의 6개

$ab=-9$인 경우

$(1, -9)$, $(3, -3)$, $(9, -1)$, $(-1, 9)$, $(-3, 3)$,

$(-9, 1)$의 6개

따라서 순서쌍 $(a,\ b)$는 12개이다. **달 12개**

02

② B$(-2, 0)$ **달 ②**

03

$1+3b=4b-2,\ -b=-3 \qquad \therefore b=3$

$5a-b=2a+b,\ 5a-3=2a+3,\ 3a=6 \qquad \therefore a=2$

$\therefore 7a-4b=7\times2-4\times3$

$$=14-12=2 \qquad$$ **달 2**

• Sub Note •

두 순서쌍 (p, q)와 (r, s)가 같을 때, $p=r,\ q=s$

04

전략 x축 위의 점의 좌표 ⇨ (x좌표, 0), y축 위의 점의 좌표 ⇨ (0, y좌표)

❶ 점 $(12-3b,\ 7a+b)$가 y축 위의 점이므로

$$12-3b=0 \qquad \therefore b=4$$

점 $(5a+2b,\ 4a-5b)$가 x축 위의 점이므로

$$4a-5b=0,\ 4a-20=0 \qquad \therefore a=5$$

❷ $(2a-1,\ 3b+2)=(9, 14)=(3c,\ 5d+4)$

$$9=3c \qquad \therefore c=3$$

$$14=5d+4 \qquad \therefore d=2$$

❸ $c+d=3+2=5$ **답** 5

채점기준	배점
❶ a, b의 값 구하기	45 %
❷ c, d의 값 구하기	45 %
❸ $c+d$의 값 구하기	10 %

05

전략 도형의 꼭짓점의 좌표가 주어지면 도형의 꼭짓점을 좌표평면 위에 나타내어 선분으로 연결한 후, 도형의 넓이를 구하는 공식을 이용해 넓이를 구한다.

(삼각형 ABC의 넓이)

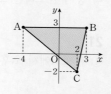

$= \dfrac{1}{2} \times (4+3) \times (3+2)$

$= \dfrac{1}{2} \times 7 \times 5 = \dfrac{35}{2}$

답 $\dfrac{35}{2}$

06

점 $P(a, b)$가 직사각형 ABCD의 네 변 위를 움직이므로
$-5 \le a \le 3$, $-2 \le b \le 2$
$a-b$의 값이 가장 크려면 a의 값은 최대이고, b의 값은 최소이어야 하므로 점 P가 점 C에 있을 때이다.
이때 점 C의 좌표는 $(3, -2)$이므로 $a=3$, $b=-2$
$\therefore a-b = 3-(-2) = 5$ $\therefore M=5$
$a-b$의 값이 가장 작으려면 a의 값은 최소이고, b의 값은 최대이어야 하므로 점 P가 점 A에 있을 때이다.
이때 점 A의 좌표는 $(-5, 2)$이므로 $a=-5$, $b=2$
$\therefore a-b = -5-2 = -7$ $\therefore m=-7$
$\therefore M-m = 5-(-7) = 12$ **답** 12

07

① 점 $(0, 5)$는 y축 위의 점이다.
② 원점은 어느 사분면에도 속하지 않는다.
④ 점 $(6, -5)$는 제4사분면 위의 점이다.
⑤ 점 $(-4, 7)$은 제2사분면 위의 점이다.   **답** ③

> **─ Sub Note ─**
> 원점, x축 위의 점, y축 위의 점은 어느 사분면에도 속하지 않는다.

08

$a>0$, $b<0$이므로 $-\dfrac{a}{b}>0$, $b-a<0$이다.

따라서 점 $\left(-\dfrac{a}{b}, b-a \right)$는 제4사분면 위의 점이다.

답 ⑤

09

$ab<0$이므로 a, b의 부호는 서로 다르고

$a-b>0$이므로 $a>0$, $b<0$이다.
① $(a, b) \Rightarrow (+, -)$이므로 제4사분면 위의 점이다.
② $(a, -b) \Rightarrow (+, +)$이므로 제1사분면 위의 점이다.
③ $(-a, b) \Rightarrow (-, -)$이므로 제3사분면 위의 점이다.
④ $(-a, -b) \Rightarrow (-, +)$이므로 제2사분면 위의 점이다.
⑤ $(-a, ab) \Rightarrow (-, -)$이므로 제3사분면 위의 점이다.

답 ④

10

$ab>0$이므로 a, b의 부호는 서로 같고, $a+b<0$이므로 $a<0$, $b<0$이다.
따라서 $-4a>0$, $5b<0$이므로 점 $(-4a, 5b)$는 제4사분면 위의 점이다.   **답** 제4사분면

11

점 $(-a, b)$가 제3사분면 위의 점이므로 $-a<0$에서 $a>0$, $b<0$
따라서 $a-b>0$, $-ab>0$이므로 점 $(a-b, -ab)$는 제1사분면 위의 점이다.   **답** 제1사분면

12

점 (a, b)는 제2사분면 위의 점이므로 $a<0$, $b>0$
점 (c, d)는 제3사분면 위의 점이므로 $c<0$, $d<0$
㉠ $a+c<0$, $bd<0$이므로 점 $(a+c, bd)$는 제3사분면 위의 점이다.
㉡ $b-d>0$, $a^2-c>0$이므로 점 $(b-d, a^2-c)$는 제1사분면 위의 점이다.
㉢ $ad>0$, $bc<0$이므로 점 (ad, bc)는 제4사분면 위의 점이다.
㉣ $\dfrac{b}{c}<0$, $b+d^2>0$이므로 점 $\left(\dfrac{b}{c}, b+d^2 \right)$은 제2사분면 위의 점이다.
따라서 옳은 것은 ㉠, ㉡이다.   **답** ㉠, ㉡

13

x축에 대하여 대칭인 점은 y좌표의 부호만 반대로 바뀌므로
$2=2a$, $9=3b$에서 $a=1$, $b=3$
$\therefore a+b = 1+3 = 4$ **답** 4

14

y축에 대하여 대칭인 점은 x좌표의 부호만 반대로 바뀌므로
$-3a-2=a$, $-4a=2$ $\therefore a=-\dfrac{1}{2}$
$5=2b-1$, $2b=6$ $\therefore b=3$
$\therefore ab = -\dfrac{1}{2} \times 3 = -\dfrac{3}{2}$ **답** $-\dfrac{3}{2}$

15

❶ 원점에 대하여 대칭인 점은 x좌표, y좌표의 부호가 모두 반대로 바뀌므로

$-2a+3=1$, $-2a=-2$ ∴ $a=1$

❷ $-3=2-5b$, $5b=5$ ∴ $b=1$

❸ $3a-2b=3-2=1$ 답 1

채점기준	배점
❶ a의 값 구하기	40 %
❷ b의 값 구하기	40 %
❸ $3a-2b$의 값 구하기	20 %

16

$y=40$일 때 $x=4$, $y=70$일 때 $x=7$이므로
구하는 시간은 $7-4=3$(분)이다. 답 3분

17

A: 물병의 폭이 일정하면 물의 높이는 일정하게 높아지므로 알맞은 그래프는 ㉠이다.

B: 물병의 폭이 점점 넓어지면 물의 높이는 서서히 증가하므로 알맞은 그래프는 ㉡이다.

C: 물병의 폭이 좁고 일정하다가 중간에서 폭이 넓어지고 일정하면 물의 높이는 일정하면서 빠르게 증가하다가 어느 한 지점부터 일정하면서 느리게 증가하므로 알맞은 그래프는 ㉢이다.

답 A: ㉠, B: ㉡, C: ㉢

18

ㄱ. 0분에서 12분까지는 윤종－한경－수아의 순으로 달렸다.

ㄴ. 수아는 이동한 거리가 5 km가 되지 않으므로 완주하지 못했다.

ㅁ. 수아는 완주하지 못했다. 답 ④

19

(ⅰ) 점 P가 선분 AB 위에 있을 때

(삼각형 PBC의 넓이)$=\dfrac{1}{2}\times$(선분 BC의 길이)$\times$(선분 PB의 길이)에서 선분 BC의 길이는 일정하고 선분 PB의 길이는 시간에 따라 일정하게 길어지므로 삼각형 PBC의 넓이는 시간에 따라 일정하게 커진다.

(ⅱ) 점 P가 선분 AD 위에 있을 때

(삼각형 PBC의 넓이)$=\dfrac{1}{2}\times$(선분 BC의 길이)$\times$(선분 AB의 길이)에서 선분 BC의 길이와 선분 AB의 길이는 일정하므로 삼각형 PBC의 넓이는 시간이 지나도 변하지 않는다.

(ⅲ) 점 P가 선분 CD 위에 있을 때

(삼각형 PBC의 넓이)$=\dfrac{1}{2}\times$(선분 BC의 길이)$\times$(선분

PC의 길이)에서 선분 BC의 길이는 일정하고 선분 PC의 길이는 시간에 따라 일정하게 짧아지므로 삼각형 PBC의 넓이는 시간에 따라 일정하게 작아진다.

(ⅰ)~(ⅲ)에서 구하는 그래프로 적당한 것은 ②이다. 답 ②

20

처음에는 시간이 지날수록 데이터 양이 줄다가 윤지가 얼마 동안 게임을 멈췄으므로 데이터 양이 한동안 변화가 없다. 다시 선물로 인해 데이터 양이 약간 증가하다 마지막에 데이터 양이 감소하는 모양이 된다. 답 ①

21

④ 휴게소에서 오후 1시부터 2시까지 쉬었다. 답 ④

B 실력완성문제

■ 본문 100~103쪽 ●

01 -9	**02** C(13, 12)		
03 11, 12, 13, 14, 15		**04** $A_{2030}(2, -5)$	
05 ②	**06** 32분	**07** 18	**08** 제2사분면
09 -1	**10** ⑤	**11** 제3사분면	
12 초속 3 m	**13** ④	**14** 36초 후	
15 16개	**16** ④	**17** $\dfrac{29}{2}$	**18** 제3사분면
19 45	**20** 4분	**21** 20	

01

전략 x축에 대하여 대칭인 점은 y좌표의 부호만 반대로 바뀌고, y축에 대하여 대칭인 점은 x좌표의 부호만 반대로 바뀐다.

점 A의 좌표는 $(3a, 9)$, 점 B의 좌표는 $(-6, 2b)$

두 점 A, B의 좌표가 같으므로

$3a=-6$에서 $a=-2$, $9=2b$에서 $b=\dfrac{9}{2}$

∴ $ab=-2\times\dfrac{9}{2}=-9$ 답 -9

02

전략 x축 위의 점은 y좌표가 0이고, y축 위의 점은 x좌표가 0이다.

$9-3b=0$에서 $b=3$, $5-2a=0$에서 $a=\dfrac{5}{2}$

점 A의 x좌표는 $8a-7=8\times\dfrac{5}{2}-7=13$

점 B의 y좌표는 $5b-3=5\times3-3=12$

따라서 점 C의 좌표는 C(13, 12)이다. 답 C(13, 12)

03

점 $(x-10, x-16)$이 제4사분면 위에 있으려면

$x-10>0$, $x-16<0$

따라서 x는 10보다 크고 16보다 작은 자연수이어야 하므로

11, 12, 13, 14, 15이다.

답 11, 12, 13, 14, 15

04

$A_1(-2, 5)$, $A_2(2, -5)$, $A_3(2, 5)$, $A_4(-2, 5)$,

$A_5(2, -5)$, $A_6(2, 5)$, $\cdots$

따라서 점 A_1, A_2, A_3, $\cdots$의 좌표는

$(-2, 5)$, $(2, -5)$, $(2, 5)$의 순서대로 반복된다.

이때 $2030=3\times676+2$에서 점 A_{2030}의 좌표는 점 A_2의 좌표와 같으므로

$A_{2030}(2, -5)$

답 $A_{2030}(2, -5)$

05

① $a<0$, $b>0$이므로 $-b<0$, $a<0$

따라서 점 $(-b, a)$는 제3사분면 위의 점이다.

② $-a<0$, $b<0$이므로 $a>0$, $b<0$

따라서 $ab<0$, $a-b>0$이므로 점 $(ab, a-b)$는 제2사분면 위의 점이다.

③ $a>0$, $-b>0$이므로 $a>0$, $b<0$

따라서 $b-a<0$, $-\dfrac{b}{a}>0$이므로 점 $\left(b-a, -\dfrac{b}{a}\right)$는 제2사분면 위의 점이다.

④ $-a>0$, $-b<0$이므로 $a<0$, $b>0$

따라서 $-ab>0$, $a-b<0$이므로 점 $(-ab, a-b)$는 제4사분면 위의 점이다.

⑤ $ab>0$, $-a<0$이므로 $a>0$, $b>0$

따라서 $a+b>0$, $-\dfrac{b}{a}<0$이므로 점 $\left(a+b, -\dfrac{b}{a}\right)$는 제4사분면 위의 점이다.

답 ②

06

자동차 A는 20분 동안 30 km를 이동하므로 속력은 분속 $\dfrac{3}{2}$ km, 자동차 B는 40분 동안 50 km를 이동하므로 속력은 분속 $\dfrac{5}{4}$ km이다.

따라서 240 km를 가는데

자동차 A는 $240\div\dfrac{3}{2}=240\times\dfrac{2}{3}=160$(분),

자동차 B는 $240\div\dfrac{5}{4}=240\times\dfrac{4}{5}=192$(분)이 걸리므로 자동차 B는 자동차 A보다 32분 먼저 출발해야 한다.

답 32분

07

(사각형 ABCD의 넓이)

=(사각형 EBCF의 넓이)

　　$-$(삼각형 AEB의 넓이)

　　$-$(삼각형 DCF의 넓이)

$=6\times4-\dfrac{1}{2}\times2\times4-\dfrac{1}{2}\times1\times4$

$=24-4-2=18$

답 18

같은문제 다른풀이

(사각형 ABCD의 넓이)=(사다리꼴 ABCD의 넓이)

$=\dfrac{1}{2}\times(6+3)\times4$

$=18$

답 18

08

❶ 두 점 A, B의 x좌표는 부호가 서로 반대이고 y좌표는 같으므로

$-5a+2=8-2a$, $-3a=6$ ∴ $a=-2$

❷ $3b+12=5-4b$, $7b=-7$ ∴ $b=-1$

❸ $3a+1=-6+1=-5$, $5-2b=5+2=7$

따라서 점 $(3a+1, 5-2b)$는 점 $(-5, 7)$이므로 제2사분면 위의 점이다.

답 제2사분면

채점기준	배점
❶ a의 값 구하기	30 %
❷ b의 값 구하기	30 %
❸ 점 $(3a+1, 5-2b)$가 어느 사분면 위의 점인지 구하기	40 %

09

점 B는 제1사분면 위에 있으므로 $a>0$이고

점 A와 점 B의 y좌표가 같으므로

$a-(-5)=8$ ∴ $a=3$

점 C는 제3사분면 위에 있으므로 $b<0$이고

점 A와 점 C의 x좌표가 같으므로

$6-b=10$ ∴ $b=-4$

∴ $a+b=3+(-4)=-1$

답 -1

10

점 $\left(\dfrac{a}{b}, a-b\right)$가 제2사분면 위의 점이므로 $\dfrac{a}{b}<0$,

$a-b>0$에서 $a>0$, $b<0$이다.

① $a>0$, $-b>0$이므로 점 $(a, -b)$는 제1사분면 위의 점이다.

② $-a<0$, $b<0$이므로 점 $(-a, b)$는 제3사분면 위의 점이다.

③ $-a+b<0$, $a^2>0$이므로 점 $(-a+b, a^2)$은 제2사분면 위의 점이다.

④ $-a^2<0$, $b^2>0$이므로 점 $(-a^2, b^2)$은 제2사분면 위의 점이다.

⑤ $ab^2>0$, $-a<0$이므로 점 $(ab^2, -a)$는 제4사분면 위의 점이다.　　　　　　　　　　　　　답 ⑤

11

❶ 점 $(a+b, -ab)$가 제2사분면 위의 점이므로 $a+b<0$, $-ab>0$

❷ $ab<0$이므로 a와 b는 서로 다른 부호이고 $|a|>|b|$, $a+b<0$에서 $a<0$, $b>0$이다.

❸ $|a|>|b|$이므로 $a^2>b^2$, $-a^2+b^2<0$이다. 또, $a<0$, $b^3>0$이므로 $ab^3<0$ 따라서 점 $(-a^2+b^2, ab^3)$은 제3사분면 위의 점이다.

답 제3사분면

채점기준	배점
❶ $a+b$, $-ab$의 부호 구하기	20 %
❷ a, b의 부호 구하기	40 %
❸ 점 $(-a^2+b^2, ab^3)$이 어느 사분면 위의 점인지 구하기	40 %

12

선희의 전체 이동 거리는
$90+(120-90)+(120-60)+(150-60)+(180-150)$
$=90+30+60+90+30=300(\text{m})$

따라서 (평균 속력)$=\dfrac{(\text{전체 이동 거리})}{(\text{전체 걸린 시간})}$이므로

초속 $\dfrac{300}{100}=3(\text{m})$이다.　　　　　　답 초속 3 m

13

① 시간당 제품 생산량은 기계 A가 더 많다.
② 같은 양의 제품을 생산하는 데 걸리는 시간은 기계 B가 기계 A의 3배이다.
③ 두 기계의 제품 생산량의 차이는 점점 증가한다.
④ 두 기계 A, B는 각각 1분에 36개, 12개의 제품을 생산하므로 동시에 작동시키면 1분에 48개의 제품을 생산할 수 있다.
⑤ 두 기계는 10분당 240개의 차이가 나므로 20분이 되었을 때는 480개 차이가 난다.　　　　　　　　　　답 ④

14

네 점 A, B, C, D를 좌표평면 위에 나타내면 오른쪽 그림과 같고 직사각형 ABCD의 둘레는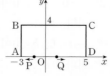
$(8+4)\times2=24$이므로 점 P는 4초마다 원점으로 되돌아오고, 점 Q는 6초마다 원점으로 되돌아온다.

따라서 두 점 P, Q가 출발 후 첫 번째로 원점에서 다시 만나는 것은 원점 O를 출발한 지 12초 후이므로 세 번째로 원점

에서 다시 만나는 것은 원점 O를 출발한 지 $12\times3=36(\text{초})$ 후이다.

답 36초 후

15

$B(a, -b)$, $C(-a, b)$, $D(-a, -b)(a\neq0, b\neq0)$
이때 사각형 ABCD의 둘레의 길이가 20이므로
$2(2|a|+2|b|)=20$, $4(|a|+|b|)=20$
∴ $|a|+|b|=5$
따라서 구하는 두 정수 a, b의 순서쌍 (a, b)는
$(1, 4)$, $(1, -4)$, $(2, 3)$, $(2, -3)$, $(3, 2)$, $(3, -2)$,
$(4, 1)$, $(4, -1)$, $(-1, 4)$, $(-1, -4)$, $(-2, 3)$,
$(-2, -3)$, $(-3, 2)$, $(-3, -2)$, $(-4, 1)$,
$(-4, -1)$의 16개이다.　　　　　　　　　答 16개

16

점 $A(a, -b)$가 제3사분면 위의 점이므로
$a<0$, $-b<0$에서 $a<0$, $b>0$
점 $B(c, d)$가 제4사분면 위의 점이므로 $c>0$, $d<0$
① $a<0$, $c>0$이므로 $\dfrac{c}{a}<0$
② $b>0$, $d<0$이므로 $bd<0$
③ $a^2>0$이고 $c>0$이므로 $a^2+c>0$
④ $a<0$, $c>0$이므로 $a-c<0$
⑤ $b^2>0$이고 $d<0$이므로 $b^2-d>0$　　　　答 ④

17

(삼각형 ABC의 넓이)
$=6\times5-\dfrac{1}{2}\times(5\times4+1\times5+1\times6)$
$=30-\dfrac{31}{2}=\dfrac{29}{2}$

答 $\dfrac{29}{2}$

18

전략 양수는 절댓값이 클수록 큰 수이고, 음수는 절댓값이 클수록 작은 수이다.

$ab>0$이므로 a와 b의 부호는 같고, $a-b<0$에서 $a<b$, $|a|>|b|$이므로 $a<b<0$이다.

$a-ab<0$, $\dfrac{b}{a}<1$이므로 $\dfrac{b}{a}-1<0$이다.

따라서 점 $\left(a-ab, \dfrac{b}{a}-1\right)$은 제3사분면 위의 점이다.

答 제3사분면

19

점 B는 점 A와 원점에 대하여 대칭이므로 점 $B(4, -6)$

점 D는 점 C와 x축에 대하여 대칭이므로 점 D$(5, 3)$

네 점 A, B, C, D를 좌표평면 위에 나타내면 오른쪽 그림과 같으므로

(사각형 ABCD의 넓이)

＝(사각형 APQR의 넓이)

　－(삼각형 APB의 넓이)

　－(삼각형 BQC의 넓이)

　－(삼각형 ADR의 넓이)

$=9 \times 12 - \dfrac{1}{2} \times 8 \times 12 - \dfrac{1}{2} \times 1 \times 3 - \dfrac{1}{2} \times 9 \times 3$

$=45$

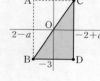

日 45

20

B 수도만을 사용하여 4분 동안 2 L의 물이 차므로

B 수도로는 1분에 $\dfrac{1}{2}$ L의 물이 찬다.

A, B 수도를 모두 사용하면 4분 동안 5 L의 물이 차므로

두 수도로는 1분에 $\dfrac{5}{4}$ L의 물이 찬다.

A 수도로는 1분에 $\dfrac{5}{4} - \dfrac{1}{2} = \dfrac{3}{4}$ (L)의 물이 차므로

3 L 들이의 빈 물통을 채우는 데는

$3 \div \dfrac{3}{4} = 3 \times \dfrac{4}{3} = 4$ (분)의 시간이 걸린다.　**日 4분**

21

❶ 관람차가 처음 한 바퀴를 도는 동안 지면으로부터 50 m 이상의 높이에 있는 시간은 6분부터 10분까지의 4분이므로 $a=4$이다.

❷ 관람차는 16분 동안 한 바퀴를 돌므로 1시간 20분＝80분 동안 $80 \div 16 = 5$(바퀴)를 돈다.　∴ $b=5$

❸ $ab = 4 \times 5 = 20$　**日 20**

채점기준	배점
❶ a의 값 구하기	40 %
❷ b의 값 구하기	40 %
❸ ab의 값 구하기	20 %

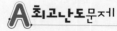최고난도문제

┃ 본문 104쪽 ●

01 4	**02** Ⅰ: ㄹ, Ⅱ: ㄷ, Ⅲ: ㄴ, Ⅳ: ㄱ	**03** -5

01

민준이가 영화관에 가는 도중 출발 후 8분에서 9분까지, 12분에서 16분까지 2번 멈췄고, 통화 시간은 총 5분간이었다.

∴ $a=2$, $b=5$

0분에서 8분까지 400 m 움직이는 동안의 속력은

분속 $\dfrac{400}{8} = 50$(m)

9분에서 12분까지 1000 m 움직이는 동안의 속력은

분속 $\dfrac{1000}{3} = 333\dfrac{1}{3}$(m)

16분에서 20분까지 600 m 움직이는 동안의 속력은

분속 $\dfrac{600}{4} = 150$(m)

따라서 가장 빨리 움직인 것은 9분과 12분 사이이므로

$c=9$, $d=12$

∴ $a+b+c-d = 2+5+9-12 = 4$　**日 4**

02

Ⅰ. 아랫부분은 물의 높이가 점점 빠르게 증가하고 윗부분은 물의 높이가 일정하게 증가한다. ⇨ ㄹ

Ⅱ. 밑면의 폭이 넓은 원기둥에 물을 넣을 때에는 물의 높이가 느리고 일정하게 증가하고, 폭이 좁은 원기둥에 물을 넣을 때에는 물의 높이가 빠르고 일정하게 증가한다. ⇨ ㄷ

Ⅲ. 아랫부분은 물의 높이가 점점 빠르게 증가하고, 윗부분은 물의 높이가 점점 느리게 증가한다. ⇨ ㄴ

Ⅳ. 밑면의 폭이 좁은 원기둥에 물을 넣을 때에는 물의 높이가 빠르고 일정하게 증가하고, 폭이 넓은 원기둥에 물을 넣을 때에는 물의 높이가 느리고 일정하게 증가한다.

⇨ ㄱ　　**日 Ⅰ: ㄹ, Ⅱ: ㄷ, Ⅲ: ㄴ, Ⅳ: ㄱ**

03

(ⅰ) $a>2$일 때,

점 A는 제2사분면 위에 있으므로 좌표평면 위에 삼각형 BCD를 나타내면 오른쪽 그림과 같다.

삼각형 BCD의 넓이가 18이므로

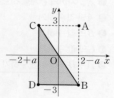

$\dfrac{1}{2} \times \{(-2+a) - (2-a)\} \times 6 = 18$

$-4 + 2a = 6$, $2a = 10$

∴ $a=5$

(ⅱ) $a<2$일 때,

점 A는 제1사분면 위에 있으므로 좌표평면 위에 삼각형 BCD를 나타내면 오른쪽 그림과 같다.

삼각형 BCD의 넓이가 18이므로

$\dfrac{1}{2} \times \{(2-a) - (-2+a)\} \times 6 = 18$

$4 - 2a = 6$, $-2a = 2$

∴ $a=-1$

따라서 모든 a의 값의 곱은 $5 \times (-1) = -5$이다.　**日 -5**

02 정비례와 반비례

• Sub Note •

정비례 관계 $y=ax(a\neq0)$의 그래프는 $|a|$가 작을수록 x축에 가까워지고, $|a|$가 클수록 y축에 가까워진다.

C 주제별 필수 문제

■ 본문 107~110쪽 ⟲

01 ③	**02** ②, ④	**03** -5	**04** ㉡, ㉢	**05** ③
06 -24	**07** -3	**08** ⑤	**09** 4시간 10분
10 ②, ④	**11** ②	**12** $-\dfrac{4}{3}$	**13** 54	**14** -36
15 $y=\dfrac{20}{x}$		**16** ① $y=-\dfrac{5}{3}x$ ② $y=-\dfrac{15}{x}$
17 $\dfrac{5}{18}$	**18** 20	**19** 15	**20** $y=\dfrac{1}{5}x$
21 10 cm³		**22** 480개

01

전략 y가 x에 정비례하면 $y=ax(a\neq0)$의 꼴로 나타낸다.

③ $y=\dfrac{5}{2}x$ ④ $y=\dfrac{20}{x}$ **답** ③

02

① $y=\dfrac{80}{x}$ ② $y=5x$ ③ $y=x^2$

④ $y=\dfrac{x}{100}\times500=5x$ ⑤ $y=10000-1000x$

답 ②, ④

03

❶ $y=ax(a\neq0)$에 $x=3$, $y=2$를 대입하면 $2=3a$에서

$a=\dfrac{2}{3}$ $\therefore y=\dfrac{2}{3}x$

❷ $y=\dfrac{2}{3}x$에 $x=A$, $y=-2$를 대입하면 $-2=\dfrac{2}{3}A$

$\therefore A=-3$

❸ $y=\dfrac{2}{3}x$에 $x=-1$, $y=B$를 대입하면 $B=-\dfrac{2}{3}$

❹ $y=\dfrac{2}{3}x$에 $x=2$, $y=C$를 대입하면 $C=\dfrac{4}{3}$

❺ $A+B-C=-3-\dfrac{2}{3}-\dfrac{4}{3}=-5$ **답** -5

채점기준	배점
❶ x, y 사이의 관계를 식으로 나타내기	20 %
❷ A의 값 구하기	20 %
❸ B의 값 구하기	20 %
❹ C의 값 구하기	20 %
❺ $A+B-C$의 값 구하기	20 %

04

㉠ $x=-5$일 때, $y=3$이므로 점 $(-5,\ 3)$을 지난다.

㉢ $\left|-\dfrac{3}{5}\right|<|1|$이므로 $y=x$의 그래프가 $y=-\dfrac{3}{5}x$의 그래프보다 y축에 더 가깝다. **답** ㉡, ㉢

05

$y=ax$에 $x=9$, $y=-6$을 대입하면 $-6=9a$에서

$a=-\dfrac{2}{3}$ $\therefore y=-\dfrac{2}{3}x$

③ $y=-\dfrac{2}{3}x$에 $x=4$, $y=-\dfrac{3}{4}$을 대입하면

$-\dfrac{3}{4}\neq-\dfrac{2}{3}\times4$ **답** ③

06

$y=ax$에 $x=-15$, $y=-10$을 대입하면

$-10=-15a$에서 $a=\dfrac{2}{3}$ $\therefore y=\dfrac{2}{3}x$

$y=\dfrac{2}{3}x$에 $x=6$, $y=b$를 대입하면

$b=\dfrac{2}{3}\times6=4$

$y=\dfrac{2}{3}x$에 $x=c$, $y=-6$을 대입하면

$-6=\dfrac{2}{3}c$에서

$c=-6\times\dfrac{3}{2}=-9$

$\therefore abc=\dfrac{2}{3}\times4\times(-9)=-24$ **답** -24

07

전략 y가 x에 반비례하면 $y=\dfrac{a}{x}(a\neq0)$의 꼴로 나타낸다.

y가 x에 반비례하므로 $y=\dfrac{a}{x}(a\neq0)$라 하고

$x=6$, $y=4$를 대입하면

$4=\dfrac{a}{6}$에서 $a=24$

$\therefore y=\dfrac{24}{x}$

$y=\dfrac{24}{x}$에 $x=-8$을 대입하면 $y=\dfrac{24}{-8}=-3$ **답** -3

08

① $y=1500x$ ② $x+y=20$ $\therefore y=-x+20$

③ $y=100-x$ ④ $y=24-x$ ⑤ $y=\dfrac{14}{x}$ **답** ⑤

09

❶ 물통에 들어 가는 물의 양은 $2\times10=20(\text{L})$,

1 L$=1000$ mL이고 매분 x mL씩 y분 동안 물을 넣어 물통이 가득 찬다고 하면

$x\times y=20000$ $\therefore y=\dfrac{20000}{x}$

❷ 따라서 물통에 매분 $80 \, \text{mL}$씩 물을 넣어 물통이 가득 찰 때까지 걸리는 시간은 $y=\dfrac{20000}{80}=250$(분)$=4$시간 10분이다.　　　　　　　　　　　　　　🅐 4시간 10분

채점기준	배점
❶ x, y 사이의 관계를 식으로 나타내기	50 %
❷ 물이 가득 찰 때까지 걸리는 시간 구하기	50 %

10

$y=ax\,(a\neq0)$의 그래프는 $a>0$일 때, $y=\dfrac{a}{x}\,(a\neq0)$의 그래프는 $a<0$일 때, x의 값이 증가하면 y의 값도 증가한다.

🅐 ②, ④

11

② $y=-\dfrac{12}{x}$에 $x=2$를 대입하면 $y=-\dfrac{12}{2}=-6$이다.

🅐 ②

12

$y=\dfrac{1}{ax}$에 $x=6$, $y=6$을 대입하면 $6=\dfrac{1}{6a}$에서

$a=\dfrac{1}{36}$　　$\therefore y=\dfrac{36}{x}$

$y=\dfrac{36}{x}$에 $x=b$, $y=9$를 대입하면 $9=\dfrac{36}{b}$에서

$b=4$

$y=\dfrac{36}{x}$에 $x=-3$, $y=c$를 대입하면

$c=\dfrac{36}{-3}$에서 $c=-12$

$\therefore abc=\dfrac{1}{36}\times4\times(-12)=-\dfrac{4}{3}$　　🅐 $-\dfrac{4}{3}$

13

전략 주어진 점의 좌표를 식에 대입하여 미지수의 값을 구한다.

$y=\dfrac{4}{3}x$에 $x=b$, $y=8$을 대입하면 $8=\dfrac{4}{3}b$에서 $b=6$

$y=\dfrac{a}{x}$에 $x=6$, $y=8$을 대입하면 $8=\dfrac{a}{6}$에서 $a=48$

$\therefore a+b=48+6=54$　　🅐 54

14

$y=-4x$에 $x=-3$을 대입하면 $y=-4\times(-3)=12$이므로 점 P의 좌표는 $\text{P}(-3,\,12)$이다.

$y=\dfrac{a}{x}$에 $x=-3$, $y=12$를 대입하면 $12=\dfrac{a}{-3}$

$\therefore a=-36$　　🅐 -36

15

전략 그래프가 원점에 대하여 대칭인 한 쌍의 곡선일 때에는 그래

프의 식을 $y=\dfrac{a}{x}\,(a\neq0)$로 놓는다.

그래프가 원점에 대하여 대칭인 한 쌍의 곡선이므로

$y=\dfrac{a}{x}$에 $x=5$, $y=4$를 대입하면 $4=\dfrac{a}{5}$, $a=20$

$\therefore y=\dfrac{20}{x}$　　　　　　　　　　🅐 $y=\dfrac{20}{x}$

16

① $y=ax$에 $x=-3$, $y=5$를 대입하면

$5=-3a$에서 $a=-\dfrac{5}{3}$　　$\therefore y=-\dfrac{5}{3}x$

② $y=\dfrac{b}{x}$에 $x=-3$, $y=5$를 대입하면

$5=\dfrac{b}{-3}$에서 $b=-15$　　$\therefore y=-\dfrac{15}{x}$

🅐 ① $y=-\dfrac{5}{3}x$ ② $y=-\dfrac{15}{x}$

17

❶ 그래프가 원점에 대하여 대칭인 한 쌍의 곡선이므로

$y=\dfrac{a}{x}$에 $x=1$, $y=-\dfrac{5}{6}$를 대입하면 $-\dfrac{5}{6}=a$

$\therefore y=-\dfrac{5}{6x}$

❷ $y=-\dfrac{5}{6x}$에 $x=-3$, $y=m$을 대입하면

$m=-\dfrac{5}{6\times(-3)}=\dfrac{5}{18}$　　　　🅐 $\dfrac{5}{18}$

채점기준	배점
❶ x, y 사이의 관계를 식으로 나타내기	50 %
❷ m의 값 구하기	50 %

18

점 B의 y좌표가 10이므로 점 A의 y좌표도 10이다.

$y=\dfrac{5}{2}x$에 $y=10$을 대입하면 $10=\dfrac{5}{2}x$, $x=4$

$\therefore \text{A}(4,\,10)$

$\therefore$ (삼각형 AOB의 넓이)$=\dfrac{1}{2}\times4\times10=20$　　🅐 20

19

점 C의 좌표를 $\left(a,\,\dfrac{15}{a}\right)$라 하면

$\text{A}\left(0,\,\dfrac{15}{a}\right)$, $\text{B}(a,\,0)$

$\therefore$ (직사각형 AOBC의 넓이)$=a\times\dfrac{15}{a}=15$　　🅐 15

20

소금물의 농도는 $\dfrac{80}{400}\times100=20\,(\%)$이므로

$y=\dfrac{20}{100}\times x$　　$\therefore y=\dfrac{1}{5}x$　　　🅐 $y=\dfrac{1}{5}x$

21

기체의 부피는 압력에 반비례하므로

$y=\dfrac{a}{x}$에 $x=15$, $y=4$를 대입하면 $4=\dfrac{a}{15}$, $a=60$

$\therefore y=\dfrac{60}{x}$

$y=\dfrac{60}{x}$에 $y=6$을 대입하면 $6=\dfrac{60}{x}$, $x=10$

따라서 압력이 6기압일 때의 기체의 부피는 $10\ \mathrm{cm^3}$이다.

🄰 $10\ \mathrm{cm^3}$

22

12분 동안 96개의 닭꼬치를 구우므로

1분 동안 $96\div 12=8$(개)의 닭꼬치를 굽는다.

x분 동안 y개의 닭꼬치를 굽는다고 하면 $y=8x$

1시간은 60분이므로

1시간 동안 굽는 닭꼬치는 모두

$y=8\times 60=480$(개)이다.

🄰 480개

B 실력완성문제

■ 본문 111~115쪽 ●

01 ②, ⑤	**02** (1) ㉡ (2) ㉂ (3) ㉃ (4) ㉠	
03 $b<a<d<c$	**04** ①	**05** ②
06 40	**07** E$(5, -4)$	**08** ④ **09** $\dfrac{1}{2}$
10 18	**11** $y=\dfrac{12}{13}x$, 48번	**12** 16 **13** 27
14 $\dfrac{2}{5}$	**15** 3분	**16** 20 **17** 23개
18 E$\left(\dfrac{9}{2}, \dfrac{9}{2}\right)$	**19** ④	**20** 15 **21** 13
22 -2	**23** 54	**24** 30 **25** $\dfrac{16}{25}$

01

② a의 절댓값이 클수록 그래프는 y축에 가깝다.

⑤ $|5b|>|b|$이므로 $y=\dfrac{5b}{x}$의 그래프는 $y=\dfrac{b}{x}$의 그래프
보다 원점에서 멀리 떨어져 있다.

🄰 ②, ⑤

02

전략 반비례 관계 $y=\dfrac{a}{x}(a\neq 0)$의 그래프는 $|a|$가 작을수록 원점
에 가깝다.

(1) 정비례 관계 $y=ax(a\neq 0)$의 그래프이고 제2사분면과
  제4사분면을 지나므로 $a<0$ ⇨ ㉡

(2), (3) 반비례 관계 $y=\dfrac{a}{x}(a\neq 0)$의 그래프이고 제2사분면
  과 제4사분면을 지나므로 $a<0$
  이때 (3)의 그래프가 (2)의 그래프보다 원점에 가까우
  므로 (2) ⇨ ㉂, (3) ⇨ ㉃

(4) 정비례 관계 $y=ax(a\neq 0)$의 그래프이고 제1사분면과
  제3사분면을 지나므로 $a>0$ ⇨ ㉠

$\therefore$ (1) ㉡ (2) ㉂ (3) ㉃ (4) ㉠

🄰 (1) ㉡ (2) ㉂ (3) ㉃ (4) ㉠

03

(ⅰ) $c>0$, $d>0$이고, $y=cx$의 그래프가 $y=dx$의 그래프보
  다 y축에 더 가까우므로 $d<c$

(ⅱ) $a<0$, $b<0$이고, $y=bx$의 그래프가 $y=ax$의 그래프보
  다 y축에 더 가까우므로 $|b|>|a|$ $\therefore b<a$

(ⅰ), (ⅱ)에서 $b<a<d<c$ 🄰 $b<a<d<c$

04

세 점 O, A, B를 지나는 직선은 원점을 지나는 직선이므로
$y=ax(a\neq 0)$라 하면 이 그래프는 점 A$(-3, 9)$를 지나므
로 $9=-3a$ $\therefore a=-3$

$\therefore y=-3x$

$y=-3x$의 그래프가 점 B$(4, m)$을 지나므로

$m=-3\times 4=-12$ 🄰 ①

05

주어진 그래프의 식을 $y=\dfrac{k}{x}(k\neq 0)$라 하면

$a=\dfrac{k}{3}$, $b=\dfrac{k}{6}$

$a-b=\dfrac{k}{3}-\dfrac{k}{6}=\dfrac{k}{6}=4$이므로 $k=24$

$a=8$, $b=4$이므로 $a+b=12$ 🄰 ②

06

점 C의 좌표를 C$\left(k, \dfrac{a}{k}\right)$라 하면

(직사각형 AOBC의 넓이)$=k\times\dfrac{a}{k}=20$이므로

$a=20$

$\therefore y=\dfrac{20}{x}$

점 E의 좌표를 E$\left(m, \dfrac{20}{m}\right)$이라 하면

(직사각형 DEFO의 넓이)$=m \times \dfrac{20}{m}=20$이므로 $b=20$

$\therefore a+b=40$

답 40

07

❶ 점 A의 좌표를 $A\left(k, \dfrac{a}{k}\right)$라 하면

점 C의 좌표는 $C\left(-k, -\dfrac{a}{k}\right)$이다.

(직사각형 ABCD의 넓이)$=-2k \times \dfrac{2a}{k}=-4a=80$

$\therefore a=-20$ $\therefore y=-\dfrac{20}{x}$

❷ $y=-\dfrac{20}{x}$에 $x=5$를 대입하면 $y=-4$

따라서 점 E의 좌표는 $E(5, -4)$이다. 답 $E(5, -4)$

채점기준	배점
❶ x, y 사이의 관계를 식으로 나타내기	70 %
❷ 점 E의 좌표 구하기	30 %

08

(ⅰ) $y=ax$의 그래프가 점 $A(-4, 3)$을
  지날 때,

  $3=-4a$ $\therefore a=-\dfrac{3}{4}$

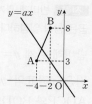

(ⅱ) $y=ax$의 그래프가 점 $B(-2, 8)$을 지
  날 때,

  $8=-2a$ $\therefore a=-4$

(ⅰ), (ⅱ)에서 상수 a의 값의 범위는

$-4 \leq a \leq -\dfrac{3}{4}$

답 ④

09

오른쪽 그림과 같이
$x=a$일 때 $y=4$로 가장 크고,
$x=8$일 때 $y=b$로 가장 작다.

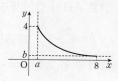

$\dfrac{4}{8} \leq y \leq \dfrac{4}{a} \Rightarrow b \leq y \leq 4$

$\dfrac{4}{a}=4$에서 $a=1$, $\dfrac{4}{8}=b$에서 $b=\dfrac{1}{2}$

$\therefore a-b=1-\dfrac{1}{2}=\dfrac{1}{2}$

답 $\dfrac{1}{2}$

10

$y=3x$에 $y=6$을 대입하면 $6=3x$, $x=2$

$\therefore A(2, 6)$

$y=\dfrac{3}{4}x$에 $y=6$을 대입하면 $6=\dfrac{3}{4}x$, $x=8$

$\therefore B(8, 6)$

(선분 AB의 길이)$=8-2=6$이므로

(삼각형 AOB의 넓이)$=\dfrac{1}{2} \times 6 \times 6=18$

답 18

11

전략 서로 맞물려 도는 톱니바퀴의 (톱니 수)×(회전 수)는 서로 같다.

❶ 두 톱니바퀴 A, B의 톱니 수를 각각
  $12a$개, $13a$개 $(a \neq 0)$라 하면

  $12a \times x=13a \times y$ $\therefore y=\dfrac{12}{13}x$

❷ 톱니바퀴 A가 52번 회전할 때 톱니바퀴 B의 회전 수는
  $x=52$일 때의 y의 값이므로

  $y=\dfrac{12}{13} \times 52=48$

  따라서 톱니바퀴 B의 회전 수는 48번이다.

답 $y=\dfrac{12}{13}x$, 48번

채점기준	배점
❶ x, y 사이의 관계를 식으로 나타내기	50 %
❷ A가 52번 회전할 때, B의 회전 수 구하기	50 %

12

두 그래프가 만나는 점을 A라 하고,

점 A의 x좌표를 m이라 하면 점 $(m, 4)$가 $y=ax$의 그래프
위의 점이므로

$4=ma$ $\therefore a=\dfrac{4}{m}$

또, 점 $(m, 4)$가 $y=\dfrac{b}{x}$의 그래프 위의 점이므로

$4=\dfrac{b}{m}$ $\therefore b=4m$

$\therefore ab=\dfrac{4}{m} \times 4m=16$

답 16

13

점 $M\left(m, \dfrac{3}{m}\right)$이 $y=ax$의 그래프 위의 점이므로

$\dfrac{3}{m}=am$ $\therefore am^2=3$

또, 점 $N\left(3m, \dfrac{b}{3m}\right)$가 $y=ax$의 그래프 위의 점이므로

$\dfrac{b}{3m}=3am$ $\therefore b=9am^2=9 \times 3=27$

답 27

14

❶ (삼각형 AOB의 넓이)$=\dfrac{1}{2} \times 20 \times 8=80$

점 C의 좌표를 $C(p, q)$라 하면

(삼각형 OBC의 넓이)$=\dfrac{1}{2} \times 20 \times q=\dfrac{1}{2} \times 80$ $\therefore q=4$

(삼각형 AOC의 넓이)$=\dfrac{1}{2} \times 8 \times p=\dfrac{1}{2} \times 80$ $\therefore p=10$

$\therefore C(10, 4)$

❷ 따라서 $y=ax$의 그래프가 점 $C(10, 4)$를 지나므로

$4=10a$이다. $\therefore a=\dfrac{2}{5}$

답 $\dfrac{2}{5}$

채점기준	배점
❶ 점 C의 좌표 구하기	70 %
❷ a의 값 구하기	30 %

15

삼촌과 형의 그래프가 모두 원점을 지나는 직선이므로

(i) 삼촌의 그래프

$y=ax(a\neq 0)$라 하고 $x=3$, $y=1200$을 대입하면

$a=400$　　∴ $y=400x$

(ii) 형의 그래프

$y=bx(b\neq 0)$라 하고 $x=3$, $y=750$을 대입하면

$b=250$　　∴ $y=250x$

2 km$=2000$ m이므로 $y=400x$에 $y=2000$을 대입하면

$2000=400x$　　∴ $x=5$

$y=250x$에 $y=2000$을 대입하면 $2000=250x$　∴ $x=8$

따라서 삼촌이 도착하고 $8-5=3$(분)이 지나야 형이 도착한다.　　🔲 3분

16

x와 y 사이의 관계를 나타내는 식을 $y=\dfrac{a}{x}(a\neq 0)$라 하자.

$y=\dfrac{a}{x}$에 $x=9$, $y=p$를 대입하면 $p=\dfrac{a}{9}$

$y=\dfrac{a}{x}$에 $x=6$, $y=q$를 대입하면 $q=\dfrac{a}{6}$

$y=\dfrac{a}{x}$에 $x=r$, $y=\dfrac{p}{4}+\dfrac{q}{3}$를 대입하면 $\dfrac{p}{4}+\dfrac{q}{3}=\dfrac{a}{r}$

$\dfrac{p}{4}+\dfrac{q}{3}=\dfrac{a}{36}+\dfrac{a}{18}=\dfrac{3a}{36}=\dfrac{a}{12}=\dfrac{a}{r}$　　∴ $r=12$

∴ $2r-4=24-4=20$　　🔲 20

17

$y=\dfrac{a}{x}$에 $x=5$, $y=2$를 대입하면

$2=\dfrac{a}{5}$　　∴ $a=10$

∴ $y=\dfrac{10}{x}(x>0)$

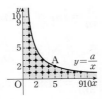

따라서 경계선을 제외한 색칠한 부분에 속하는 x좌표, y좌표가 모두 정수인 점은

$(1, 1)$, $(1, 2)$, $(1, 3)$, $(1, 4)$, $(1, 5)$, $(1, 6)$, $(1, 7)$, $(1, 8)$, $(1, 9)$, $(2, 1)$, $(2, 2)$, $(2, 3)$, $(2, 4)$, $(3, 1)$, $(3, 2)$, $(3, 3)$, $(4, 1)$, $(4, 2)$, $(5, 1)$, $(6, 1)$, $(7, 1)$, $(8, 1)$, $(9, 1)$의 23개이다.　　🔲 23개

18

점 A의 좌표를 A$(a, 2a)$라 하면

점 B의 좌표는 B$(a, 2a-3)$,

점 C의 좌표는 C$(a+3, 2a-3)$,

점 D의 좌표는 D$(a+3, 2a)$이다.

$y=\dfrac{1}{2}x$에 $x=a+3$, $y=2a-3$을 대입하면

$2a-3=\dfrac{1}{2}(a+3)$, $4a-6=a+3$, $3a=9$　　∴ $a=3$

따라서 점 A의 좌표는 A$(3, 6)$, 점 C의 좌표는 C$(6, 3)$이므로 점 E의 좌표는 E$\left(\dfrac{9}{2}, \dfrac{9}{2}\right)$이다.　　🔲 E$\left(\dfrac{9}{2}, \dfrac{9}{2}\right)$

19

① 자전거를 타고 가는 경우 5분에 1250 m를 가므로 x와 y 사이의 관계를 나타내는 식은 $y=250x$이다.

② 자동차를 타고 가는 경우 5분에 7500 m를 가므로 x와 y 사이의 관계를 나타내는 식은 $y=1500x$이다.

③ $y=250x$에 $x=7$을 대입하면 $y=250\times 7=1750$

④ $y=250x$에 $y=3000$을 대입하면 $3000=250x$

　∴ $x=12$

⑤ $y=1500x$에 $y=3000$을 대입하면 $3000=1500x$

　∴ $x=2$　　🔲 ④

20

전략 반비례 관계의 그래프에서 그래프 위의 점의 x좌표와 y좌표의 곱은 항상 일정하다.

반비례 관계 $y=\dfrac{20}{x}$에서 $xy=20$이므로 이 그래프가 지나는 점은 x좌표와 y좌표의 곱이 항상 일정하다. 즉, 직사각형 AOCP와 BODQ의 넓이는 20으로 같다.

따라서 두 직사각형 ABEP와 ECDQ의 넓이가 같으므로 직사각형 ECDQ의 넓이는 15이다.　　🔲 15

21

선분 AD의 길이가 5이므로 A$\left(-5, \dfrac{b}{5}\right)$, B$\left(-5, -\dfrac{b}{5}\right)$

선분 AB의 길이가 5이므로 $\dfrac{b}{5}-\left(-\dfrac{b}{5}\right)=\dfrac{2b}{5}=5$

∴ $b=\dfrac{25}{2}$　　∴ A$\left(-5, \dfrac{5}{2}\right)$

그런데 점 A는 $y=-ax$의 그래프 위의 점이므로

$\dfrac{5}{2}=5a$　　∴ $a=\dfrac{1}{2}$

∴ $a+b=\dfrac{1}{2}+\dfrac{25}{2}=13$　　🔲 13

22

$y=\dfrac{a}{x}$에 $x=-5$, $y=4$를 대입하면 $4=\dfrac{a}{-5}$

∴ $a=-20$

따라서 $y=-\dfrac{20}{x}$이므로 점 A와 C를 꼭짓점으로 하는 직사각형의 넓이는 각각 20이고, 두 직사각형의 넓이의 합은 40이다.

또한, 점 B와 D를 꼭짓점으로 하는 두 직사각형의 넓이의 합은 $76-40=36$이므로 점 B와 D를 꼭짓점으로 하는 직사

각형의 넓이는 각각 18이다. 점 B와 D는 각각 제1사분면과 제3사분면에 있으므로 $b=18$

$\therefore a+b=-20+18=-2$ 　　**답** -2

23

$y=\dfrac{15}{x}$에 $x=5$를 대입하면 $y=\dfrac{15}{5}=3$ 　　$\therefore$ A(5, 3)

$y=-3x$에 $y=3$을 대입하면 $3=-3x$에서 $x=-1$

$\therefore$ B$(-1, 3)$

$y=-3x$에 $x=5$를 대입하면 $y=-3\times5=-15$

$\therefore$ C$(5, -15)$

선분 AB의 길이는 6, 선분 AC의 길이는 18이므로

삼각형 ABC의 넓이는 $\dfrac{1}{2}\times6\times18=54$ 　　**답** 54

24

❶ 두 점 A, B의 x좌표가 같으므로 $y=-\dfrac{15}{x}$에 $x=-3a$를 대입하면

$y=-\dfrac{15}{-3a}=\dfrac{5}{a}$ 　　$\therefore$ A$\left(-3a, \dfrac{5}{a}\right)$

두 점 C, D의 x좌표가 같으므로 $y=-\dfrac{15}{x}$에 $x=3a$를 대입하면

$y=-\dfrac{15}{3a}=-\dfrac{5}{a}$ 　　$\therefore$ C$\left(3a, -\dfrac{5}{a}\right)$

❷ (선분 AB의 길이)$=\dfrac{5}{a}$,

(선분 BD의 길이)$=3a-(-3a)=6a$,

(선분 CD의 길이)$=\dfrac{5}{a}$이므로

삼각형 ABD와 삼각형 BCD는 모두 밑변의 길이가 $6a$이고 높이가 $\dfrac{5}{a}$이다.

$\therefore$ (사각형 ABCD의 넓이)$=2\times$(삼각형 ABD의 넓이)

$=2\times\left(\dfrac{1}{2}\times6a\times\dfrac{5}{a}\right)=30$

답 30

채점기준	배점
❶ 두 점 A, C의 좌표 구하기	40 %
❷ 사각형 ABCD의 넓이 구하기	60 %

25

(사다리꼴 AOCB의 넓이)$=\dfrac{1}{2}\times(6+10)\times8=64$

$y=ax$의 그래프와 변 BC의 교점을 D라 하면

점 D의 x좌표는 10이므로

$y=10a$ 　　$\therefore$ D(10, 10a)

(삼각형 DOC의 넓이)

$=\dfrac{1}{2}\times$(사다리꼴 AOCB의 넓이)

이므로

$\dfrac{1}{2}\times10\times10a=32$ 　　$\therefore a=\dfrac{16}{25}$ 　　**답** $\dfrac{16}{25}$

01 1530 kcal	**02** 45	**03** 72
04 73개	**05** 24초 후	

01

전략 이 음식을 450 g 섭취하였을 때, 세 영양소의 열량을 각각 구하여 더한다.

① 이 음식 x g에 탄수화물이 y g 들어 있다고 하면 y가 x에 정비례하므로 식을 $y=ax$로 놓는다.

이 식에 $x=300$, $y=160$을 대입하면

$160=300a$, $a=\dfrac{8}{15}$이므로 $y=\dfrac{8}{15}x$이다.

② 이 음식 x g에 단백질이 y g 들어 있다고 하면 y가 x에 정비례하므로 식을 $y=bx$로 놓는다.

이 식에 $x=300$, $y=50$을 대입하면 $50=300b$,

$b=\dfrac{1}{6}$이므로 $y=\dfrac{1}{6}x$이다.

③ 이 음식 x g에 지방이 y g 들어 있다고 하면 y가 x에 정비례하므로 식을 $y=cx$로 놓는다.

이 식에 $x=300$, $y=20$을 대입하면

$20=300c$, $c=\dfrac{1}{15}$이므로 $y=\dfrac{1}{15}x$이다.

세 영양소 탄수화물, 단백질, 지방이 1 g당 내는 열량은 각각 4 kcal, 4 kcal, 9 kcal이므로 이 음식 450 g을 섭취하여 얻을 수 있는 열량의 총합은

$\dfrac{8}{15}\times450\times4+\dfrac{1}{6}\times450\times4+\dfrac{1}{15}\times450\times9$

$=960+300+270=1530\,(\text{kcal})$이다. 　　**답** 1530 kcal

같은문제 다른풀이

이 음식을 300 g 섭취하였을 때 열량의 총합은

$160\times4+50\times4+20\times9$

$=640+200+180=1020\,(\text{kcal})$이다.

따라서 이 음식을 450 g 섭취하였을 때 열량의 총합은

$1020\times\dfrac{450}{300}=1530\,(\text{kcal})$이다.

02

점 P의 x좌표를 p라 하면 $\dfrac{1}{2}\times p\times12=12$, $p=2$

$\therefore$ P(2, 12)

반비례 관계의 그래프의 식을 $y=\dfrac{a}{x}\,(a\neq0)$라 하고

$x=2$, $y=12$를 대입하면

$12=\dfrac{a}{2}$, $a=24$ $\qquad \therefore y=\dfrac{24}{x}$

점 Q의 x좌표를 q라 하면 $3=\dfrac{24}{q}$, $q=8$

$\therefore$ Q(8, 3)

삼각형 POQ의 넓이는
사다리꼴 AOQE의 넓이에서
삼각형 AOP와 삼각형 PQE의
넓이를 빼서 구한다.

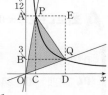

$\therefore$ (삼각형 POQ의 넓이)

$\qquad =\dfrac{1}{2}\times(12+9)\times 8-\dfrac{1}{2}\times 2\times 12-\dfrac{1}{2}\times 6\times 9$

$\qquad =84-12-27=45$ 　　　　　　　답 45

03

$y=6x$에 $y=18$을 대입하면 $18=6x$, $x=3$

$\therefore$ A(3, 18), B(3, 0)

점 C는 12초 동안 $12\times 2=24$만큼을 가므로

$\overline{BC}=24-18=6$

$\therefore$ C(9, 0)

$y=\dfrac{a}{x}$에 $x=3$, $y=18$을 대입하면 $18=\dfrac{a}{3}$에서 $a=54$

$y=\dfrac{54}{x}$에 $x=9$를 대입하면 $y=\dfrac{54}{9}=6$

$\therefore$ D(9, 6)

$\therefore$ (사각형 ABCD의 넓이)

$\qquad =\dfrac{1}{2}\times(18+6)\times 6=72$ 　　　　　답 72

04

제1사분면 위의 $y=5x$,

$y=\dfrac{1}{5}x$, $y=\dfrac{20}{x}$의 그래프는 오
른쪽 그림과 같다.

제1사분면에서 x좌표와 y좌표가
모두 정수인 점은

$x=1$일 때, $y=1, 2, 3, 4, 5$의 5개

$x=2$일 때, $y=1, 2, 3, 4, 5, 6, 7, 8, 9, 10$의 10개

$x=3$일 때, $y=1, 2, 3, 4, 5, 6$의 6개

$x=4$일 때, $y=1, 2, 3, 4, 5$의 5개

$x=5$일 때, $y=1, 2, 3, 4$의 4개

$x=6$일 때, $y=2, 3$의 2개

$x=7$일 때, $y=2$의 1개

$x=8$일 때, $y=2$의 1개

$x=9$일 때, $y=2$의 1개

$x=10$일 때, $y=2$의 1개

이므로 제1사분면에서 구하는 점의 개수는

$5+10+6+5+4+2+1+1+1+1=36$(개)이다.

같은 방법으로 제3사분면 위에 있는 x좌표와 y좌표가 모두
정수인 점의 개수도 36개이다.

또한, 원점도 x좌표와 y좌표가 모두 정수인 점이다.

따라서 구하는 점의 개수는 $36\times 2+1=73$(개) 　답 73개

05

전략 점 P가 $\overline{BC}$ 위에 있을 때이므로 점 B를 출발한 지 몇 초 후에
△DPC의 넓이가 45가 되는지 생각해 본다.

점 P가 점 B를 출발한 지 x초 후의 삼각형 DBP의 넓이를
y라 하면

$\overline{BP}=3x$이므로 $y=\dfrac{1}{2}\times 3x\times 15=\dfrac{45}{2}x$

△DPC의 넓이가 45일 때

$\triangle$DBP$=\dfrac{1}{2}\times 24\times 15-45=135$이므로

$y=135$를 $y=\dfrac{45}{2}x$에 대입하면

$135=\dfrac{45}{2}x$ $\qquad \therefore x=6$

한편, 점 P는 처음에 점 C에서 출발하였으므로 점 P가 점 C
에서 출발하여 두 점 D, A를 지나 점 B에 도착할 때까지 걸
리는 시간은

$(15+24+15)\div 3=18$(초)

따라서 점 P가 변 BC 위에 있으면서 삼각형 DPC의 넓이
가 처음으로 45가 되는 것은 점 P가 점 C를 출발한 지
$18+6=24$(초) 후이다. 　　　　　　　　　답 24초 후